U0176749

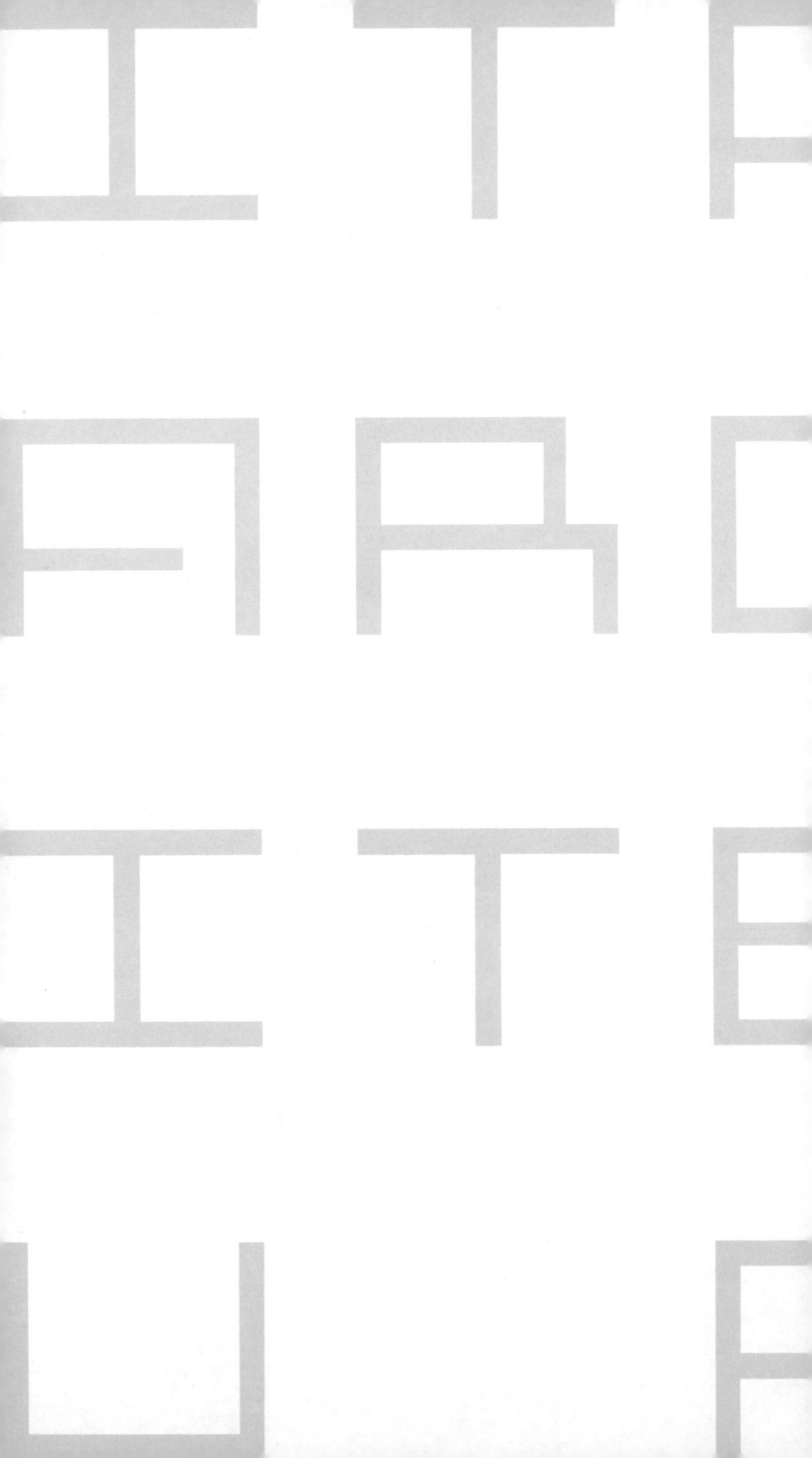

世界建筑旅行地图

TRAVEL ATLAS OF WORLD ARCHITECTURE

ITALY

意大利

范向光　编著

中国建筑工业出版社

图书在版编目（CIP）数据

意大利 = ITALY / 范向光编著 . -- 北京 : 中国建筑工业出版社，2019.9

（世界建筑旅行地图）

ISBN 978-7-112-23733-3

Ⅰ. ①意… Ⅱ. ①范… Ⅲ. ①建筑艺术－介绍－意大利 Ⅳ. ① TU-865.46

中国版本图书馆 CIP 数据核字（2019）第 090033 号

总体策划：刘　丹
责任编辑：张　明　刘　丹
书籍设计：晓笛设计工作室　刘清霞　张悟静
责任校对：王　烨

世界建筑旅行地图
TRAVEL ATLAS OF WORLD ARCHITECTURE
意大利
ITALY
范向光　编著

出版发行：中国建筑工业出版社（北京海淀三里河路 9 号）
经销：各地新华书店、建筑书店

制版：北京新思维艺林设计中心
印刷：北京富诚彩色印刷有限公司
开本：850 毫米 ×1168 毫米　1/32
印张：11.5
字数：689 千字
版次：2021 年 2 月第一版
印次：2021 年 2 月第一次印刷

书号：ISBN 978-7-112-23733-3（34040）
定价：98.00 元

目录 Contents

特别注意 6
Special Attention
前言 7
Preface
本书的使用方法 8
Using Guide
所选各城市的位置及编号 10
Location and Sequence in Map

瓦莱达奥斯塔大区 / Aosta Valley

01 奥斯塔 / Aosta 14

伦巴第大区 / Lambardy

02 米兰 / Milano 20
03 瓦雷泽 / Varese 43
04 科莫 / Como 46
05 曼托瓦 / Mantova 54

利古里亚大区 / Liguria

06 热那亚 / Renova 62

皮埃蒙特大区 / Pledmont

07 都灵 / Torino 76

艾米利亚－罗马涅大区
Emilia-magna

08 博洛尼亚 / Bologna 96
09 拉文纳 / Ravenna 110
10 摩德纳 / Modena 116
11 帕尔马 / Parma 119

威尼托大区 /Veneto

12 威尼斯 / Venice 124
13 维罗纳 / Verona 140
14 帕多瓦 / Padova 146
15 维琴察 / Vicenza 154

弗留利－威尼斯朱利亚大区 /
Friuli-Venezia Giulia

16 的里雅斯特 / Trieste 164

托斯卡纳大区 / Tuscany

17 佛罗伦萨 / Firenze 172
18 锡耶纳 / Siena 192

翁布里亚大区 / Umbria

19 佩鲁贾 / Perugia 200

马尔凯大区 / Marche

20 乌尔比诺 / Urbino 212
21 安科纳 / Ancona 216

拉齐奥大区 / Lazio

22 罗马 / Roma 220

坎帕尼亚大区 / Campania

23 那不勒斯 / Napoli 270
24 埃尔科拉诺 / Ercolano 287

巴西利卡塔大区 / Basilicata

25 波坦察 / Potenza 292

阿普利亚大区 / Apulia

26 巴里 / Bari 298
27 塔兰托 / Taranto 300

撒丁岛大区 / Sardinia

28 卡利亚里 / Cagliari 304

卡拉布里亚大区 / Calabria

29 卡坦扎罗 / Catanzaro 310

西西里岛大区 / Sicily

30 巴勒莫 / Palermo 316
31 卡塔尼亚 / Catania 325
32 诺托 / Noto 332

索引 · 附录
Index / Appendix
按建筑师索引 336
Index by Architects
按建筑功能索引 344
Index by Function
图片出处 352
Picture Resources

后记 367
Postscript

特别注意 Special Attention

本书登载了一定数量的个人住宅与集合住宅。在参观建筑时请尊重他人隐私、保持安静，不要影响居住者的生活，更不要在未经允许的情况下进入住宅领域。

谢谢合作！

前言 Preface

在意大利游学、考察、体验建筑作品是一种怎样的体验？在去意大利之前我更多地只能从各种书籍中揣测，而其中给我印象最深的是陈志华先生在《意大利古建筑散记》中娓娓道来的描述："意大利人拿定主意要保存这些旧市区，留给世界，留给后代，在能力暂时不足以使居民都过上现代化生活的时候，他们愿意等待……意大利人并非没有才华，他们自诩是世界上最善于做形式设计的民族……《威尼斯宪章》是以意大利派为基础的。"这些话语都让人倍感兴趣又似乎有所不解。

自从游历意大利之后，我对以上种种有了一些自己的体会。一方面大量灿烂的历代建筑作品令人震撼，可以这么说，在意大利进行建筑游学或游览，有一些在其他国家很难同样感受到的特殊体验：首先，往往转过一个街角就能和大师作品遇见的体验几乎是独一无二的，在很短时间里穿越时空与众多不同大师作品面对面，这会本能地让人对关于建筑的各种问题变得敏感起来；一些是你熟悉的，你会像看望一个老朋友那样，把之前所学一一在现场校验，更多的是你没见过的，而那往往意味着惊喜和更多的疑问正在向你招手；其次，人们也会被意大利人民对待各种建筑遗产的认真态度深深打动，在米兰 19 世纪末的伊曼纽尔二世的拱廊下有一条游人如织的十字形通道，地面材料是精美的马赛克，而意大利维修人员会饶有兴趣地趴在地面上，如同牙科医生对待龋齿那样对待残破的部分，一颗 2 平方厘米不到的破损彩色小石块被小钻头细心剔出来，再找到相同颜色的替换料打磨好认真补上去；最后，和所有对建筑作品的体验与游学一样，能感受到不仅是图书照片，还有难以言说的环境、氛围与微妙平衡。

另一方面，身处其中，不难发现意大利从中世纪以来大量建筑作品几乎无可避免地都要面对各种历史文脉的挑战，这些建筑师历经数百年发展出的设计方法与作品对于挑战提交了出色的答卷，而这，也让我们在体验意大利建筑作品时具有现实的借鉴价值。

意大利能够成为世界优秀建筑的宝库、欧洲文明的中心，从其所处的时空经纬究其原因，主要有两点：一方面，从白雪皑皑的阿尔卑斯山到托斯卡纳地区起伏连绵丘陵，从中部平原到南部蜿蜒曲折多火山的海岸线、众多的岛屿，意大利境内多样化气候条件、地理形态对从古至今的建筑设计与营造提出了苛刻的挑战，也是优秀作品成长的温床；另一方面，在时间长河中，众多文明在这片土地上交流一碰撞一交融的过程都通过建筑作品铸就了生动而复杂的时代印记；而这些时空经纬交织的结果反映在建筑发展上，正如我们所能见到的那样：从古典主义的古希腊、古罗马遗迹到中世纪拜占庭罗马风哥特修道院，从文艺复兴与巴洛克教堂、城市广场到近代的复古思潮、理性主义公共建筑，从"二战"之后的高技派作品到当代建筑实践，意大利在各个阶段都无一例外地为我们留下了大量的优秀建筑实例。这一点，从联合国教科文组织世界遗产名录中就能发现，意大利是迄今为止世界遗产数量最多的国家，截至 2018 年共 54 项，其中相当大部分为建筑遗产或与建筑文化相关。

意大利成为统一现代国家的时间相对较晚，多个城邦、王国的境遇不同导致意大利南北发展的不均衡，这导致意大利当代知名建筑师作品许多在意大利境外，而本土相当数量优秀作品是历史建筑类型多集中在居住、宗教建筑；这些作品又以多次损毁、改造、修复的"淤积"状态呈现，这都使得在阅读这些作品时需要辩证的方法和一定的背景知识。

作为《世界建筑旅行地图》丛书的一册，本书收录了意大利 17 个大区的首府与优秀作品较为集中的省首府城市中的 530 件建筑作品，这其中涉及各个历史时期，众多种类，希望本书能够成为到意大利游学、考察建筑作品的专业人士与建筑爱好者的指南，如果能够起到抛砖引玉的作用，我将深感荣幸。

范向光

2020 年 10 月

本书的使用方法 Using Guide

注：使用本书前请仔细阅读。

❶ **该城市在意大利的位置示意**

❷ **城市名**

❸ **入选建筑及建筑师**

❹ **特别推荐**

❺ **大区域地图**

显示了入选建筑在该地区的位置，所有地图方向均为上北下南，一些地图由于版面需要被横向布置。

❻ **建筑编号**

各个地区都是从01开始编排建筑序号。

❼ **小区域地图**

本书收录的每个建筑都有对应的小区域地图，***在参观建筑前，请参照小地图比例尺所示的距离选择恰当的交通方式。对于离车站较远的建筑，请参照网站所示的交通方式到达，或查询相关网络信息。***

❽ **建筑名称**

❾ **铁路、地铁线、公路名称**

一般为离建筑最近的车站名称，***但不是所有的建筑都是从标出的车站到达***，请根据网络信息及距离选择理想的交通方式，请配合当地公路名称使用本书。

❿ **笔记区域**

⓫ **比例尺**

根据建筑位置的不同，每张图有自己的比例，使用时请参照比例距离来确定交通方式。

⓬ **建筑名称及编号**

⓭ **推荐标志**

⓮ **建筑名称（意）**

⓯ **建筑师**

⓰ **建筑实景照片**

⓱ **建成年代**

⓲ **建筑所属类型**

⓳ **所在地址（意）**

⓴ **建筑名称**

㉑ **建筑简介**

每个建筑从专业的角度叙述其特点。

⑦ 小区域地图
⑧ 建筑名称
⑨ 公交站
⑩ 笔记区域
⑪ 比例尺
⑫ 建筑名称及编号
⑬ 推荐标志
⑭ 建筑名称（意）
⑮ 建筑师
⑯ 建筑实景照片
⑰ 建成年代
⑱ 建筑所属类型
⑲ 所在地址（意）
Travel Atlas of World Architecture · Italy
47
Como · 科莫
Via Bellinzona
Via Filippo Caronti
Lake Heart
Lido Villa Olmo
Via Valeria
01 艾尔芭会展中心
02 奥尔莫别墅
Villa Olmo
0
100m
01 艾尔芭会展中心
Villa Erba - Centro Espositivo
建筑师：Angelo Savoldi
年代：19 世纪
类型：文化建筑 / 会展中心
地址：Largo Luchino Visconti, 4, 22012 Cernobbio CO, Italy
02 奥尔莫别墅
Villa Olmo
建筑师：Simone Cantoni
年代：1797–1782 年
类型：居住建筑 / 别墅
地址：Via Simone Cantoni, 1, 22100 Como CO, Italy
奥尔莫别墅
奥尔莫别墅位于科莫湖边，由 Innocenzo Odescalchi 侯爵先生任命瑞士建筑师 Simone Cantoni 建造。是该地区新古典主义建筑的代表。别墅过去是贵族的夏季度假地，目前则作为公共展览馆使用。
建筑名称
㉑ 建筑简介

所选各城市的位置示意及编号 Location and Sequence in Map

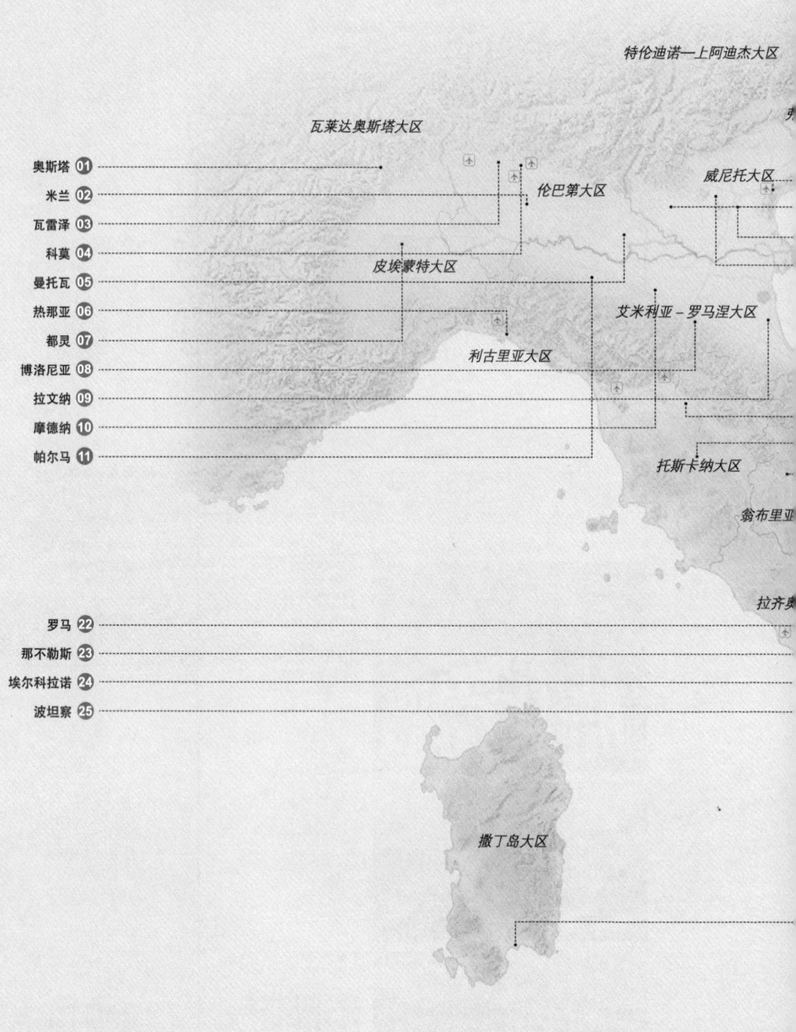

图片来源：天地图（www.tianditu.gov.cn）

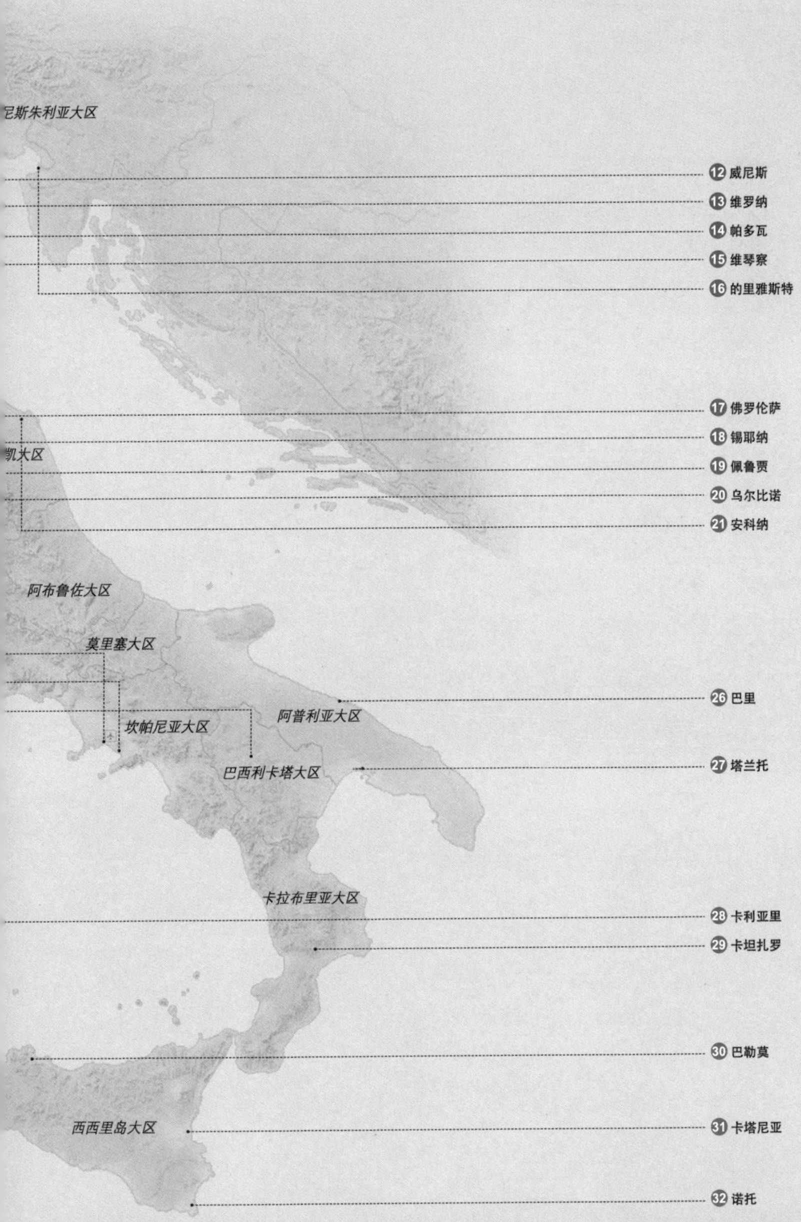

尼斯朱利亚大区
12 威尼斯
13 维罗纳
14 帕多瓦
15 维琴察
16 的里雅斯特
17 佛罗伦萨
18 锡耶纳
凯大区
19 佩鲁贾
20 乌尔比诺
21 安科纳
阿布鲁佐大区
莫里塞大区
26 巴里
阿普利亚大区
坎帕尼亚大区
巴西利卡塔大区
27 塔兰托
卡拉布里亚大区
28 卡利亚里
29 卡坦扎罗
30 巴勒莫
西西里岛大区
31 卡塔尼亚
32 诺托

瓦莱达奥斯塔大区

Aosta Valley

01 奥斯塔 / Aosta

01・奥斯塔

建筑总数：08

01 Forense 地下基础设施
02 奥斯塔大教堂
03 古罗马剧场
04 圣奥索社区修道院
05 圣贝宁学院
06 奥斯塔火车站
07 古罗马 Pretoria 城门
08 奥古斯都拱门 / Aulus Terentius 等

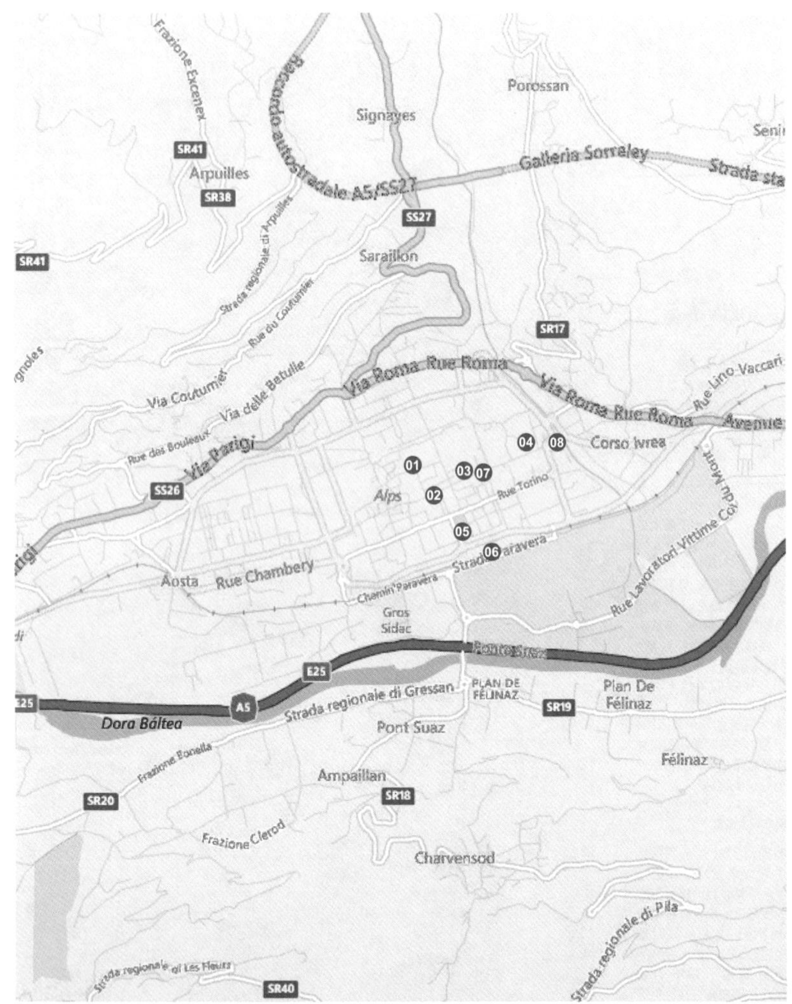

Forense 地下基础设施

Criptoportico一般是指古罗马的半地下室，其功能一方面是作为基础设施来调整地坪标高，以方便地面以上建筑物的营造。另一方面，由于采用半地下室形式，其常用的桶形拱券结构或交叉拱结构可以在拱券上部侧面开采光口，由于温湿度变化小，使得这种半地下室除了作为基础设施之外也常常被用来作为易腐物品的储藏室，或是建筑物的底层裙房。该结构一般认为建立于公元1世纪以前，整个平面由3条呈U字形的半地下室通道组成，围绕着一个89米×73米的矩形范围，其上为古罗马时期的两座神庙及城市广场。具体用途至今是个谜。

奥斯塔大教堂

奥斯塔大教堂是罗马天主教大教堂，最开始是罗马风格，目前保留下来的罗马风结构仅有钟楼和地下室。文艺复兴时期经过改造，目前所看到的西立面建于1846–1848年，为新古典主义风格。

01 Forense 地下基础设施 Criptoportico

年代：公元1世纪以前
类型：市政设施
地址：Piazza Papa Giovanni XXIII, 11100 Aosta, Italy

02 奥斯塔大教堂 Aosta Cathedral

年代：11世纪–1848年
类型：宗教建筑 / 教堂
地址：Via Laurent Martinet, 16, 11100 Aosta AO, Italy

⑬ 古罗马剧场
Teatro Romano

年代：公元前 20–10 年
类型：观演建筑
地址：Via Laurent Martinet, 16, 11100 Aosta AO, Italy

⑭ 圣奥索社区修道院
Collegiata dei Santi Pietro e Orso

年代：793 年–17 世纪
类型：宗教建筑 / 修道院
地址：Via Sant'Orso, 14,11100 Aosta, Italy

⑮ 圣贝宁学院
Centro Saint Benin

年代：1177–1180 年
类型：科教建筑
地址：Via B. Festaz, 27, 11100 Aosta, Italy

古罗马剧场

古罗马剧院建于公元前 20–10 年奥古斯都时期，原址是军事堡垒，建筑矗立于山顶上，是古罗马时代的戏剧表演场所。建筑采用不等高放射状筒形拱、交叉拱结构，由块石和天然混凝土建成。舞台为长方形，剧场观众席呈半圆形，平面占地约 81 米 ×64 米，可以容纳 3000–4000 个座位。今天残余的南立面高达 22 米，南立面与剧场之间由跨度 5.5 米的连续四跨拱券及扶壁墙连接。据考古发现，该剧场有上部遮阳设施，与庞贝古城壁画中所描绘的斗兽场和罗马大斗兽场的遮阳结构相似。剧场周围发现有市场、神庙及温泉等古罗马建筑遗迹，是这一地区古罗马剧场最重要的实例。

圣奥索社区修道院

该修道院最初为早期基督教建筑，平面为巴西利卡形式，后在 9 世纪加洛林王朝时期彻底重建，并增加了一座巨大的瞭望塔，建筑整体风格为罗马风风格，15 世纪改造为现存拉丁十字式平面，该修道院的回廊至今大部分保留了 1132 年修建的柱廊，现存 37 根（原为 52 根，东侧损毁）柱子柱头顶部为按拉丁字母排序雕刻的宗教题材故事，建筑主入口立面现状则为 19 世纪改造，该修道院是研究中世纪雕塑及建筑手法的重要实例。

圣贝宁学院

圣贝宁学院是奥斯塔市的古代修道院，建立于 12 世纪时期，目前修道院旁巨大的罗马风风格钟楼是那一时期的重要遗存。1597 年学院被教皇克莱门八世改为宗教学院，其后的 3 个世纪里是奥斯塔的文化中心，其主要建筑立面改造于 1676–1680 年间，是意大利北部早期宗教学院的重要实例，该建筑一侧的高大钟塔为中世纪这一地区罗马风风格。而主体建筑则以 17 世纪当地民居风格为主；值得一提的是该建筑目前为奥斯塔文化与展览中心，其中常设有英诺索·曼泽蒂的展览馆，他是最早提出电话概念的意大利发明家。

06 奥斯塔火车站
Stazione Aosta

年代：1886 年
类型：交通建筑 / 火车站
地址：Stazione FS, Piazza Manzetti, 1, 11100 Aosta AO, Italy

奥斯塔火车站是奥斯塔市的主要火车站，该建筑历经多次改造依旧保留了 19 世纪交通建筑的基本特点，其整体风格为意大利北部山区民间建筑与文艺复兴－巴洛克融合的折中主义风格；其铸铁门廊、巴洛克天窗与坡屋顶都保留此时期的典型风貌，为意大利北部山区火车站的代表实例。

07 古罗马 Pretoria 城门
Porta Pretoria

年代：公元前 25 年
类型：其他建筑 / 城门
地址：Piazza Porte Pretoriane, 11100 Aosta AO, Italy

该建筑是通往罗马古城中心广场的必经之路，其名称来自古罗马时期奥斯塔的城市名 Praetoria Salassorum。整个城门由双层巨大石料砌筑的三跨拱券门组成，其中中间跨高 7 米，供货车通过，两侧跨高约 2.65 米，供行人通过，城门两侧建有防御性的塔楼，12 世纪时曾被改造为小教堂。双层拱券门的做法主要是为了加强防御性。该做法是现存古罗马城门中极少见的实例。

08 奥古斯都拱门
Arco Augusto Aosta

建筑师：Aulus Terentius, Varro Murena
年代：公元前 25 年
类型：其他建筑 / 城门
地址：Piazza Arco D'Augusto, 11100 Aosta AO, Italy

奥古斯都 · 渥大韦拱门最初是凯旋门，为纪念古罗马帝国在 Salassi 部落战争中取得胜利而建。该城门为单跨凯旋门，拱顶距地面约 11.40 米高，结构材料为当地砾石，正立面使用 4 根科林斯倚柱划分开间，原有雕塑及大理石装饰已经损毁；同时该拱门也是整个奥斯塔古城的东门，至今还留有 14 世纪时耶稣受难十字架（木制复制品），屋顶部分在 17 世纪被改造过。1912 年恢复古罗马时代的风貌。

奥斯塔古罗马剧场（Alexis Courthoud 摄影）

伦巴第大区
Lambardy
02 米兰 / Milano
03 瓦雷泽 / Varese
04 科莫 / Como
05 曼托瓦 / Mantova
03
04
02
05

02 · 米兰

建筑数量：40

01 米兰纪念公墓 / Carl Maciachini
02 米兰中央车站 / Ulisse Stacchini
03 皮瑞利大厦 / Pier Luigi Nervi
04 米兰贸易博览中心 / M · 富克萨斯
05 IL SOLE 24 总部 / 伦佐 · 皮亚诺
06 费尔特里内利基金会 / 赫尔佐格与德梅隆
07 和平之门 / Luigi Cagnola
08 米兰圣马可巴西利卡 / Carlo Maciachini
09 布雷拉美术学院 / Giovanni di Balduccio 等
10 布雷拉画廊 / Ruggero Boscovich
11 布雷拉天文台 / Ruggero Boscovich
12 公民天文馆 / Piero Portaluppi

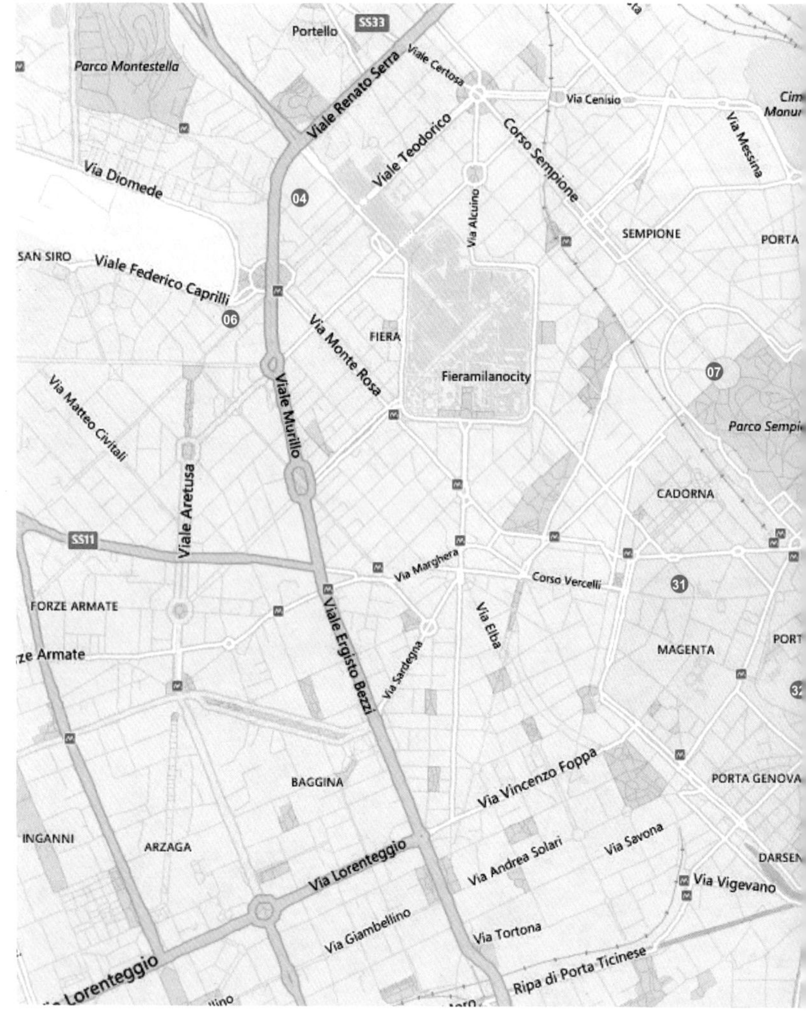

13 斯福尔扎城堡 / Luca Beltrami 等
14 卡多纳地铁站 / 加埃 · 奥伦蒂
15 米兰会议中心 / Mario Bellini
16 圣 · 朱塞佩巴西利卡 / Francesco Maria Richini
17 比利奥里宫 / Giuseppe Piermarini
18 波迪 · 佩泽利博物馆 / Simone Cantoni
19 参议院宫 / Fabio Mangone
20 巴加蒂 · 瓦尔塞基博物馆 / Fausto 等
21 斯卡拉大剧院 / Giuseppe Piermarini
22 马里诺宫 / Galeazzo Alessi
23 伊曼纽尔二世拱廊 / Giuseppe Mengoni
24 朱塞佩 · 帕里尼纪念碑 / Luca Beltrami
25 帕拉佐德拉久内宫 / Vincenzo Seregni
26 米兰主教座堂 / Pellegrino Tibaldi 等
27 梅扎诺特宫 / Paolo Mezzanotte
28 Litta 宫 / Francesco Maria Richini
29 圣马纳斯塔罗马 · 焦雷教堂 / Gian Giacomo Dolcebuono 等
30 安布罗西亚图书馆 / Lelio Buzzi 等
31 圣玛丽亚感恩堂 / 多纳托 · 伯拉孟特等
32 圣安布罗巴西利卡
33 Reale 宫 / Giuseppe Piermarini
34 圣沙第乐圣母玛利亚礼拜堂 / 多纳托 · 伯拉孟特等
35 泽波第的圣亚历山大礼拜堂
36 里瑞克剧院 / Giuseppe Piermarini 等
37 Greppi 宫 / Felice Soave
38 圣纳扎罗巴西利卡 / St. Ambrose Bramantino
39 圣洛伦佐巴西利卡 / Martino · Bassi 等
40 圣欧斯托焦巴西利卡 / Vincenzo Foppa 等

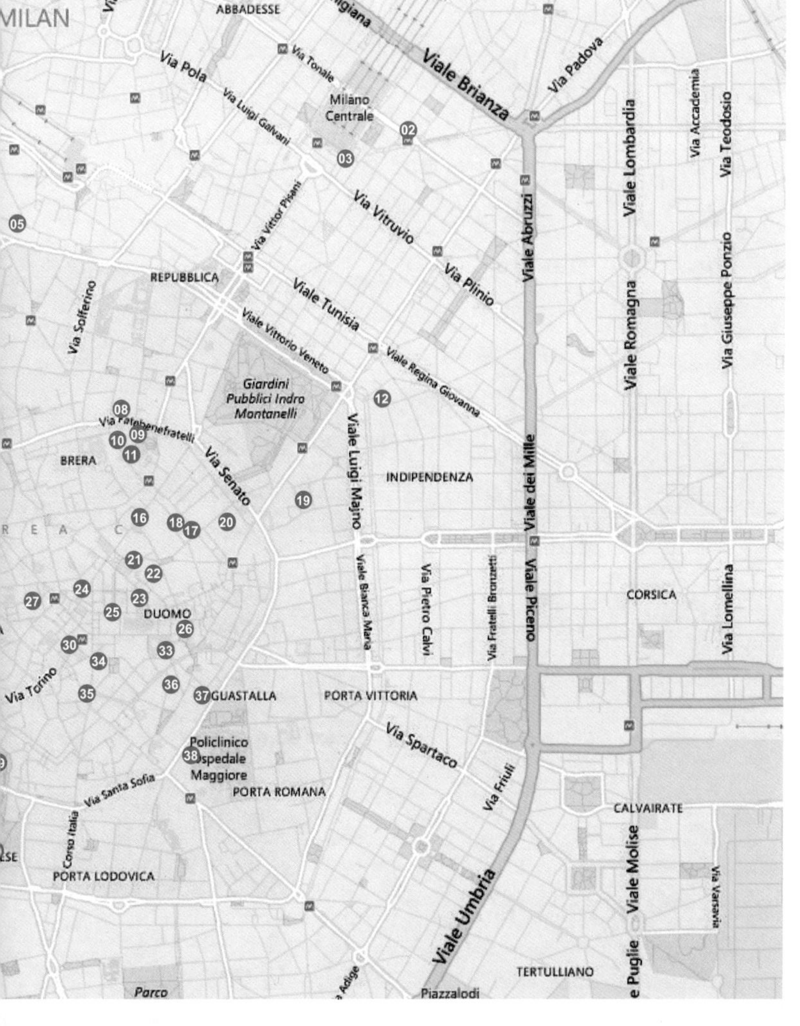

米兰纪念墓园
Cimitero Monumentale
01 米兰纪念公墓
文化中心
Monumentale
Esselunga di Porta
米兰Porta Garibaldi火车站
米兰市中心莱昂纳多酒店
Leonardo Hotel
Milan City Center
Garibaldi FS
0 100m
Via Copernico
Via Gustavo Fara
02 米兰中央车站
Milano Centrale Railway
03 皮瑞利大厦
Giovanni Battista Pirelli
0 100m
Viale Lodovico Scarampo
Onorato Vigliani
04 米兰贸易博览中心
Via Bartolomeo Colleoni
Via Gattamelata
Via Alcuino
0 20m
05 IL SOLE 24 总部
Giovanni Migliara
Via Laveno
Via Gavirate
Via Monte Rosa
Via Monreale
Via Mosè Bianchi
0 100m

米兰纪念公墓

该公墓以其富于艺术性与造型丰富的纪念性构筑物著称。富于艺术性的墓葬著称。入口处建筑为折中主义风格，平面由两翼长廊及集中构图的纪念堂组成，其折中主义风格融合了拜占庭及哥特式元素，墓园内则有许多意大利古典及当代艺术的雕塑、希腊神庙、方尖碑组成的公墓纪念性构筑物。该建筑是意大利19世纪复古思潮的典范。

米兰中央车站

米兰中央车站是米兰的主要铁路车站，也是欧洲主要铁路车站之一，位于米兰市中心的奥斯塔公爵广场。该建筑是19世纪末至20世纪初折中主义建筑的代表作。建筑较为突出的是巨柱式在入口的应用，凸显了建筑的古典气质。

皮瑞利大厦

建筑从完成到1995年都是意大利最高的建筑。建筑历史学家哈桑·乌丁·汗称赞为“世界上最优雅的高层建筑之一”，该建筑是“二战”之后意大利现代主义建筑的代表作之一，也是结构工程师、建筑师皮埃尔·奈尔维的高层建筑代表作。

米兰贸易博览中心

该建筑群始建于1906年，是米兰世界博览会的展馆，1923年完成了部分改造，最新的改造则于2008年完成，该博览中心是米兰最重要的现代博览建筑，整个建筑群占地面积约1平方英里。建筑运用参数化设计将巨大的建筑结构和大面积的玻璃应用相结合，显示了电脑技术对建筑实践的影响。

IL SOLE 24 总部

该建筑在1978年时是一座临街的工业建筑，改造完成后为意大利太阳报总部所在地，是著名当代建筑师伦佐·皮亚诺的设计作品，外露的建筑结构和玻璃幕墙的运用具有鲜明的高技派现代主义建筑特征。

01 米兰纪念公墓
Cimitero Monumentale di Milano

建筑师：Carl Maciachini
年代：1866 年
类型：其他建筑 / 陵园、墓地
地址：Piazzale Cimitero Monumentale, 20154 Milano, Italy

02 米兰中央车站
Stazione di Milano Centrale

建筑师：Ulisse Stacchini
年代：1864–1931 年
类型：交通建筑 / 火车站
地址：Piazza Duca d'Aosta, 1, 20124 Milano, Italy

03 皮瑞利大厦
Pirelli Tower

建筑师：Pier Luigi Nervi
年代：1958 年
类型：办公建筑
地址：Via Fabio Filzi, 22, 20124 Milano, Italy

04 米兰贸易博览中心
New fair district of the Milan Trade Fair

建筑师：M · 富克萨斯
年代：1906–2008 年
类型：博览建筑
地址：Viale Lodovico Scarampo, 2, 20149 Milano, 20123 Milano,Italy

05 IL SOLE 24 总部
Il sole 24 ore headquarters

建筑师：伦佐 · 皮亚诺 / Renzo Piano
年代：1978–2006 年
类型：办公建筑
地址：Via Monte Rosa, 91,20149 Milano,Italy

06 费尔特里内利基金会
Fondazione Feltrinelli, Milano

建筑师：赫尔佐格与德梅隆
年代：2016 年
类型：办公建筑
地址：Viale Pasubio, 5, 20154 Milano, Italy

07 和平之门
Arco della Pace

建筑师：Luigi Cagnola
年代：1807–1838 年
类型：其他建筑 / 城门
地址：Piazza Sempione, 20154 Milano，Italy

费尔特里内利基金会

该建筑是由赫尔佐格与德梅隆事务所完成的综合性总部建筑，其精细设计的玻璃幕墙与简洁的外立面是对周边历史建筑的回应。

和平之门

和平之门位于米兰老城古罗马时期城墙的遗迹之上，历史上被称为朱庇特之门（Porta Giovia）。今天所见和平之门建于 1801 年拿破仑占据时期，1807 年开始修建，1838 年最终完成，是新古典主义建筑师洛吉 · 卡格诺拉的代表作，其设计灵感来自于古罗马时期罗马城的赛鲁维凯旋门，是新古典主义对于科林斯柱式的复古之作。突出墙面的独立式科林斯巨柱的运用来源于公元 2 世纪左右的古罗马帝国东部风格，其装饰意味、空间起伏感和光影效果充分地体现了设计意图。整个凯旋门雕塑主题为欧洲古希腊、罗马与重大历史事件，堪称欧洲历史凝固的缩影。

08 **米兰圣马可巴西利卡**
Chiesa di San Marco

建筑师：Carlo Maciachini
年代：1245 年–19 世纪
类型：宗教建筑 / 巴西利卡
地址：Piazza S. Marco, 2, 20121 Milano,Italy

该教堂于 1254 年建成中厅与侧廊的基本结构，具有晚期意大利北部哥特建筑的典型特征，历史上多次变动，教堂的水平侧廊则是在 15 世纪逐步建成的。目前的西立面是由建筑师 Carlo · Maciachini 在 1871 年建成的。室内圣坛则为巴洛克风格，是米兰第二大教堂。

⑨ **布雷拉美术学院**
Accademia di Belle Arti di Brera

建筑师：Giovanni di Balduccio，Giovanni da Milano, Vincenzo Foppa，Bernardino Luini
年代：1150–1859 年
类型：科教建筑
地址：Via Brera, 28, 20121 Milano, Italy

⑩ **布雷拉画廊**
la pinacoteca di Brera

建筑师：Ruggero Boscovich
年代：1764 年
类型：科教建筑
地址：Via Brera, 28, 20121 Milano, Italy

⑪ **布雷拉天文台**
Osservatorio astronomico di Brera

建筑师：Ruggero Boscovich
年代：1764 年
类型：文化建筑 / 天文馆
地址：Via Brera, 28, 20121 Milano, Italy

布雷拉美术学院

布雷拉美术学院是意大利北部最重要的文艺复兴与巴洛克绘画作品收藏与教育场所，其建筑建于 1150–1188 年之间，最早是作为行政宫殿，1188 年之后被改建为教堂，后被拆除，目前看到的其著名的入口处哥特–文艺复兴风格的拱廊是由来自比萨的雕塑家 Giovanni · di Balduccio 于 1346–1348 年设计建造的，全身青铜像的雕塑师为 19 世纪著名雕塑 Antonio · Canova。学院则是由哈布斯堡王朝末期 Maria Theresa 于 1776 年创建，其内部有学校、画廊与天文台等几部分组成。

布雷拉画廊

该建筑是布雷拉美术学院的一部分，前身则是已被移除的布雷拉教堂的内部庭院，由建筑师 Ruggero · Boscovich 完成，具有典型的哥特晚期–文艺复兴早期修道院内部庭院风格。

布雷拉天文台

布雷拉天文台位于布雷拉美术学院内，于 1764 年哈布斯堡王朝时期由天文学家 Ruggero · Boscovich 建立的，受到当时启蒙运动的影响，其建筑风格有罗马风–文艺复兴复古倾向，具体表现为曲线、多种柱式的混合运用，是少数早期天文台建筑的代表作。

埃曼纽尔二世拱廊

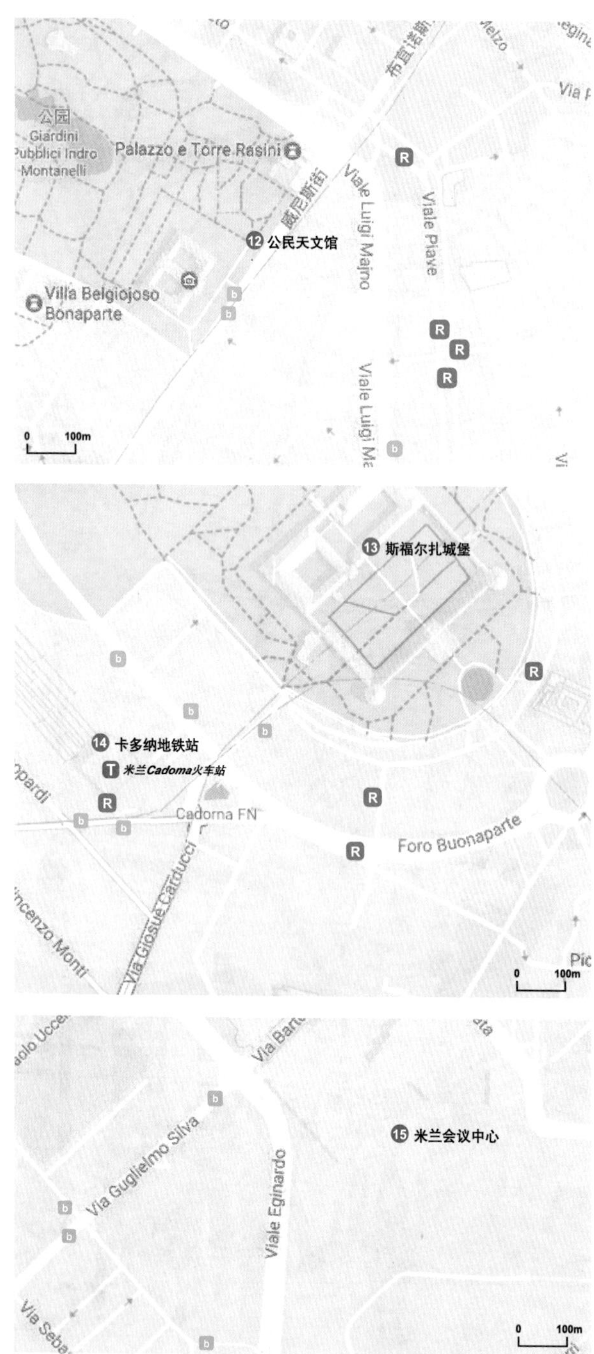
公园
Giardini Pubblici Indro Montanelli
Palazzo e Torre Rasini
威尼斯街
布宜诺斯
Viale Luigi Majno
Viale Piave
⑫ 公民天文馆
Villa Belgiojoso Bonaparte
0 100m
⑬ 斯福尔扎城堡
⑭ 卡多纳地铁站
米兰Cadoma火车站
Cadorna FN
Foro Buonaparte
Via Giosuè Carducci
0 100m
Via Guglielmo Silva
Viale Eginardo
⑮ 米兰会议中心
0 100m

公民天文馆

米兰公民天文馆正式于1928年开始筹建，1930年完成建造。天文馆以捐赠者Ulrico · Hoepli命名，其建筑风格为新古典主义风格，平面为集中式八边形，穹顶与柱廊的组合来想法源于罗马万神庙，其内绘制了天球的星空图，是意大利复古思潮中新古典主义的代表作之一。

⑫ **公民天文馆**
civico Planetario Ulrico Hoepli

建筑师：Piero Portaluppi
年代：1930 年
类型：文化建筑 / 天文馆
地址：Corso Venezia, 57, 20121 Milano,Italy

斯福尔扎城堡

斯福扎城堡始建于14世纪，15世纪由当时的米兰公爵弗朗西斯哥 · 斯福扎完成；在16－17世纪是欧洲最大的城堡之一。作为一个防御建筑，该城堡的平面呈四边形，面对村庄的城墙上有一座方塔以及一个城门，该城门通向一个大型的庭院。1891－1905年间由意大利建筑师、历史学家Luca · Beltrami修复，保留至今。其整体建筑风格为罗马风样式。

⑬ **斯福尔扎城堡**
Sforza Castle

建筑师：Luca Beltrami 等
年代：15 世纪
类型：其他建筑 / 城堡
地址：Piazza Castello, 20121 Milano, Italy

卡多纳地铁站

该地铁站最初以木结构形式建于1879年，1920年扩建，“二战”中被轰炸毁坏，现存结构1964年建成。该站是米兰1978年开通的地铁2号线的重要组成部分，现存立面是1999年由意大利已故著名女建筑师加埃 · 奥伦蒂在对卡多纳广场改建项目中完成的，是当代意大利先锋建筑的重要代表作，该地铁站以“一战”中意大利陆军元帅Luigi · Cadorna的名字命名。

⑭ **卡多纳地铁站**
Milano Cadorna

建筑师：加埃 · 奥伦蒂
年代：1964 年
类型：交通建筑 / 地铁站
地址：Piazzale Luigi Cadorna, 20123 Milano, Italyt

米兰会议中心

该建筑由马里奥 · 贝利尼事务所在原有建筑综合体基础上改造完成，于2005年竣工，是目前欧洲最大的会议中心之一。米兰会议中心为现代主义建筑风格，建筑下部为规则、简洁的砖面立面与玻璃门窗，建筑穹顶则采用象征主义与高科技风格，形成恢宏大气的波浪流线曲面，层次丰富，钢制材料的使用增加了建筑的力量感，是这一地区的标志性建筑物。

⑮ **米兰会议中心**
Milan Convention Centre

建筑师：Mario Bellini
年代：2005 年
类型：办公建筑
地址：Via Gattamelata 5, 20149 Milan, Italy

Buonaparte
Via Brera
Via Monte di Pietà
曼佐尼街
蒙特拿破仑大街
Via Bigli
Via dell'Orso
Via del Lauro
Via Giuseppe Verdi
⑯ 朱塞佩教堂
⑱ 波迪・佩泽利博物馆
⑰ 比利奥里宫
Via Rovello
Via Broletto
Via Clerici
0 100m

Via Palestro
Via dei Giardini
曼佐尼街
Via Senato
Via Marina
⑲ 参议院宫
⑳ 巴加蒂・瓦尔塞基博物馆
te di Pietà
曼佐尼街
Via Bigli
蒙特拿破仑大街
ia Sant'Andrea
ia Moza
0 100m

⑯ 圣・朱塞佩巴西利卡
Chiesa di San Giuseppe (Milano)

建筑师：Francesco Maria Richini
年代：1607–1630 年
类型：宗教建筑 / 巴西利卡
地址：Via Verdi, 20121 Milano MI, Italy

圣・朱塞佩巴西利卡

该建筑是意大利北部早期巴洛克风格的教堂建筑，立面变化丰富，光影效果强，可以看出曲线及多种柱式的综合运用，同时，建筑师通过对透视法与跳跃性科林斯对柱、壁柱间距的处理，使得建筑充满了空间张力。

⑰ 比利奥里宫
Belgioioso Palace

建筑师 :Giuseppe Piermarini
年代 :1772–1787 年
类型 :居住建筑 / 宫殿
地址 :Piazza Belgioioso, 2, 20121 Milano, Italy

比利奥里宫

该建筑是位于米兰的一幢城市中心的宫殿，因其恢宏的外立面装饰被认为是米兰最重要的新古典主义建筑之一。建筑师 Giuseppe · Piermarini 放弃了早期巴洛克风格的设计，取而代之以一座宏伟且装饰精美的三段式、科林斯巨柱式新古典主义建筑；整个建筑中央开间以四颗巨大的科林斯柱式作为视觉焦点，而两翼则采用与之相呼应的科林斯壁柱，纵向三段式构图比例和谐手法流畅；赋予建筑稳定感与纪念性；雕塑中虽然还有巴洛克元素，但是显得很有节制。

⑱ 波迪 · 佩泽利博物馆
museo Poldi Pezzoli

建筑师 :Simone Cantoni
年代 :1607–1630 年
类型 :文化建筑 / 博物馆
地址 :Via Alessandro Manzoni, 12, 20121 Milano,Italy

波迪 · 佩泽利博物馆

波迪 · 佩泽利博物馆位于米兰市中心，是世界上最重要和最著名的家庭博物馆之一。建筑师 Simone · Cantoni 于 1736 年以新古典主义风格重建了宫殿，并配有英式室内花园。

⑲ 参议院宫
Palazzo del Senato

建筑师 :Fabio Mangone
年代 :1608 年
类型 : 办公建筑
地址 : Via Senato, 10, 20121 Milano, Italy

参议院宫

该建筑是一座位于米兰市中心的巴洛克式建筑，目前作为意大利国家档案馆使用。该建筑始建于 1608 年，其后几经易主。值得一提的是该建筑立面，其向内凹，使得该建筑与教堂协调。

⑳ 巴加蒂 · 瓦尔塞基博物馆
Bagatti Valsecchi Museum

建筑师 :Fausto ， Giuseppe Bagatti Valsecchi
年代 :1874 年
类型 :文化建筑 / 博物馆
地址 :Via Gesù, 5, 20121 Milano, Italy

巴加蒂 · 瓦尔塞基博物馆

巴加蒂 · 瓦尔塞基博物馆位于米兰市中心，其最早是一座私人住宅。该建筑体现了意大利复古思潮的建筑特征，外立面采用了罗马柱式与雕塑语言，建筑整体典雅大气，较为克制，体现了建筑师清晰的逻辑思维，具有秩序美。

㉑ 斯卡拉大剧院
Teatro alla Scala

建筑师：Giuseppe Piermarini
年代：1778 年
类型：观演建筑
地址：Via Filodrammatici, 2, 20121 Milano,Italy

㉒ 马里诺宫
Palazzo Marino

建筑师：Galeazzo Alessi
年代：1557–1563 年
类型：居住建筑 / 宫殿
地址：Piazza della Scala, 2, 20121 Milano,Italy

斯卡拉大剧院

该剧院是世界知名的歌剧和芭蕾舞剧院，剧场的外观较为克制，可能是因为它最初建成环境位于一条狭窄的街道上，建筑立面主入口是三跨包厢式雨棚，顶部由新古典主义风格的山花、壁柱和中央倚柱等建筑元素组成；与外观形成鲜明对比的是建筑内部华丽的装饰。

马里诺宫

马里诺宫建筑整体为文艺复兴风格，宫殿院子里竖立着赫拉克勒斯传说的雕塑；室内天花板四个角落装饰画作。建筑外立面使用壁画和浅浮雕进行装饰，建筑整体典雅大气，有威严庄重之感。马里诺宫自1861 年以来作为米兰市政厅投入使用。

伊曼纽尔二世拱廊

伊曼纽尔二世拱廊最初设计于1861年，于1877年修建完成，是19世纪末折中主义代表作。该建筑是一座规模巨大的带双层玻璃、生铁桁架结构顶棚的商业综合体，其内部在建成之时有商店、餐厅、咖啡馆和地下电影院等综合商业设施；两条玻璃拱顶下的走廊交汇处形成一个八边形室内广场，顶部覆盖玻璃穹顶；整个建筑外立面两层，采用组合柱式，整体风格呈现为意大利北部哥特式、文艺复兴与巴洛克风格的融合，内部三层，采用19世纪流行的商业街店铺形态，为巴洛克与文艺复兴风格的糅合。

朱塞佩 · 帕里尼纪念碑

该纪念碑是纪念意大利伟大的文学家朱塞佩·帕里尼（1729–1799年）的石基座青铜雕像，位于科尔杜西奥广场的正中。

帕拉佐德拉久内宫

帕拉佐德拉久内宫是米兰历史悠久的宫殿建筑之一。该建筑是中世纪时期米兰兴建的最早一批公共建筑，被称为 Broletto，最初用来举行重要会议，后改造为银行、酒店，建筑为罗马风建筑风格，建筑平面矩形，整个底层由石质拱券架空，是少见的中世纪时期公共建筑与城市空间融合的实例；拱券门窗上的白色大理石野猪图腾券石被认为代表着米兰起源的传说。

米兰主教座堂

该座堂始建于1386年，历史上多次改造与完善，今天所见主要面貌经过19世纪建筑师Giuseppe · Mengoni的改造，与附近的伊曼纽尔二世拱廊风格协调。整个改造于1860年完工，该建筑是晚期哥特建筑在意大利北部的代表作。教堂前广场是米兰的市中心，教堂包括一个有四个侧厅的教堂中厅，整体平面为标准的拉丁十字式平面，突出特征是100多座小尖塔构成整个立面的建筑母题，内部的彩色玻璃窗是意大利北部哥特教堂中最为精美的。教堂中厅的高度约为45米；占地面积超过1.7万平方米，是意大利北部最大的教堂，也曾是天主教第三大教堂。

㉓ 伊曼纽尔二世拱廊
Galleria Vittorio Emanuele II

建筑师：Giuseppe Mengoni
年代：1877年
类型：其他
地址：Piazza del Duomo, 20123 Milano,Italy

㉔ 朱塞佩 • 帕里尼纪念碑
Monumento a Giuseppe Parini

建筑师：Luca Beltrami
年代：1899年
类型：其他建筑 / 纪念碑
地址：Via Cordusio, 20123 Milano,Italy

㉕ 帕拉佐德拉久内宫
Palazzo della Ragione (Milano)

建筑师：Vincenzo Seregni
年代：1228–1233年
类型：居住建筑 / 宫殿
地址：Piazza dei Mercanti, 20123 Milano,Italy

㉖ 米兰主教座堂
Duomo di Milano

建筑师：Pellegrino Tibaldi, Fabio Mangone
年代：1386–1860年
类型：宗教建筑 / 主教堂
地址：Piazza del Duomo, 20122 Milano,Italy

㉗ 梅扎诺特宫 Palazzo Mezzanotte

建筑师：Paolo Mezzanotte
年代：1929–1932 年
类型：居住建筑 / 宫殿
地址：Piazza degli Affari, 20123 Milano,Italy

㉘ Litta 宫 Palazzo Litta

建筑师：Francesco Maria Richini
年代：1642–1648 年
类型：居住建筑 / 宫殿
地址：Corso Magenta, 24, 20121 Milano,Italy

梅扎诺特宫

梅扎诺特宫是意大利证券交易所所在地，因其设计者保罗 · 梅扎诺特而得名。梅扎诺特宫属于 20 世纪早期古典复兴风格建筑，该建筑立面是对古典建筑语言的提炼和简化，采用大理石和洞石建造，立面雕塑则是由 Leone · Lodi 和 Geminiano · Cibau 创作，立面整体高达 36 米。

Litta 宫

该建筑又称 Arese–Litta 宫，是巴洛克建筑风格在米兰的重要作品，目前的功能为文化中心、办公及剧场，该建筑建于西班牙统治米兰的时期，整个建筑的首层大厅及二层伸出式阳台都具有当时典型的巴洛克手法，多种形式的组合式壁柱柱式与手法主义风格窗户的融合中大量运用了曲线的设计，体现了 17 世纪透视法运用于建筑设计的影响。

㉙ 圣马纳斯塔罗 · 马焦雷教堂
San Maurizio al Monastero Maggiore

建筑师：Gian Giacomo Dolcebuono, Giovanni Antonio Amadeo
年代：1503–1518 年
类型：宗教建筑 / 教堂
地址：Corso Magenta, 15, 20123 Milano,Italy

该教堂改造于古罗马城墙与竞技场的遗迹之上，至今还有一座多边形塔楼和一部分结构是由古罗马时期的一座竞技场遗迹片段和一段罗马帝国马克西米安时期的城墙组成。整个建筑 1518 年建成时隶属于该城本笃会女修道院，内部也由墙体将普通信徒与修女活动的部分分开，直到 1794 年才合并，平面为巴西利卡样式，中厅侧廊内部装饰华丽，外观由来自 Ornavasso 的灰色石头建造，手法上为文艺复兴风格，建筑立面手法克制而又有创新，立面柱式的运用中混合了方尖碑装饰与涡卷状山花。目前为米兰考古博物馆。

㉚ 安布罗西亚图书馆
pinacoteca Ambrosiana

建筑师：Lelio Buzzi,Francesco Maria Richini
年代：1603–1625 年
类型：文化建筑 / 图书馆
地址：Piazza Pio XI, 2, 20123 Milano,Italy

该建筑最初是由建筑师 Lelio · Buzzi 和 Francesco · Maria · Richini 在 1603 年完成设计，于 1609 年完工，以米兰的守护神安布罗西亚命名，是欧洲第二古老的公共图书馆，并于 1625 年完成扩建，现存建筑入口为巴洛克风格，而内院则为罗马风风格与文艺复复兴风格的糅合，其建筑平面为略呈矩形平面带院落的复杂综合体，主入口侧面有一座罗马风风格的巴西利卡嵌入整个平面中，表现出该图书馆早期作为宗教图书馆的性质，该图书馆现保存超过 3 万份中世纪拜占庭、阿拉伯、文艺复兴时期及文艺复兴以前的珍贵手稿。

31 圣玛丽亚感恩堂
Chiesa di Santa Maria delle Grazie (Milano)

建筑师：多纳托·伯拉孟特，Guiniforte Solari
年代：1469–1497 年
类型：宗教建筑 / 礼拜堂
地址：Piazza di Santa Maria delle Grazie, 20123 Milano,Italy

32 圣安布罗巴西利卡
basilica di Sant'Ambrogio

年代：379–1099 年
类型：宗教建筑 / 教堂
地址：Piazza Sant'Ambrogio, 15, 20123 Milano,Italy

圣玛丽亚感恩堂

该建筑主体建筑为罗马风风格建筑，主体建筑由建筑师 Guiniforte · Solari 于 1469 年设计完成，该教堂是米兰斯福扎家族墓地教堂，1497 年文艺复兴著名建筑师多纳托·伯拉孟特设计了其穹顶与环廊部分，其手法展示了他对集中式教堂设计手法的探索，对其后期设计罗马城圣彼得大教堂具有启示作用。外立面以红砖墙和花岗岩石为主，色彩低调而鲜明，建筑整体充满秩序感。教堂因内列奥纳多·达·芬奇所作的壁画《最后的晚餐》而著称，1943 年 8 月 15 日被盟军轰炸击中，其主体建筑大部分损毁严重，但教堂后部及《最后的晚餐》所在的墙壁因为设有沙袋保护而基本保留了下来，1980 年被列为世界遗产。

圣安布罗巴西利卡

圣安布罗巴西利卡是米兰最古老的教堂之一，由安布罗创建于 379 – 386 年，在建造后的几个世纪中，经历了几次修复和部分重建，现在的教堂于 12 世纪以早期基督教–罗马风风格重建。其小屋般扁平的立面是典型的伦巴第中世纪建筑。它有两层凉廊，双层拱券造型古朴，该教堂有两个钟楼。右侧的一个称为 dei · Monaci（僧侣的），建于 9 世纪；左侧的较高钟塔则建于 1144 年，1889 年又增加了两层。该建筑是早期基督教建筑的代表实例之一。

Palazzo della Ragione
Battistero di San Giovanni alle Fonti
Gerolamo Theatre
Corso Eu
Via Durini
Via Orefici
Grande Museo del Duomo di Milano
Verziere
㉞ 圣沙第乐圣母玛利亚礼拜堂
㉝ Reale 宫
Via Larga
Via della Signora
Cors
㊱ 里瑞克剧院
㊲ Greppi 宫
Via Laghetto
㉟ 泽波第的圣亚历山大礼拜堂
Università degli Studi di Milano
Corso Italia
Largo Francesco Richini
Via Pantano
Via Francesco Sforza
Giardini della Guastalla
0 100m
Corso di
bella

㉝ Reale 宫
Palazzo Reale di Milano

建筑师：Giuseppe Piermarini
年代：13–14 世纪
类型：居住建筑 / 宫殿
地址：Piazza del Duomo, 12, 20122 Milano,Italy

米兰 Reale 宫曾是多个世纪米兰公国的政府所在地，现在是一个重要的文化中心，经常举办博览会和展览。该建筑为文艺复兴风格建筑，配以巨柱式立面，建筑立面逻辑清晰，充满秩序感，配以灰色墙面形成典雅大气的建筑外观。

㉞ 圣沙第乐圣母玛利亚礼拜堂
Chiesa di Santa Maria presso San Satiro

建筑师：多纳托·伯拉孟特，Giovanni Antonio Amadeo
年代：1476–1482 年
类型：宗教建筑 / 礼拜堂
地址：20123 Milan, Metropolitan City of Milan, Italy

㉟ 泽波第的圣亚历山大礼拜堂
Chiesa di Sant'Alessandro in Zebedia

建筑师：Lorenzo Binago, Francesco Maria Richini
年代：1601 年
风格：宗教建筑 / 礼拜堂
地址：Piazza Sant'Alessandro, 20123 Milano MI, Italy

㊱ 里瑞克剧院
Teatro lirico Giorgio Gaber

建筑师：Giuseppe Piermarini, Antonio Cassi Ramelli
年代：1717–1778 年
类型：观演建筑
地址：Via Larga, 16, 20122 Milano,Italy

㊲ Greppi 宫
Palazzo Greppi

建筑师：Felice Soave
年代：1772–1778 年
类型：居住建筑 / 宫殿
地址：Via Sant'Antonio, 10, 20122 Milano,Italy

圣沙第乐圣母玛利亚礼拜堂

圣沙第乐圣母玛利亚礼拜堂是一座主体建筑为罗马风风格，而主入口为晚期文艺复兴－巴洛克风格的罗马天主教堂。教堂最初由大主教安斯佩特斯命令建于879 年，现存教堂为 1472 － 1482 年重建而成；教堂有一个中厅和两个桶形拱侧厅构成，平面为拉丁十字式平面，教堂侧厅外侧有一座 9 世纪遗留的八角形平面钟塔，平面交汇处由一大型穹顶组成，其结构体系由中央穹顶和一系列 1/4 穹顶体系平衡而成。另一侧的侧翼附近，有一座从 15 世纪建成的洗礼堂，手法统一而富于变化。

泽波第的圣亚历山大礼拜堂

教堂是在关押殉道者泽波第的圣亚历山大的监狱遗址上建成的，始建于公元 5 世纪，并成为宗教圣地。现存的建筑于 1601 年开始建造，其中央穹顶于 1626 年完成。是米兰巴洛克建筑的早期作品。整个作品展示出从文艺复兴到巴洛克过渡时期的柱式语言与手法的融合。

里瑞克剧院

该剧院在 18、19 世纪都是米兰最重要的剧院之一，其立面风格为新古典主义三段式的典型构图，而正立面上的台阶、科林斯壁柱的运用使得整个立面整齐而端庄，反映出古典柱式语言在那一时期对于新建筑类型的适应性；内部设有超过 3000 个座位及 1 个门厅，观众厅呈马蹄形，设有6 排包厢。幕前宽 26 米，高 27 米，舞台高 20 米。整个演出大厅分为上下两层，配以灯光效应整体恢宏大气，观演效果绝佳。

Greppi 宫

该建筑以其最早的业主命名，是米兰第一座真正意义上的新古典主义建筑，平面为带院落的矩形，立面从上到下为三段式构图，内部则是典型的新古典主义装饰。建筑立面中心的入口处由两组多立克柱式支撑，与建筑二层阳台连接，其立面展现了文艺复兴窗户、多立克柱式的融合，是典型的拿破仑时期帝国式风格，受到了法国 17 世纪古典主义的影响。

米兰中央火车站（作者自摄）

38 圣纳扎罗巴西利卡
Basilica di San Nazaro in Brolo

建筑师:St. Ambrose Bramantino
年代:382–1512 年
类型:宗教建筑 / 巴西利卡
地址:Largo Francesco Richini, 7, 20122 Milano,Italy

教堂建于公元 4 世纪，是米兰城内最早的教堂之一，而建筑平面是少见的希腊十字式平面与半圆形耳室的结合，这一时期类似的布局方式今天只能在伊斯坦布尔找到。根据铭文记载圣安布罗本人参与了营造，该教堂最开始是为了纪念圣使徒，而后在其圣坛附近发现了据说是殉道者那扎罗的遗体而以此命名。中世纪时将原木制屋顶结构改成了砖石砌筑的交叉拱券顶，而后在文艺复兴时期的 1512 年被建筑师 Bramantino 改建为 Trusulzio 陵墓和 Santa Caterina 教堂，并增加了壁柱，对其外观有一定的影响，其后几经毁坏，于 20 世纪对早期基督教形式进行了恢复。

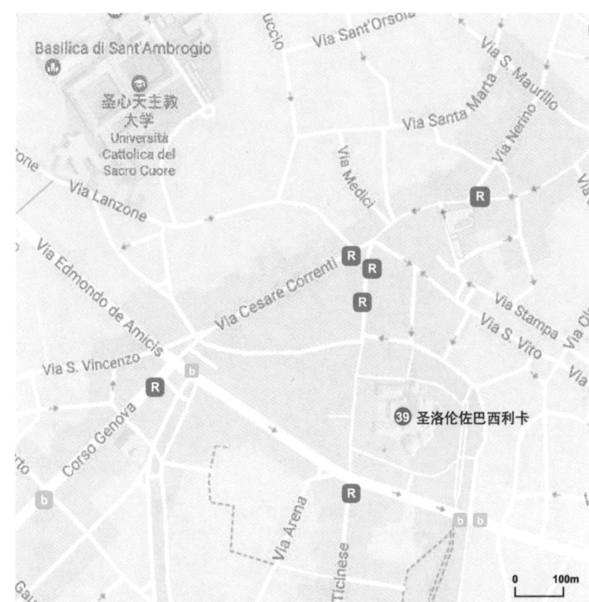

圣洛伦佐巴西利卡

该建筑又名 Basilica San Lorenzo Maggiore，其最早建筑可以追溯到罗马帝国晚期，早期教堂因其信奉 Arian 教派而被废除，现存最早遗构则出现于公元 4–5 世纪左右，在公元 590 年前后该教堂被作为供奉教殉道者圣洛伦佐的教堂而得名；中世纪 10–12 世纪因为一系列火灾而成为废墟，文艺复兴时期这座建筑被认为是人文主义的典范之作，而伯拉孟特、达·芬奇与朱利奥·桑迦洛都将该建筑奉为集中式构图教堂的圭臬之作。该建筑平面为少见的四瓣式构图，中央为大穹顶，平面四角有塔楼呼应竖向构图，南侧则与一座八边形小礼拜堂与瞭望塔连接，结构体系则基本保持了拜占庭时期的拱券支撑体系，整个建筑构图完整而古风盎然，是伯拉孟特创作后期一系列集中式大教堂的灵感来源。该建筑 1573 年中央穹顶倒塌，建筑师 Martino · Bassi 主导了其恢复营造工程，1629 年工程完成，其中央穹顶与内饰为文艺复兴晚期–巴洛克风格；1894 年建筑师 Cesare Nava 增加了新古典主义的门廊，并将君士坦丁大帝的雕塑置于广场中央。1943 年空袭中整个教堂的前庭被毁，目前只有入口柱廊被保留下来，整个建筑现存状态堪称米兰建筑历史的缩影，更是集中式教堂的代表性作品。

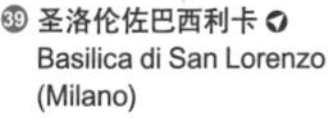

39 圣洛伦佐巴西利卡
Basilica di San Lorenzo (Milano)

建筑师：Martino · Bassi，Cesare Nava
年代：390–1894 年
类型：宗教建筑 / 巴西利卡
地址：Corso di Porta Ticinese, 35, 20123 Milano MI, Italy

⑩ 圣欧斯托焦巴西利卡 Basilica di Sant'Eustorgio

建筑师：Vincenzo Foppa，Giovanni di Balduccio
年代：4–16 世纪
类型：宗教建筑 / 巴西利卡
地址：Piazza Sant'Eustorgio, 1, 20122 Milano MI, Italy

圣欧斯托焦巴西利卡

圣欧斯托焦巴西利卡是意大利境内"圣骸崇拜之路"的重要节点，因为它是东方三贤士墓的所在地。这座教堂约建于4 世纪，得名于米兰主教欧斯托焦。该建筑 13 世纪开始重建，是典型的长方形巴西利卡晚期罗马风风格修道院布局，其后部东侧高大的瞭望塔则是那一时期圣骸崇拜修道院的典型配属建筑物，而附属的修道院庭院则为文艺复兴时期外观。主体结构后半分圣坛与部分中厅结构为早期基督教时期遗迹，其结构体系采用交叉骨架券拱券结构体系，其主入口立面为19 世纪恢复重建，主体建筑内部为中厅与两条侧廊，其室内装饰结构体系清晰而朴素，中厅右侧是14 世纪以来该市重要家族修建的小祈祷室，进门后的第一个小祈祷室建于15 世纪，有文艺复兴的 Abrogio·ergognone 的三联屏风画，另外 3 个小祈祷室则以乔托学派的壁画和 Portinari Chapel（1462 – 1468 年）而著名，其中 Portinari Chapel 被认为是文艺复兴时期伦巴第地区最为精美的石棺之一，由 Vincenzo Foppa·Giovanni·di·Balduccio 创作。

03 · 瓦雷泽

建筑数量：03

01 维拉特塔
02 潘沙别墅 / Luigi Canonica 等
03 圣维托雷大教堂 / Giuseppe Bernasconi 等

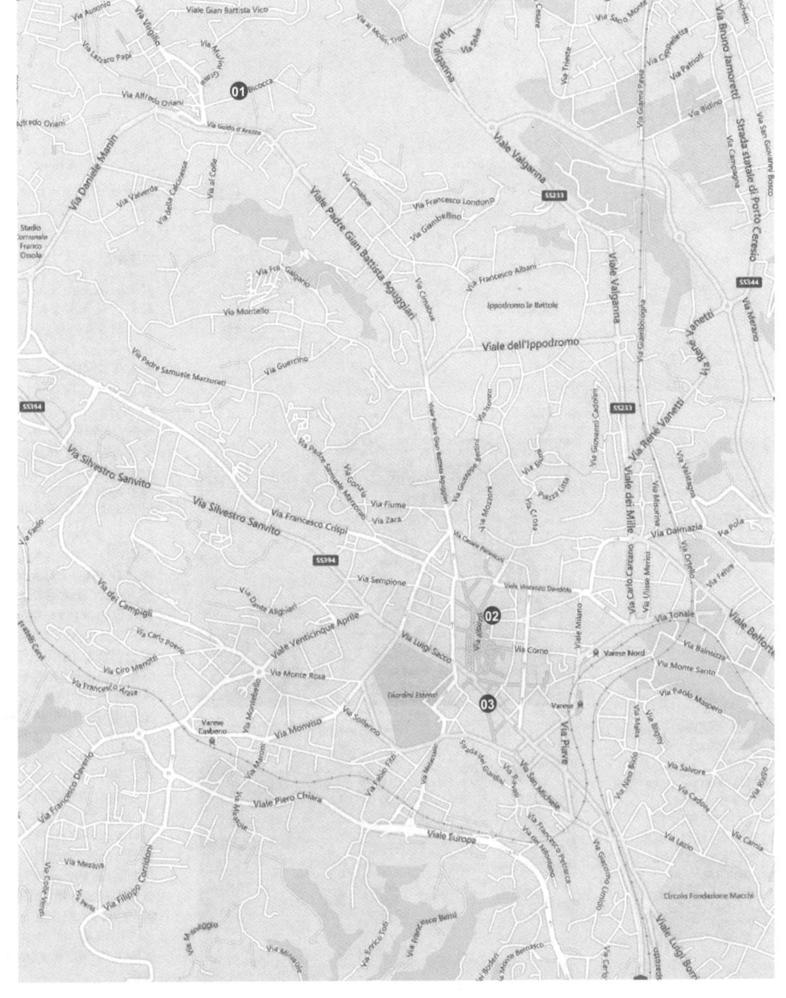

Via Dora
Via Pontida
Str. dei C
Via Case Nuove
Via Sarca
Via Mottarello
Via Aurelio Saffi
Via alla Torre
01 维拉特塔
Via Aurelio
lfredo Oriani
0 100m

Via Giuseppe Bertini
Via G. Cadolini
Vicolo Torelli
Vicolo Biumi
Via Ponti
SS344
02 潘沙别墅
SS233
Via Cros
0 100m

01 维拉特塔
Torre di Velate

年代：11 世纪
类型：其他建筑 / 塔楼
地址：Via alla Torre, 22,21100 Varese VA, Italy

02 潘沙别墅
Villa Panza

建筑师：Luigi Canonica, Piero Portalupp
年代：1748–1831 年
类型：居住建筑 / 别墅
地址：Piazza Litta, 1, 21100 Varese VA, Italy

维拉特塔

维拉特塔是扼守马焦雷湖通道古老军事据点的一部分，该塔在 12 世纪左右科莫城与米兰公国的战争期间损毁，至今保留了北面和东面的结构部分，整个防御塔楼分为 5 层，总高约 33.5 米。底层有驻军设施，建筑材料为本地砾石，其砌筑方式与防御设施是研究中世纪防御建筑的有趣实例。

潘沙别墅

潘沙别墅建于 1748 年，最开始是一座休闲别墅，1831 年由建筑师 Luigi·Canonica 改造；建筑主体部分为 U 形平面，入口处有一道新文艺复兴风格的开敞门廊，而北翼附属建筑为 L 形平面，内部原有马厩及附属马术教练房间；建筑师 Piero·Portalupp 则营造了面积达 3000 平方米园林与温室的室外空间。其园林风格为法国轴线式与意大利台地园的混合；是 19 世纪典型的意大利北部伦巴第地区的别墅实例；1930 年其内部改造为一座博物馆，是这一地区重要的当代艺术收藏地。

03 圣维托雷大教堂
Basilica di San Vittore Martire

建筑师：Giuseppe Bernasconi, Francesco Mazzucchelli
年代：13–18 世纪
类型：宗教建筑 / 教堂
地址：Piazza Canonica, 7, 21100 Varese VA, Italy

圣维托雷大教堂由多座历史建筑组成，最早的乔瓦尼洗礼堂建于 13 世纪左右，教堂主体结构建于 16 世纪中叶至 17 世纪初，平面为巴西利卡式，建筑主入口立面则是 17 世纪时期巴洛克风格，教堂内部空间建在 15–18 世纪之间多次改造，是文艺复兴晚期、巴洛克与洛可可室内风格融合的代表性实例，巴洛克风格的钟楼建于 1585–1774 年间，该建筑群是皮埃蒙特和伦巴第地区宗教文化世界遗产的重要组成部分，反映了这一地区丰富的建筑文化积淀。

04 · 科莫

建筑数量：12

01 埃尔巴会展中心 / Angelo Savoldi
02 奥尔莫别墅 / Simone Cantoni
03 电之生命雕塑 / 丹尼尔·里勃斯金
04 伏特纪念堂 / Federico Frigerio
05 Novecomum 住宅 / 朱塞佩·特拉尼
06 布罗莱托古市政厅
07 科莫警察局 / 朱塞佩·特拉尼
08 科莫大教堂
09 圣斐德理的巴西利卡
10 圣·艾丽幼儿园 / 朱塞佩·特拉尼
11 圣卡波福罗巴西利卡
12 科莫高中图书馆 / Simone Cantoni

埃尔巴会展中心

Villa Erba 别墅是一座19世纪的别墅，位于意大利科莫湖岸边的切尔诺比奥，是19世纪折中主义风格的代表作，后花园部分进行了改造与增建。目前作为当地的会展中心仍在使用中。

奥尔莫别墅

奥尔莫别墅位于科莫湖边，由 Innocenzo·Odescalchi 侯爵先生任命瑞士建筑师 Simone·Cantoni 建造。是该地区新古典主义建筑的代表。别墅过去是贵族的夏季度假地，目前则作为公共展览馆使用。

01 埃尔巴会展中心
Villa Erba - Centro Espositivo

建筑师：Angelo Savoldi
年代：19 世纪
类型：博览建筑
地址：Largo Luchino Visconti, 4, 22012 Cernobbio co, Italy

02 奥尔莫别墅
Villa Olmo

建筑师：Simone Cantoni
年代：1797–1782 年
类型：居住建筑 / 别墅
地址：Via Simone Cantoni, 1, 22100 Como co, Italy

03 **电之生命雕塑**
The Life Electric

建筑师：丹尼尔 · 里勃斯金
年代：2015
类型：景观建筑 / 广场、喷泉、雕塑
地址：Diga foranea Piero Caldirola, 22100 Como co

04 **伏特纪念堂**
Tempio Voltiano

建筑师：Federico Frigerio
年代：1927 年
类型：文化建筑
地址：Viale Guglielmo Marconi, 1, 22100, Como, Italy

05 **Novecomum 住宅**

建筑师：朱塞佩 · 特拉尼 / Giuseppe Terragni
年代：1927–1929 年
类型：居住建筑 / 住宅
地址：Viale Gluseppe Sinigalia,22100, Como,co, Italy

电之生命雕塑

电之生命雕塑是为了纪念诞生于科莫的科学家伏特而设立，整个雕塑运用不锈钢母题反映出作者对于科莫天空湖水绿地的呼应。同时流畅的曲线手法则是对电流放电形态的巧妙暗示。

伏特纪念堂

伏特纪念堂是意大利科莫市的一个新古典主义博物馆，用于纪念科学家亚历山德罗 · 伏特(Alessandro · Volta)。该纪念馆与伏特头像曾作为意大利 10000 里拉钞票设计主题出现。

Novecomum 住宅

该建筑是意大利理性主义建筑师朱塞佩 · 特拉尼代表性住宅作品之一，是意大利理性建筑的早期代表作品。建筑正立面长度为 63.5 米，采用钢筋混凝土结构建造，建筑立面充满秩序感与逻辑性，具有意大利理性主义与早期现代主义建筑特点。

布罗莱托古市政厅

布罗莱托古市政厅在几个世纪以来一直是市政府办公室所在地。建筑最初于1187 – 1230年期间建造完成。建筑整体为罗马风格，现存近54米高的Pggol塔和19世纪初建的带三角形挑檐的钟楼一起仍然完好无损。建筑使用罗马时代的埃及花岗岩柱，建筑立面的拱门层层排列，具有层次感与秩序感。室内的楼梯、精美壁画和天顶画的走廊极富装饰性。

06 布罗莱托古市政厅
Broletto

年代：1215年
类型：办公建筑
地址：Piazza Duomo, 22100 Como co, Italy

科莫警察局

该建筑是意大利理性主义建筑师朱塞佩·特拉尼的代表性公共建筑作品。整个建筑结构逻辑清晰、造型简洁、细部精确，是意大利理性主义建筑的重要作品。墨索里尼时期，该建筑是意大利法西斯党当地分支机构的所在地；自1957年以来，该建筑为财经警察省级总部的所在地；目前该建筑作为科莫警察局仍在使用。

07 科莫警察局
Casa del Fascio

建筑师：朱塞佩·特拉尼
年代：1936年
类型：办公建筑
地址：Piazza del Popolo,z, 22100 Como co, Italy

科莫大教堂

这座天主教教堂，邻近科莫湖，被认为是意大利境内最后几座哥特教堂之一，雄伟的西立面建于1457–1498年间。它长87米，宽56米，顶高75米。平面为拉丁十字式，中央的中殿和两侧的过道由柱子隔开，还有一个文艺复兴时期的圆顶。内部有许多16世纪的画作。

08 科莫大教堂
Cathedral of Como

年代：1396–1770年
类型：宗教建筑 / 教堂
地址：Via Maestri Comacini, 6, 22100 Como co ,Italy

⑨ 圣斐德理的巴西利卡
La Basilica di San Fedele

年代：公元 7 世纪
类型：宗教建筑 / 巴西利卡
地址：Piazza S. Fedele, 22100 Como CO, Italy

圣斐德理的巴西利卡（纪念堂）位于科莫市中心，供奉圣斐德理。主体建筑为罗马风式，建于 1120 年前后，钟楼为 1905 年重建，西立面于 1914 年重建，有漂亮的玫瑰窗及内部设计精美的大理石圣坛。

⑩ 圣·艾丽幼儿园
Sant'Elia Nursery School

建筑师：朱塞佩·特拉尼
年代：1937 年
类型：科教建筑
地址：Via Andrea Alciato, 15, 22100 Como CO, Italy

⑪ 圣卡波福罗巴西利卡
Basilica di San Carpoforo

年代：公元 7 世纪中期－19 世纪
类型：宗教建筑 / 巴西利卡
地址：Via S. Carpoforo, 7, 22100 Como VA, Italy

圣·艾丽幼儿园

该建筑是建筑师朱塞佩·特拉尼的代表性公共建筑作品之一，它是一座理性主义风格的建筑，1935 年设计，于 1936–1937 年建造。庭院式布局形态与富于变化的几何体量、细部相映成趣，反映出意大利理性主义建筑手法上的多样性。

圣卡波福罗巴西利卡

该教堂建筑是这一地区最早的宗教建筑之一，现存最早的巴西利卡建于 7 世纪中叶，是早期罗马风建筑的代表建筑物之一，入口和大门在 16 世纪和 19 世纪经过改造。

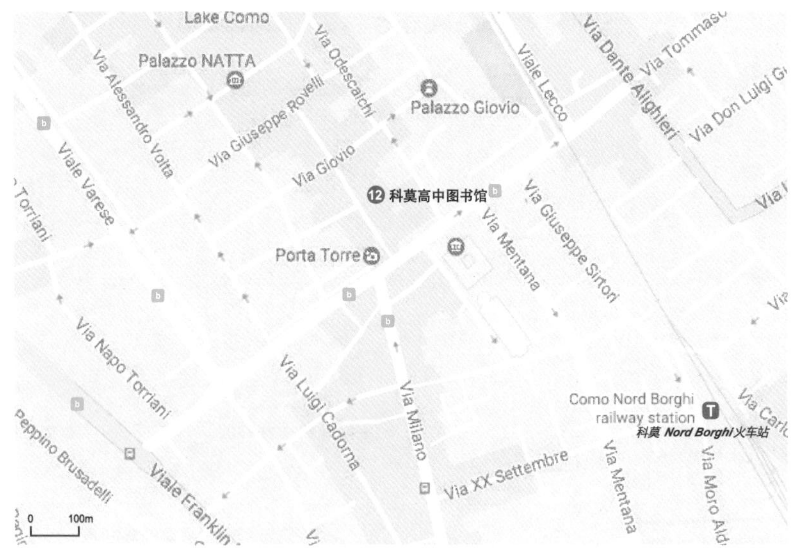

⑫ **科莫高中图书馆**
Liceo ginnasio statale Alessandro Volta

建筑师：Simone Cantoni
年代：1804 年
类型：文化建筑 / 图书馆
地址：Via Cesare Cantù, 57, 22100 Como CO, Italy

该建筑原来是奥古斯丁修女修道院，始建于1250年，中厅于1573年改造为巴洛克风格，现为科莫高中图书馆。现存建筑立面是新古典主义风格，由大理石柱廊与街道连接。该校因伏特曾在此学习过而声名鹊起。

布罗莱托古市政厅（作者自摄）

05 · 曼托瓦

建筑数量：10

01 达尔科宫 / Antonio Colonna
02 波纳科尔斯宫 / Rolandino de Pacis
03 笼子塔
04 圣安德列巴西利卡 / 莱昂·巴蒂斯塔·阿尔伯蒂等
05 圣劳伦斯圆形教堂
06 比别纳剧院 / Antonio Bibiena 等
07 瓦伦蒂贡扎加博物馆 / Frans Geffels 等
08 圣保拉礼拜堂 / Luca Fancelli
09 圣玛利亚格拉达罗礼拜堂
10 德宫 / Giulio Romano

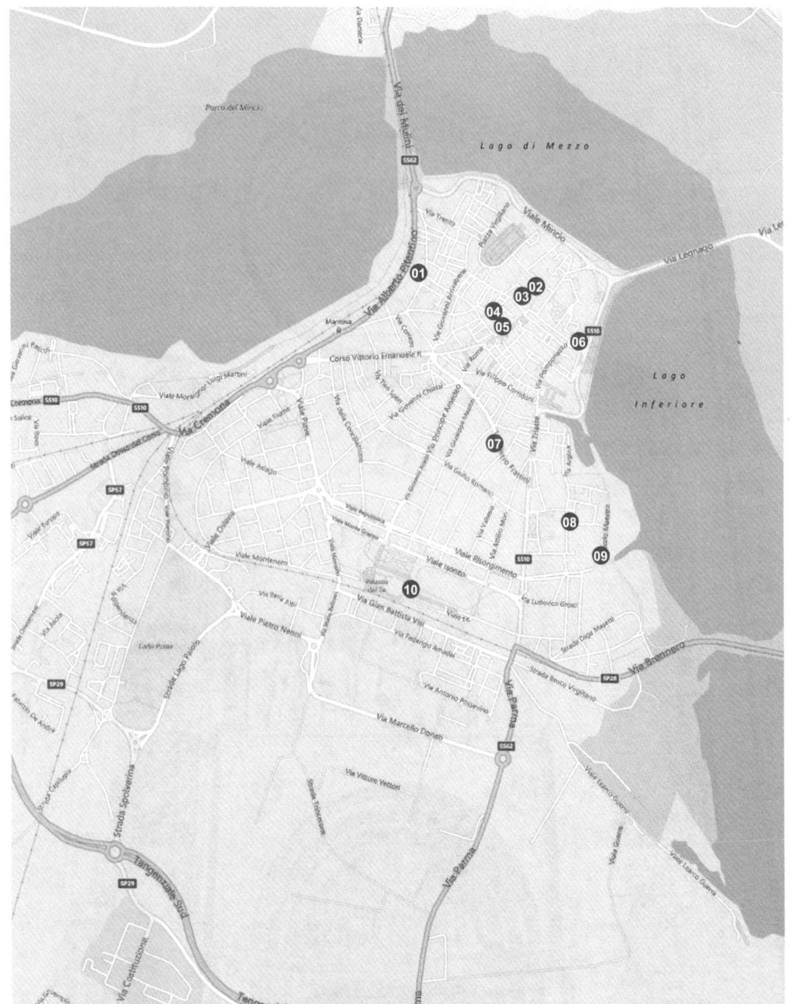

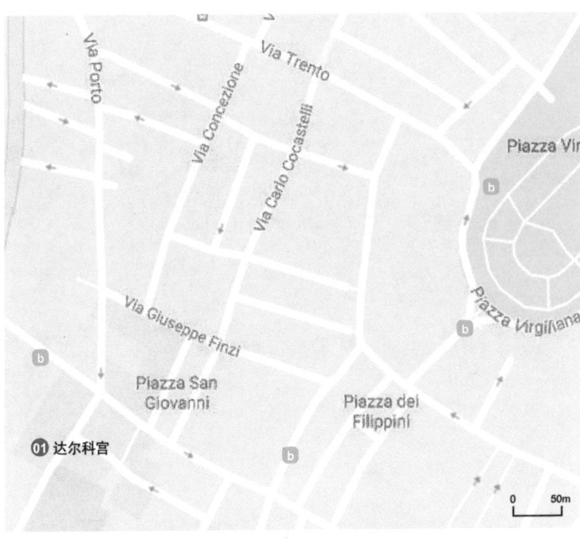

01 达尔科宫
Palazzo d'Arco

建筑师：Antonio Colonna
年代：1625–1978 年
类型：居住建筑 / 宫殿
地址：Piazza Carlo D'Arco, 4, 46100 Mantova MN, Italy

达尔科宫历史上曾是曼托瓦公爵的宫殿，后经一系列漫长改扩建， 目前包括一个 U 字形平面及后部花园；今天所见的新古典主义风格外观主要来自 1872 年建筑师 Antonio · Colonna 的改扩建结果，其立面为典型的以科林斯和科林斯壁柱划分的三段式构图；山花中央则为达尔科家族和基皮奥家族的纹章，整个立面整饬而雄壮；在室内中庭还展示了当时伦巴第的奥地利统治者哈布斯堡双头鹰纹章。反映出当时曼托瓦与法国和奥地利哈布斯堡王朝的密切关系，其内部现在主要的功能主要是末代家族继承人改造的，包括绘画、乐器、家具、自然历史博物馆、一间 16 世纪厨房及一座图书馆。

02 波纳科尔斯宫
Palazzo Bonacolsi

建筑师：Rolandino de Pacis
年代：13 世纪后期
类型：居住建筑 / 宫殿
地址：Piazza Sordello, 12, 46100 Mantova MN, Italy

03 笼子塔
Torre della Gabbia

年代：1281 年
类型：其他建筑 / 瞭望塔
地址： Via Camillo Benso Cavour, 102, 46100 Mantova MN, Italy

波纳科尔斯宫

波纳科尔斯宫又称为卡斯蒂尼昂宫，是 13 世纪晚期由 Pinamonte·Bonacolsi 建造的，之后数世纪一直是该家族府邸直至 16 世纪该家族在曼托瓦的统治被推翻，该建筑平面为围绕两个面宽方向并置的庭院布置，主要建筑材料是红砖，很好的反映了 13 世纪下半叶红砖的使用工艺，整个建筑是罗马风风格的，屋顶顶部是中世纪城堡标志性的雉堞，而附近的高塔（笼子塔）也曾是该建筑群的组成部分。

笼子塔

笼子塔是由当地 Acerbi 家族建成的，高约 20 米，为典型的罗马风风格瞭望塔，该塔楼还过去在外墙壁悬挂高 2 米 ×1 米的笼子，用来对犯人实施示众惩罚，这也是该建筑名称的由来，18 世纪废除了这种惩罚制度；16 世纪立面做过修整，在塔壁上做了局部具有文艺复兴风格的大理石装饰。

04 圣安德列巴西利卡
Basilica of Sant'Andrea

建筑师：莱昂 · 巴蒂斯塔 · 阿尔伯蒂，Filippo Juvarra，Paolo Pozzo
年代：1472–1790 年
类型：宗教建筑 / 巴西利卡
地址：Piazza Andrea Mantegna, 1, 46100 Mantova MN, Italy

05 圣劳伦斯圆形教堂
Rotonda di San Lorenzo

年代：11 世纪末
类型：宗教建筑 / 教堂
地址：Piazza Erbe, 46100 Mantova MN, Italy

06 比别纳剧院
Teatro Scientifico del Bibiena

建筑师：Antonio Bibiena，Giuseppe Piermarini，Paolo Pozzo
年代：1767–1803 年
类型：观演建筑
地址：Via Accademia, 47, 46100 Mantova MN, Italy

圣安德列巴西利卡

圣安德烈巴西利卡是罗马风风格的天主教教堂，其始建于中世纪时期，初期为一座拉丁十字式平面的修道院，15 世纪早期成为本笃会基督教教堂，今天看到的主要入口立面风格为文艺复兴早期与盛期之间的过渡风格，其建筑立面改造的原型来自于古代安科纳的图拉真凯旋门，整个改造工程完成于 1790 年，即使这样，该作品依旧被认为是阿尔伯蒂完成度最高的作品。

圣劳伦斯圆形教堂

圣劳伦斯圆形教堂是曼托瓦现存最古老的教堂，建筑风格为拜占庭集中式圆形教堂，其结构体系为双层拱券结构，外圈为桶拱、十字拱，内圈则为 2 层沿平面纵向布置的半圆形罗马半圆券，并由罗马式半圆券支撑起中央的鼓座及穹顶，其建筑材料为砖石，因年代久远，地基下沉，入口台阶今天已不可见；其建筑原型来自于早期基督教建筑耶路撒冷的圣墓教堂，内部保留了多处 11—12 世纪的拜占庭建筑风格的壁画。该建筑在 20 世纪经过局部修复。

比别纳剧院

比别纳剧院（又名科学剧院）是由 Antonio · Bibbiena 为皇家维吉尔学院(科学与艺术学院)修建，其平面为传统钟形平面，内部有观众厅及环绕式的四层包厢，该剧院风格为巴洛克晚期—洛可可早期风格的室内设计，剧场舞台较小，台口宽度 12.3 米，深度 5.6 米，可容纳观众 363 人。

Via Princi
Via Mazzini
Via Isabella D'Este
07 瓦伦蒂贡扎加博物馆
Giulio Romano
Via Pie
0 50m
SR62
08 圣保拉礼拜堂
Via Cecil Grayson
Vicolo Maestro
Via Gradaro
09 圣玛利亚格拉达罗礼拜堂
0 50m
Parco del Te
Palazzo Te
10 德宫
Via Gian Battista Visi
Fruttiere di Palazzo
Via Federigo Amadei
Via
0 50m

瓦伦蒂贡扎加博物馆

瓦伦蒂贡扎加博物馆数个世纪以来一直是当地家族 Valenti · Gonzaga 的居所，该建筑 1670 年由建筑师 Frans · Geffels 在原有建筑内院的正立面上进行了大规模的改造，使得该建筑内院立面造型成为意大利北部巴洛克盛期居住建筑的典型性作品，其装饰母题多样而繁复，突破了传统柱式语言的束缚；立面及室内大厅则大量使用透视错觉及绘画、雕塑、建筑等多种艺术手段融合的手法营造。

圣保拉礼拜堂

该建筑是曼托瓦中世纪以来重要家族 Gonzaga 的家族礼拜堂；是 15 世纪末曼托瓦罗马风建筑的代表作品，礼拜堂主体建筑为长方形平面，礼拜堂旁有一个初期修道院矩形平面庭院；其建筑细部反映了那一时期砖石砌筑的工艺水平，内部有 15 世纪的精美壁画。

圣玛利亚格拉达罗礼拜堂

“gradaro”一词可以追溯到拉丁语 Gradaro cretarium（土丘），暗示该教堂可能建立在某个历史遗址之上，而其建筑风格则为意大利北部 13 世纪受到哥特建筑风格元素影响的罗马风建筑；建筑平面为巴西利卡式，其后部的半圆形圣坛是 16 世纪增建的，整个礼拜堂附属建筑为保存完好的带柱廊的矩形礼拜堂庭院，是那一时期罗马风礼拜堂建筑群的典型样式；正立面上的玫瑰窗与彩色条带装饰石材并用的入口大门反映出来那一时期意大利北部受到法国哥特式建筑影响；其内部结构体系主要由 13 世纪及 16 世纪交叉拱顶体系混合而成，室内风格非常朴素，但在侧厅墙壁上有多幅珍贵的早期宗教题材壁画。

德宫

该建筑是文艺复兴晚期手法主义的代表作，也是朱利奥 · 罗马诺最著名的杰作之一，罗马诺是文艺复兴三杰拉斐尔的学生，而一般认为他的作品标志着晚期文艺复兴风格重要分支——手法主义的正式创立；尤其是其中的东立面第二进与带瀑布母题装饰的小单元，突破了传统柱式语言的“真实性”；内部壁画利用熟练的透视技巧创造了多种艺术风格融合的奇幻效果。这些突破性的贡献都为后来巴洛克艺术的发展提供了有力的借鉴。

⑦ 瓦伦蒂贡扎加博物馆
Galleria Museo (Palazzo Valenti Gonzaga)

建筑师：Frans Geffels，Nicolò Sebregondi
年代：1670 年改造
类型：居住建筑 / 宫殿
地址：Via Pietro Frattini, 7, 46100 Mantova MN, Italy

⑧ 圣保拉礼拜堂
Chiesa di Santa Paola

建筑师：Luca Fancelli
年代：1416–1460 年
类型：宗教建筑 / 礼拜堂
地址：Piazza Quazza Romolo, 1-16, 46100 Mantova MN, Italy

⑨ 圣玛利亚格拉达罗礼拜堂
Chiesa di Santa Maria del Gradaro

年代：1256–1260 年
类型：宗教建筑 / 礼拜堂
地址： Via Gradaro, 40, 46100 Mantova MN, Italy

⑩ 德宫
Palazzo del Te

建筑师： Giulio Romano
年代：1524–1534 年
类型：居住建筑 / 宫殿
地址：Viale Te, 13, 46100 Mantova MN, Italy

曼托瓦主教堂（Michal Gorski 摄影）

利古里亚大区
Liguria

06 · 热那亚

建筑数量 :24

01 普林西比宫 /Buonaccorsi Giovanni Ponziello
02 王宫博物馆 /Carlo Fontana
03 加拉塔海洋博物馆 / 吉列尔莫 · 巴斯克斯 · 孔苏埃格
04 白宫 /Luca Grimaldi
05 红宫 /Pietro Antonio Corradi
06 多利亚宫 /Domenico Ponzello 等
07 爱德华 · 基奥索东方艺术博物馆 / Mario Labò
08 斯皮诺拉宫国家美术馆
09 生物圈 / 伦佐 · 皮亚诺
10 哥伦布国际展览馆 / 伦佐 · 皮亚诺
11 圣洛伦佐主教堂 /Galeazzo Alessi
12 珍宝博物馆 /Franco Albini
13 热那亚总督府 /Andrea Ceresola 等
14 卡洛 · 菲利斯剧院 / 阿尔多 · 罗西
15 费拉里广场
16 圣安布罗和圣安德烈耶稣会礼拜堂 /Giuseppe Valeriano 等
17 索普拉纳城门
18 哥伦布故居 /Alfredo d'Andrade
19 热那亚足球俱乐部博物馆 /Domenico Piola 等
20 哥伦布纪念雕塑广场 /Lorenzo Bartolini
21 热那亚 Dinegro 地铁站 / 伦佐 · 皮亚诺
22 费拉里足球场 /Genoa C.F.C.
23 灯笼塔
24 斯塔列诺公墓 /Carlo Barabino 等

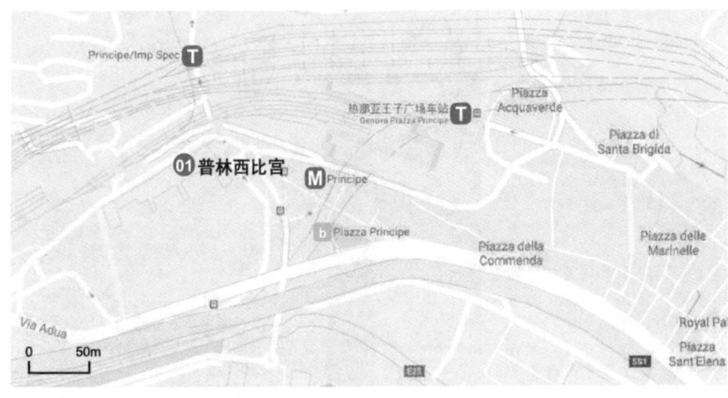

Royal Palace Museum
Università degli Studi di Genova
02 王宫博物馆
Piazza Sant'Elena
Vico Sant'Antonio
Piazza Superiore del Roso
Piazza dello Statuto
Calata Simone Vignoso
03 加拉塔海洋博物馆
Via di Prè
Piazza Metelino
Calata Andalò di Negro
Cine Ciak
"Nautico"
Darsena
0 50m

普林西比宫

16 世纪上半叶，海军上将安德里亚 · 多利亚建造普林西比宫作为其宫殿住宅；该别墅面朝大海，由巨大的花园庭院与略呈 U 字形的建筑群围合而成，建筑风格兼具了文艺复兴和拜占庭风格，具体体现在圆顶、门廊与阶梯式的塔楼等古典建筑元素，以及多边形教堂、半圆形的后殿、柱头、薄砖和飞券等拜占庭元素上；其庭院则是文艺复兴时期别墅庭院的佳作；该宫殿室内以丰富的拜占庭马赛克装饰而闻名，同时装饰着大量风格华丽的文艺复兴风格的壁画、挂毯、家具等；目前该别墅为当地一座博物馆。

王宫博物馆

王宫博物馆肇始于 Balbi 家族府邸，建于 1618 年，后几经变迁，于 1643–1655 年重建，1677 年宫殿被卖给了 Durazzo 家族后根据 Carlo · Fontana 的设计进行了扩建。整个建筑群由一个面向海湾的对称式文艺复兴风格庭院和带柱廊的庭院式建筑群组成；整个建筑呈现文艺复兴—巴洛克与热那亚地方建筑元素的融合；内部装饰风格为典型的巴洛克风格，庭院中马赛克铺地与雕塑精美。该建筑与白宫、红宫、斯皮诺拉宫国家美术馆目前是联合国教科文组织世界文化遗产目录中热那亚宫殿遗产的重要组成部分。

01 普林西比宫
Palazzo del Principe

建筑师：Buonaccorsi Giovanni Ponziello
年代：16 世纪上半叶
类型：文化建筑 / 博物馆
地址：Piazza del Principe,4,Italy

02 王宫博物馆
Palazzo Reale

建筑师：Carlo Fontana
年代：17 世纪
类型：文化建筑 / 博物馆
地址：Via Balbi, 10, 16126 Genova GE, Italy

03 加拉塔海洋博物馆
Galata Museo del Mare

建筑师：吉列尔莫 · 巴斯克斯 · 孔苏埃格
年代：2004 年
类型：文化建筑 / 博物馆
地址：Calata Ansaldo De Mari, 1, 16126 Genova GE, Italy

该博物馆建于热那亚古代港口岸边。全馆共 4 层，分为 23 个展厅，外加一个全景露台，总占地面积达 12000 平方米，建筑风格为现代主义风格。新旧材料的碰撞让展厅变化丰富有趣，充满现代感的玻璃盒子组成了建筑的外立面，内部由古典韵味十足的厚重石墙和拱廊组成。博物馆的主要展览内容皆与航海相关，该博物馆是目前地中海地区最大的海事博物馆。

Galleria Giuseppe Garibaldi
Via Caffaro
04 白宫
06 多利亚宫
Edoardo Chiossone Oriental Art Museum
Piazza del Portello
05 红宫
爱德华 · 基奥索东方艺术博物馆 07
Via Garibaldi
Via Garibaldi
Pallavicini Palace
Vico Angeli
Vico del Duca
Piazza del Ferro
Vico Stella
Vico Spada
0　50m
Piazza della Maddalena
Piazza delle Fontane Marose

04 白宫
Palazzo Bianco

建筑师：Luca Grimaldi, Giacomo Viano
年代：1530 – 1540 年建成，1714 – 1716 年改造
类型：文化建筑 / 美术馆
地址：Via Garibaldi 11,16124, Genoa, Italy

白宫与街道一侧的“红宫”对峙而处，因为建筑体量通体为浅色，由此得名。平面为带庭院的矩形平面，该建筑于 1714 年由建筑师 Giacomo · Viano 实施改造，其激进的立面改造方案形成了今日所见白宫的基本外观，建筑融合了巴洛克风格与热那亚地域建筑元素，罗马多立克灰色大理石入口，及法国式壁柱和科林斯壁柱划分立面，与风格节奏变化多样的窗户形成韵律对比，整个建筑反映了文艺复兴以及热那亚多元化的设计氛围；其最后一任所有者加列拉公爵夫人在 1884 年捐献宫殿作为“公共美术馆”，现已成为当地著名的美术馆。

红宫

“红宫”由布里尼奥莱−萨勒家族委托建筑师 Pietro·Antonio·Corradi 设计建造，是一座融合了热那亚民居特色与巴洛克元素的建筑；整个建筑因其红色外立面而著名，平面为U字形庭院布局。该建筑与附近的“白宫”同时进入联合国教科文组织世界遗产热那亚宫殿遗产名录，目前被改造为美术馆。

多利亚宫

这座美丽的宫殿是由兄弟建筑师多梅尼科·蓬扎罗和乔瓦尼·蓬扎罗设计于1565年，其后几经辗转，产权于1848 年归属热那亚市政府，历史上曾是热那亚市政厅所在地，目前进入联合国教科文组织世界遗产热那亚宫殿遗产名录。其立面风格以文艺复兴−巴洛克风格为主，内部庭院则由多层爱奥尼柱式与轻盈交叉拱体系形成的环廊围绕，秩序严谨而不沉重；庭院正面钟塔建筑则是典型的巴洛克风格，是后期改造的结果。

爱德华·基奥索东方艺术博物馆

爱德华·基奥索东方艺术博物馆地处热那亚市中心的 Negro 公园内，毗邻 Corvetto 广场，现今是意大利亚洲艺术收藏品最多的博物馆，在欧洲和意大利都具有重大影响，汇集了超过15万件的东方艺术品。建筑名称来自其收藏主体的捐赠人 Edoardo·Chiossone，他曾经在19世纪末的日本生活了23年。整个建筑由“二战”中损毁的 Negro 别墅改造而成，该项目于1971年由建筑师 Mario·Labò 改造完成并重新开放。建筑主体平面为长方形，主体建筑前由柱廊支撑的坡地露天平台是文艺复兴式的，其外观立面为现代主义风格融合东方格栅元素，简朴而低调；室内设计则是典型的东方样式，是热那亚多种建筑文化融合的生动体现。

⑤ **红宫**
Palazzo Rosso

建筑师：Pietro Antonio Corradi
年代：1671–1677 年
类型：居住建筑 / 宫殿、美术馆
地址：Via Garibaldi, 18, 16124 Genova GE, Italy

⑥ **多利亚宫**
Palazzo Doria-Tursi

建筑师：Domenico Ponzello, Giovanni Ponzello
年代：1565 年
类型：居住建筑 / 宫殿
地址：Via Garibaldi, 9 16124 Renova, Italy

⑦ **爱德华·基奥索东方艺术博物馆**
Museo d'Arte Orientale

建筑师：Mario Labò
年代：16 世纪– 1971 年改造
类型：文化建筑 / 博物馆
地址：Piazzale Giuseppe Mazzini, 4, 16122 Genova GE, Italy

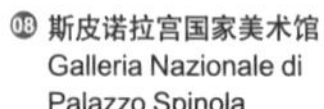

08 斯皮诺拉宫国家美术馆
Galleria Nazionale di Palazzo Spinola

年代：1593 年–18 世纪
类型：文化建筑 / 宫殿、美术馆
地址：Piazza di Pellicceria, 1, 16123 Genova GE, Italy

斯皮诺拉宫国家美术馆又名 Francesco Grimaldi 宫，现为意大利国家级美术馆。该建筑始建于 16 世纪，17 – 18 世纪有些许改造。荷兰著名画家鲁本斯 1622 年的写生作品中曾记载过该建筑的外立面。建筑的入口位于 Piazza Pellicceria Superiore 广场，入口直通中庭；整个建筑平面为高低跨庭院式矩形平面，法国式柱式与像柱、雕塑以及变化多样的窗户样式组成了灵活生动有趣的入口立面。该建筑富于细节的巴洛克建筑风格体现了 16 世纪热那亚贵族的生活方式。

生物圈

该建筑是伦佐·皮亚诺所设计的港口更新项目的组成部分，是热带雨林风格的球形钢与玻璃结构温室。球内配置有热带雨林植物、蝴蝶和鸟类，形成一个迷你生物圈；交通上与邻近水族馆相连，游人可从水族馆进入；值得一提的是，球内的空间设置有自动追踪式内遮阳帘遮挡阳光，从而调节球内温度并降低能源损耗。

哥伦布国际展览馆

该展览馆建筑是为了1992年纪念哥伦布发现美洲大陆500周年而举行的“海洋与航行”世界博览会所建造的主展场，是热那亚老港口更新系列项目的重要组成部分，展览结束后该建筑被保留了下来并被作为公共活动场所，是20世纪90年代著名的高技派作品，整个建筑采用钢结构与索膜覆盖，造型简洁，充满了海洋文化的象征元素。

09 生物圈
Biosfera

建筑师：伦佐·皮亚诺
年代：2001年
类型：文化建筑 / 博物馆
地址：Ponte Spinola, 16126 Genova GE, Italy

10 哥伦布国际展览馆
Columbus International Exhibition Hall

建筑师：伦佐·皮亚诺
年代：1984–1992年
类型：博览建筑
地址：Ponte Embriaco, 16128 Genova GE, Italy

⑪ 圣洛伦佐主教堂
Piazza San Lorenzo

建筑师：Galeazzo Alessi
年代：5-16 世纪
类型：宗教建筑 / 教堂
地址：Piazza San Lorenzo, 16123 Genova GE, Italy

圣洛伦佐主教堂

圣洛伦佐主教堂是意大利北部典型的罗马风格教堂，建筑平面为拉丁十字式，主入口的哥特化改造始于 1230 年，左侧塔楼未能完成，而另一侧较高的完成于 1522 年；13 世纪初的改造在入口处的玫瑰窗显示出哥特风格的影响，同时又有典型的罗马风做法；利用古代遗迹中的现有材料，为了追求风格的统一而将整个教堂外立面以深灰色条纹大理石组织起来，而黑白色的条纹装饰也同时成为热那亚的象征；其内部是其罗马风结构与 13 世纪罗马风-哥特式的融合。教堂内保存有大量的中世纪宗教文物与壁画。

⑫ 珍宝博物馆
Museo del Tesoro

建筑师：Franco Albini
年代：1892 年，1956 年
类型：文化建筑 / 博物馆
地址：Piazza S. Lorenzo 16123 Genova，Italy

珍宝博物馆

珍宝博物馆位于圣洛伦佐主教堂的地下空间，1892 年为庆祝发现美洲四百周年，该博物馆成立，馆内珍藏了一批热那亚最古老和珍贵的宗教、航海文物；而现在所见博物馆则始建于 1956 年，由现代主义著名建筑师 Franco · Albini 设计，整个建筑由富于仪式性的数个古代空间原型与一系列充满变化的走道连接而成，反映出意大利现代主义建筑在尊重历史环境与设计创新方面的极佳平衡。

热那亚总督府

热那亚总督府是对一系列中世纪建筑改造的结果，其建筑最早始建于13世纪末期，是伴随着热那亚在一系列与威尼斯、比萨的战争胜利而崛起的经济、政治地位而修建的，最初的建筑是由一座修道院及其周边建筑组成的，在随后一系列改造中逐步扩展而成。1591年由建筑师 Andrea·Ceresola（又称 Vannone）以及之后18世纪的建筑师 Lgnazio · Gardella · Senior 所做的一系列改造活动赋予其今日所见的巴洛克–新古典主义建筑外观。

⑬ 热那亚总督府
Palazzo Ducale

建筑师：Andrea Ceresola，Simone Cantoni,Ignazio Gardella Senior, Orlando Grosso
年代：1291–1930 年
类型：文化建筑 / 总督府、博物馆
地址：Piazza Giacomo Matteotti, 9, 16123 Genova GE, Italy

卡洛 · 菲利斯剧院

这座以卡洛 · 菲利斯公爵命名的剧院是热那亚最重要的观演建筑；但在19世纪的战争中受到破坏，后由意大利当代建筑师阿尔多 · 罗西设计并于1991年6月开放。整个建筑分为歌剧院大厅与小礼堂两个主要空间，分别可以容纳2000及400名观众。该建筑是阿尔多 · 罗西运用“建筑类型学”方法的体现：通过对历史广场的分析，得出剧院空间原型并完成设计，在保持周边地段历史文脉、尺度比例、材料节奏的同时为该剧院注入现代性，新的剧院保留了原来剧院门廊残留的柱子，但设计语言具有简洁的当代几何特征。

⑭ 卡洛 · 菲利斯剧院
Teatro Carlo Felice

建筑师：阿尔多 · 罗西
年代：1824–1991 年
类型：文化建筑 / 剧院
地址：Passo Eugenio Montale, 4, 16121 Genova, Italy

费拉里广场

费拉里广场从18世纪直至今都是热那亚公共生活的核心区。整个广场以19世纪意大利著名政治家拉斐尔 · 佛拉里命名，以喷泉雕塑而著称；其中剧院前的雕塑是由 Carlo · Barabino 完成的朱塞佩 · 加里波第的新古典主义雕塑，而广场中心的雕塑喷泉则是由建筑师 Cesare · Crosa 于 1936 年制作完成，其风格是现代主义的。

⑮ 费拉里广场
Piazza de Ferrari

年代：17–20 世纪
类型：景观建筑 / 广场、喷泉
地址：Piazza de Ferrari, 16121 Genova, Italy

圣安布罗和圣安德烈耶稣会礼拜堂

整个建筑平面为拉丁十字式平面，平面中心有19世纪落成的穹顶。整个礼拜堂外立面设计于19世纪，经过彻底改造，参考了由17世纪早期 Pieter · Paul · Rubens 设计的外立面方案，1894年完工，是巴洛克复兴风格的典型作品。其外立面利用多重科林斯壁柱与两位圣徒的大型雕塑壁龛，创造了秩序严谨而又不乏活力的立面造型。建筑内部空间装饰华丽，彩色大理石壁龛和鲁本斯参与绘制的壁画都是该教堂的亮点。

⑯ 圣安布罗和圣安德烈耶稣会礼拜堂
Chiesa del Gesù Nuovo

建筑师：Giuseppe Valeriano, Pieter Paul Rubens
年代：1552–1894 年
类型：宗教建筑 / 礼拜堂
地址：Via di Porta Soprana, 2, 16121 Genova GE,Italy

⑰ 索普拉纳城门
Porta Soprana

年代：9–12 世纪
类型：其他建筑 / 城门
地址：di Soprana, Via S. Pietro della Porta, 16123 Genova GE, Italy

⑱ 哥伦布故居
Casa di Cristoforo Colombo (Genova)

建筑师：Alfredo d'Andrade
年代：15-20 世纪初
类型：居住建筑 / 府邸
地址：Via di Porta Soprana, 16121 Genova GE, Italy

索普拉纳城门

索普拉纳城门是热那亚古城区古老防御城墙体系的重要组成部分，其历史可以追溯到公元 9 世纪左右，1155 年该城城墙大规模扩建，因与神圣罗马帝国的关系密切，该城墙又被称为“巴巴罗萨墙”，扩建完成后城墙内的面积达到 55 公顷左右，包括三座巨大的由双半圆形塔楼夹持的城门，其中两个被保留了下来——“Porta Soprana”和“Porta dei Vacca”；第三座 Porta Aurea(“金门”) 在 20 世纪下半叶被完全拆除。索普拉纳城门位于热那亚城墙的东部、又名圣安德烈门，罗马风风格。该城门有两座半圆形塔楼，高居于拱门之上，其盾形雉堞具有很高的识别性，整体造型厚重古朴；是中世纪意大利北部城市形象的重要标志。在 18 世纪时该塔楼曾经用作监狱。

哥伦布故居

该建筑是哥伦布幼年时期 (1455 – 1470 年) 的居住地。在哥伦布时期，该建筑是城墙的建筑旁 12 世纪圣安德烈修道院回廊中的一座建筑，其后遭遇了多次破坏，该故居目前残留建筑部分为 18 世纪重建，一度达到 5 层，现存3层。1900 年考古家、建筑 Alfredo · d'Andrade 主持了该建筑的恢复工作，整个建筑保留了文艺复兴时期的最初结构部分。

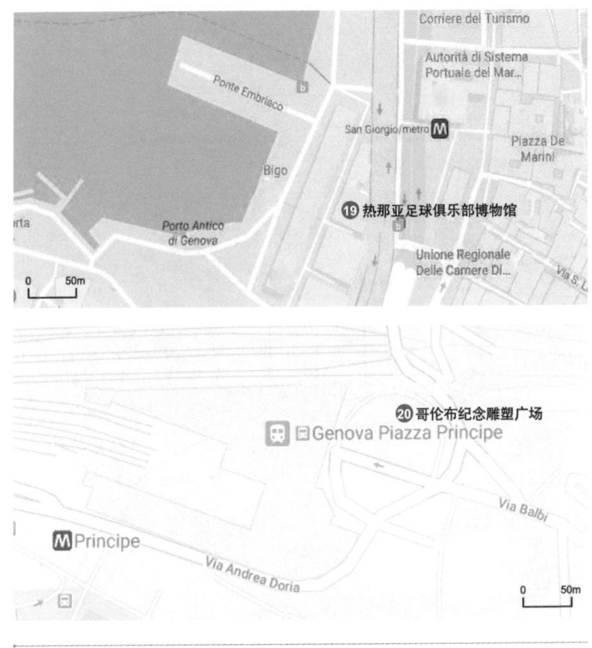

⑲ 热那亚足球俱乐部博物馆
Genoa Museum and Store

建筑师 :Domenico Piola，Lorenzo De Ferrari
年代 :1893 年
类型 :文化建筑 / 博物馆
地址 :Via al Porto Antico, 4, 16128 Genova GE,Italy

⑳ 哥伦布纪念雕塑广场
Piazza Acquaverde

建筑师 :Lorenzo Bartolini
年代 :1846–1862 年
类型 :景观建筑 / 广场、雕塑
地址 : Piazza Acquaverde, 16134 Genova GE, Italy

热那亚足球俱乐部博物馆

该建筑是热那亚足球、板球俱乐部的一个组成部分，热那亚足球俱乐部是意大利最早的足球俱乐部，成立于 1893 年。建筑的历史则可以追溯到 17 世纪，是热那亚老港口建筑的重要组成部分。该建筑一共由 4 座单体构成，外立面是巴洛克复兴风格的，是那一时期港口建筑的重要遗迹；建筑于 2013 年扩建，扩建部分建筑面积超过 500 平方米，共有 4 个展厅。

哥伦布纪念雕塑广场

广场位于热那亚火车站出口处，是热那亚交通枢纽的站前广场，整个广场一侧矗立着探险家哥伦布的雕像，该雕塑是由新古典主义雕塑家 Lorenzo · Bartolini 于 1862 年完成，是热那亚的重要城市标志之一。围绕着该雕塑则是 19 世纪形成的半圆形布局的城市广场。

Piazzetta del Papa
Piazza di San Teodoro
㉑ 热那亚 Dinegro 地铁站
Dinegro
Calata della Chiappella
SS1
Piazza Dinegro
Ponte Andrea Doria
0 100m

SS45
Via Antonio Burlando
Via Leonardo Montaldo
㉒ 费拉里足球场
Corso Alessandro
Via Montello
Via Tortosa
Via del Piano
Manin
Manin 火车站
0 100m

㉑ **热那亚 Dinegro 地铁站**
Dinegro

建筑师：伦佐·皮亚诺
年代：1983–1990 年
类型：交通建筑 / 地铁站
地址：Dinegro 16126 Genova, GE, Italy

㉒ **费拉里足球场**
Stadio Comunale Luigi Ferraris

建筑师：Genoa C.F.C.
年代：1909–1989 年
类型：体育建筑
地址：Via Giovanni de Prà, 16139 Genova GE, Italy

热那亚 Dinegro 地铁站

Dinegro 地铁站是热那亚地铁的组成部分，它位于 Via Milano 大道，毗邻 Dinegro 广场，工程 1983 年动工，1990 年启用。该建筑由于周边交通繁忙并存在不少历史建筑，其外立面位于一处小型下沉绿化广场中，反映出建筑师对于场地与功能的精确把握，布林站则处于附近的高架桥上，与 Dinegro 广场共享西侧出口。该建筑主体为钢与玻璃结构。

费拉里足球场

费拉里足球场又名“马拉西体育场”，1933 年以热那亚足球队队长的姓名命名，位于热那亚市的马拉西区，曾是意大利最古老的球场，最早于 1911 年就已投入使用，目前是热那亚和桑普多利亚队的主场，整个场馆最初为木构架体系，其后不断扩建；1982 年结构翻新成为钢悬索结构，从而成了可容纳 36536 人的球场；是 1934 年、1990 年世界杯的比赛场馆之一。

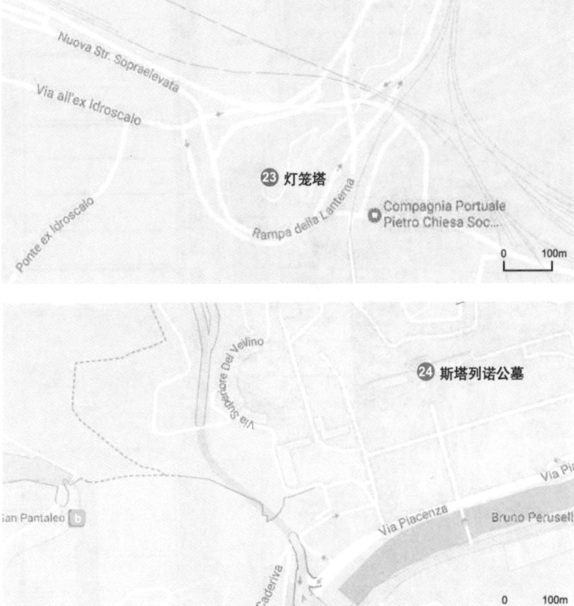

灯笼塔

该灯塔是热那亚港口的主要灯塔，其建筑可以追溯到 12 世纪早期，目前所见为 1543 年翻新的罗马风风格的灯塔，它是世界第五，欧洲第二高的传统灯塔，同时是世界上最古老的同类建筑之一；其重要性除了体现在夜航之外，还是热那亚的城市标志；它修建在圣贝尼尼奥山丘上，灯笼塔高 76 米，海拔 117 米；1956 年进行设备更新后仍在使用，灯塔塔身上装饰有基督教含义的鱼图案和圣乔治十字架。

㉓ 灯笼塔
Lighthouse of Genova

年代：1128–1543 年
类型：景观建筑 / 塔楼
地址：Rampa della Lanterna, 16126 Genova GE, Italy

斯塔列诺公墓

该公墓是 19 世纪修建的欧洲最大公墓之一，因其规模宏大，精美的墓地纪念堂与墓碑、雕塑，被称为一座真正的露天博物馆，是 19 世纪意大利新古典主义建筑的杰出代表。整个墓园占地超过 33 公顷；整个墓地的纪念堂呈古典复兴风格，其原型是古罗马的万神庙。

㉔ 斯塔列诺公墓
Cimitero Monumentale di Staglieno

建筑师：Carlo Barabino, Giovanni Battista Resasco
年代：1844–1851 年
类型：其他建筑 / 陵园、墓地
地址：Piazzale Resasco, 16100 Genova GE,Italy

生物圈（Giancarlo Scola 摄影）

皮埃蒙特大区
Piedmont

07・都灵

建筑数量 :37

01 欧歌利欧拉 - 弗勒之家 / Gottardo Gussoni
02 贝拉斯加塔楼 / BBPR 工作室
03 卡梅尔圣母教堂 / Filippo Juvarra
04 帕拉丁门
05 都灵主教堂 / Amedeo de Francisco di Settignano 等
06 都灵皇宫 / Ascanio Vittozzi 等
07 圣裹尸布礼拜堂 / Guarino Guarini
08 多米尼圣骸巴西利卡 / Ascanio Vitozzi
09 圣洛伦佐教堂 / Guarino Guarini
10 圣玛利礼拜堂 / Bernardo Antonio Vittone

11 城堡广场 / Filippo Juvarra
12 都灵剧院 / Benedetto Alfieri 等
13 丽托亚塔 / Armando Melis De Villa 等
14 卡里尼亚诺宫 / Guarino Guarini
15 复兴运动博物馆 / Camillo-Guarino Guarini
16 卡里尼亚诺剧院 / Benedetto Alfieri
17 都灵埃及博物馆
18 圣菲利波教堂 / Filippo Juvarra
19 安托内利塔 / Alessandro Antonelli
20 伊拉礼堂 / Aldo Morbelli 等
21 Torre Intesa Sanpaolo / 伦佐 · 皮亚诺
22 圣特雷莎教堂 / Andrea Costaguta
23 伊曼纽尔 . 菲利普骑马像 / Carlo Marochetti
24 圣康赛诺礼拜堂 / Guarino Guarini
25 圣克里斯蒂娜礼拜堂 / Carlo di Castellamonte 等
26 Camera di Commercio di Torino / Carlo Mollino
27 雷吉纳别墅 / Ascanio Vitozzia
28 瓦伦蒂诺城堡 / Amedeo di Castellamonte 等
29 都灵奥林匹克球场 / Fagnoni & Engianchini 等
30 乔瓦尼与马拉 · 安吉妮画廊 / 伦佐 · 皮亚诺
31 都灵汽车博物馆 / Cino Zucchi 等
32 都灵 Porta Susa 火车站 / Silvio d'Ascia Architecture 等
33 都灵大学法学院教学楼 / 诺曼 · 福斯特事务所
34 Lavazza 中心 / Cino Zucchi Architetti
35 都灵圣容教堂 / 马里奥 · 博塔
36 25 号绿宅 / Luciano Pia
37 Ettore Fico 博物馆 / Alex Cepernich

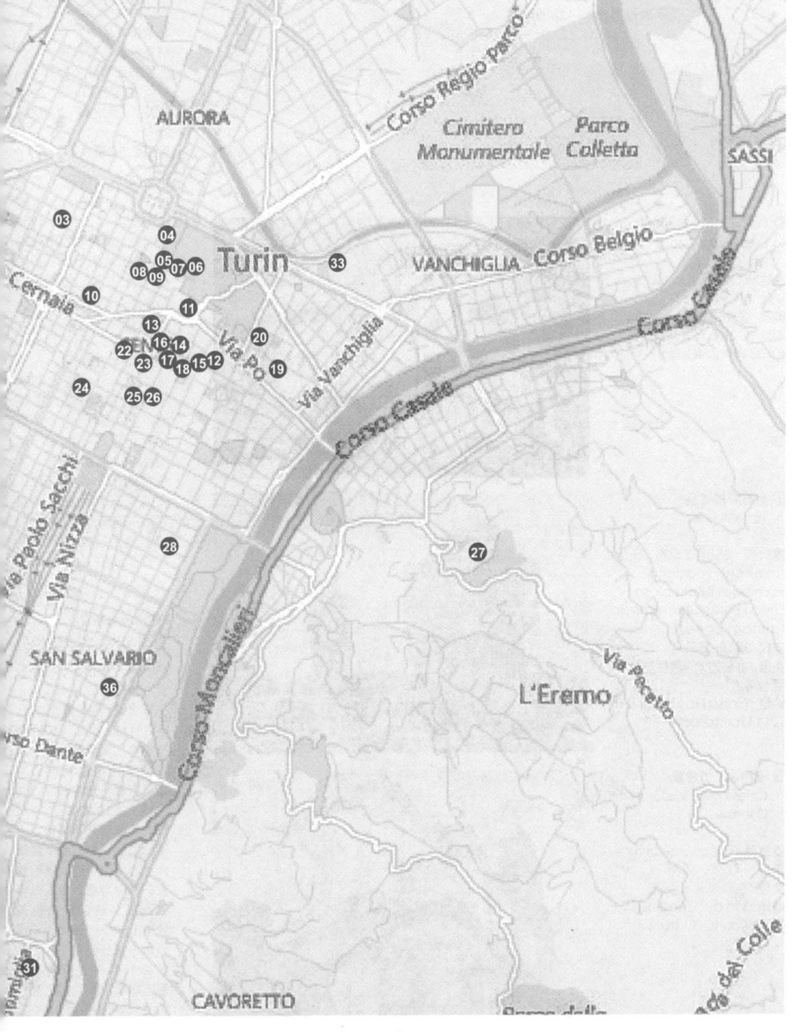

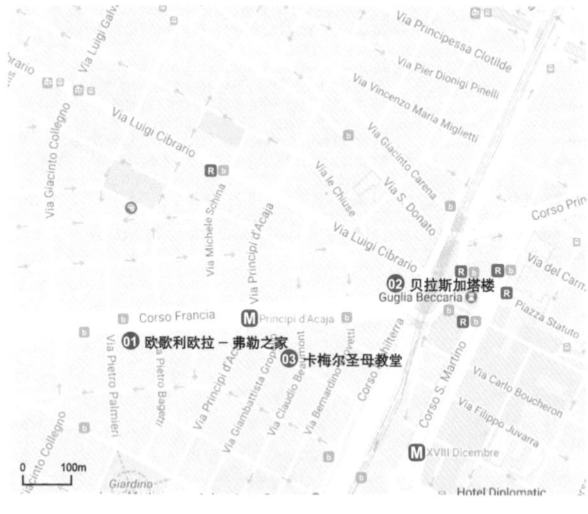

欧歌利欧拉 – 弗勒之家

该建筑是一座位于都灵的带有罗马风—哥特元素的新艺术运动风格的5层居住建筑。1918年Carrera为庆祝第一次世界大战胜利，委托建筑师Gottardo · Gussoni设计，于1920年完工。建筑位于Corso Francia大道中轴线上，在其门廊和入口大厅等处可以看出明显的新哥特风格。主立面装饰图案复杂，其中一对巨龙位于入口处，为其赢得了“龙之屋”的美称。

贝拉斯加塔楼

贝拉斯加塔楼位于都灵市Piazza Statuto，由BBPR设计公司于1959年完成设计，1961年落成；该建筑是意大利战后“新粗野主义”建筑风格的展现，亦是“二战”后意大利现代主义作品的重要代表作；其顶层与底层连接手法奇特，充满想象力，是对意大利北部中世纪塔楼建筑原型的回应，同时也满足了当时对于下部小空间与顶部大空间的功能要求，其独特的结构体系与形体构成是意大利现代主义建筑独辟蹊径的表现，与这一地区传统建筑风格形成了既联系又对比的对峙。

卡梅尔圣母教堂

卡梅尔圣母教堂是一座巴洛克式的天主教教堂，科林斯壁柱与入口山花雕塑都具有典型的巴洛克特征，而巨大的开窗与主穹顶采光亭的良好设计则使得该教堂被誉为都灵市最明亮的教堂，其建筑内部曲线形态与柱式的混合运用，显得充满了动感而又有节制；建筑外立面为淡黄色，搭配重点装饰的浮雕，给人以典雅之感；该建筑由建筑师Filippo · Juvarra完成设计与部分营造工作，在其离开都灵去里斯本之后，后续工作则由建筑师Giacomo·Pella接手完成。

01 欧歌利欧拉 - 弗勒之家
Casa Della Vittoria

建筑师：Gottardo Gussoni
年代：1920年
类型：居住建筑
地址：Corso Francia, 23, 10138 Torino TO, Italy

02 贝拉斯加塔楼
Torre Velasca

建筑师：BBPR工作室（Gian Luigi Banfi, Lodovico Barbiano di Belgiojoso, Enrico Peressutti，Ernesto Nathan Rogers）
年代：1956–1961年
类型：办公建筑（居住与办公混合用途）
地址：Corso Francia, 2 TER, 10143 Torino, Italy

03 卡梅尔圣母教堂

Chiesa delle Madonna del Carmine

建筑师：Filippo Juvarra
年代：1732–1736年
类型：宗教建筑 / 教堂
地址：Via del Carmine, 10122 Torino TO, Italy

帕拉丁门

帕拉丁门是古罗马帝国时期军事防御建筑的代表，因中世纪附近的议会宫而得名，该建筑是世界上目前保留最为完好的公元前 1 世纪古罗马城门遗迹，是都灵古罗马城市遗迹的重要组成部分；大门北侧连接了 Julia Augusta Taurinorum 的古城墙，是都灵老城东侧的主门，主体部分长约 20 米。

都灵主教堂

都灵主教堂又名圣乔万尼巴蒂斯塔教堂；其主要建筑立面为文艺复兴风格，平面为拉丁十字式平面，该建筑后部与圣裹尸布礼拜堂相连；建筑外观只有简单的壁柱装饰点缀；原基址有三座建立在古罗马剧院上的小教堂，17 世纪时由建筑师 Bernardino · Quadri 开始实施扩建工程。主教堂旁的塔楼是 1469 年的遗存，17 世纪时建筑师 Filippo · Juvarra 对其顶部有部分改动。

都灵皇宫

都灵皇宫是都灵萨伏伊王朝时期（16 – 18 世纪）一座历史悠久的宫殿，它最初建于 1646 – 1660 年间文艺复兴时期，建筑讲究秩序和比例，拥有严谨的立面和平面构图，以及从古典建筑中继承下来的柱式建筑语言，建筑在 18 世纪由巴洛克建筑师 Filippo · Juvarra 进行了改造设计，19 世纪时的改造则赋予了它新古典主义的外观，1946 年该建筑成为国家文化财产，并成了以文艺复兴—巴洛克室内装饰与大量东方艺术品收藏闻名的博物馆；其建筑东翼为都灵图书馆，1997 年它与萨伏伊众议院等 13 处建筑物被共同列入联合国教科文组织世界遗产名录。

04 帕拉丁门
Palatine Gate

年代：公元前 1 世纪
类型：其他建筑 / 城门、考古公园
地址：Piazza Cesare Augusto, 15, 10122 Torino TO, Italy

05 都灵主教堂
Duomo di San Giovanni

建筑师：Amedeo de Francisco di Settignano，Filippo Juvarra，Guarino Guarini，Bernardino Quadri
年代：1491–1694 年
类型：宗教建筑 / 教堂
地址：Piazza San Giovanni, 10122 Torino TO,Italy

06 都灵皇宫
Palazzo Reale di Torino

建筑师：Ascanio Vittozzi, Carlo and Amedeo di Castellamonte, Filippo Juvarra, Benedetto Alfieri, Pelagio Palagi
年代：1645–1997 年
类型：居住建筑 / 宫殿
地址：Piazzetta Reale, 1, 10122 Torino,Italy

⑰ 圣裹尸布礼拜堂
Cappella della Sacra Sindone

建筑师：Guarino Guarini
年代：1668–1694 年
类型：宗教建筑 / 礼拜堂
地址：Piazza San Giovanni, 10122 Torino, Italy

圣裹尸布礼拜堂是一座巴洛克风格的罗马天主教堂，该教堂建立之初是为了容纳据传为耶稣的裹尸布的宗教圣物。建筑位于都灵大教堂圣坛后部，与都灵皇宫相连，是巴洛克集中制式建筑的代表作，而其内部穹顶设计反映出巴洛克时期建筑师对于透视法与形式语言的精彩把握，整个设计与营造工程于 1668 – 1694 年完成；该建筑于 1997 年遭人放火，2018 年 9 月修复完成后重新开放。

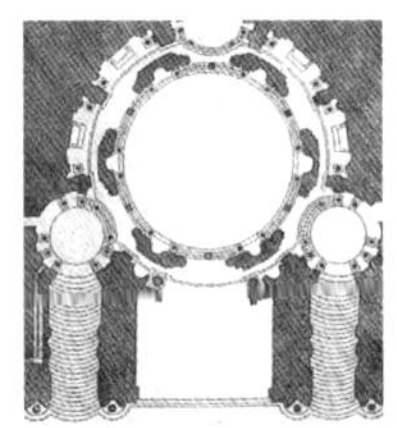

多米尼圣骸巴西利卡

多米尼圣骸巴西利卡是一座巴洛克风格的罗马天主教教堂，主体部分由建筑师 Ascanio · Vitozzi 于 17 世纪完成，立面则由建筑师 Amedeo · di · Castellamonte 设计，建筑平面为巴西利卡式长方形平面，立面上巨大的科林斯柱式与多层断折山花、涡卷与折线檐口则展现了那一时期典型米兰巴洛克建筑风格特征；内部装饰则在 18 世纪由当时的建筑师 Benedetto · Alfieri 完成，其彩色大理石与精美圣坛雕塑也是巴洛克风格。

圣洛伦佐教堂

圣洛伦佐教堂是一座巴洛克式教堂，毗邻都灵皇宫。教堂拥有很高的穹顶，以及明亮的采光亭；该作品是对巴洛克建筑大师波洛米尼设计原则的杰出继承与发扬，利用双层多级中央穹顶采光和下部 16 根交叉骨架拱券、帆拱的组合，建筑师 Guarino · Guarini 创造了以希腊十字式集中平面为基础的梦幻般的八边形中央穹顶采光效果，其内部华丽的大理石巴洛克装饰则被认为是巴洛克时期古典柱式语言的杰出“解构”与手法拓展。

圣玛利礼拜堂

教堂最初是希腊十字式平面，而 1890 年左右与相邻的两个小教堂融为一体并实施了改造，进而形成了新古典主义风格外观的建筑物。主入口立面采用一组多层式爱奥尼壁柱划分立面，造型简洁，而内部圣坛其结构体系为一系列 1/4 穹顶支撑中央的半圆形穹顶，内部空间由于一系列的改造而极为丰富，但其内部空间却难能可贵地保持了巴洛克风格的统一性。

⑧ 多米尼圣骸巴西利卡
Basilica of Corpus Domini

建筑师 : Ascanio Vitozzi
年代 : 1607–1753 年
类型 : 宗教建筑 / 巴西利卡
地址 : Via Palazzo di Città, 10122 Torino, Italy

⑨ 圣洛伦佐教堂
San Lorenzo, Turin

建筑师 : Guarino Guarini
年代 : 1668–1687 年
类型 : 宗教建筑 / 教堂
地址 : Via Palazzo di Città, 4, 10122 Torino, Italy

⑩ 圣玛利礼拜堂
Chiesa di Santa Maria di Piazza

建筑师 : Bernardo Antonio Vittone
年代 : 1751–1890 年
类型 : 宗教建筑 / 礼拜堂
地址 : Via Santa Maria, 4, 10122 Torino, Italy

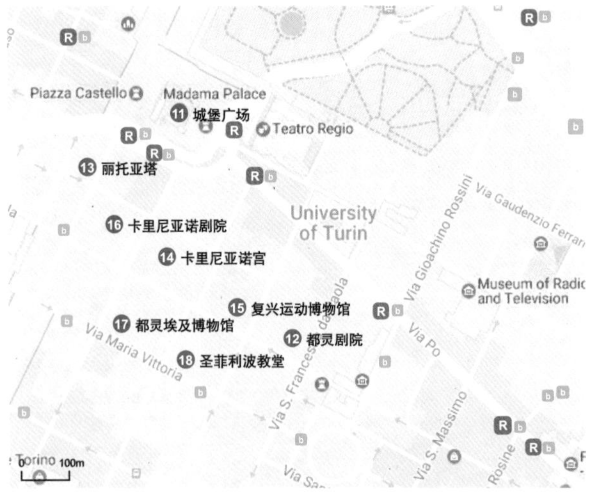

⑪ 城堡广场
Palazzo Madama, Turin

建筑师：Filippo Juvarra
年代：14–18 世纪
类型：居住建筑 / 宫殿
地址：Piazza Castello, 10122 Torino,Italy

⑫ 都灵剧院
Teatro Regio di Torino

建筑师：Benedetto Alfieri; Carlo Mollino e Marcello Zavelani Rossi
年代： 1740–1973 年
类型：观演建筑
地址：Piazza Castello, 215, 10124 Torino, Italy

⑬ 丽托亚塔
Torre Littoria

建筑师：Armando Melis De Villa, Giovanni Bernocco
年代： 1933–1934 年
类型：办公建筑
地址：Piazza Castello, 10121 Torino, Italy

城堡广场

该建筑起源可以追溯到公元前 1 世纪古罗马时期的都灵城门，在西罗马帝国陷落后成为中世纪都灵城的城门要塞，1663 年伊曼纽尔公爵二世将其改造为私人官邸，其平面为周边带有塔楼的矩形平面，18 世纪时由建筑师 Filippo· Juvarra 将其改造为巴洛克风格的宫殿建筑，但 1721 年开工后只完成了其北立面，而剩余部分则维持了原罗马风风格，其他周边的下沉广场为中世纪时护城河改造而来；该建筑北立面是都灵巴洛克建筑的典型代表，精致的组合式巨柱柱式与科林斯壁柱在立面上划分出富于节奏变化又统一有序的立面效果，目前是都灵古代艺术博物馆。

都灵剧院

都灵剧院是意大利乃至欧洲最重要的剧院之一，建于 1740 年，1936 年毁于火灾。现存的建筑为建筑师 Carlo · Mollino 于 1973 年重建，原始建筑内部采用现代曲线设计，但原 18 世纪立面仍然得以保留；1997 年该剧院被列入联合国教科文组织世界遗产名录。剧院内部椭圆形观演空间张力十足，大厅、剧场和舞台新颖独特，可以容纳 1750 个座位及 37 个包厢，镜框式台口设计。新剧院是都灵古典艺术的灵魂之地，同时在设计上又结合了现代气息。是仅次于巴黎歌剧院的欧洲第二大歌剧院。

丽托亚塔

丽托亚塔是都灵第一座高层建筑，位于城堡广场的西南角，是 20 世纪初意大利理性主义建筑的一个高层建筑代表实例，以其使用的玻璃砖、清水红砖和合成地毯等新材料而著称。同时该建筑也是意大利第一座焊接金属框架结构建筑，整个建筑由 9 层裙房建筑和 19 层高层塔楼组成；造型简洁有力，其体量在设计之初的目的就是在高度上超越广场中央的马达马宫，其最终总高度达 109 米。

卡里尼亚诺宫

卡里尼亚诺宫是极少的巴洛克风格公寓建筑实例之一；该建筑平面为带内庭院的矩形形态，19 世纪其后侧庭院被改作他用（复兴运动博物馆）；而其主入口立面得以保留，整个主入口立面呈波浪起伏状，主入口处白色大理石门柱在建筑不同深度的红砖对比下有很好的视觉引导作用，其余部分则采用风格多变的窗套与多种柱式语言，在起伏的立面与水平线三段式划分对比中显得既摇曳生姿又不乏秩序。

复兴运动博物馆

该建筑原是卡里尼亚诺宫的后半部，19 世纪时单独辟作博物馆用途并做了很大的改造，其入口立面彻底改造为折中主义风格，是这种风格在都灵的代表作；手法上表现出文艺复兴风格和巴洛克风格的融合，三段式构图，底层采用罗马多立克券柱式，上面两层则为科林斯对柱，中央开间凸出立面而开窗则采用巴洛克式样的断折山花式窗套；窗间墙与券柱式形成色彩对比。该博物馆是意大利独立后建成的首批 23 座公共博物馆中最早的一座。

卡里尼亚诺剧院

卡里尼亚诺剧院是意大利最古老、最重要的剧院之一；该剧院坐落于卡里尼亚诺宫对面，建筑外立面整体为巴洛克风格，叠柱式与文艺复兴式的窗户表现克制，与入口广场周边建筑风格相处和谐，而内部观演空间近圆马蹄形的观众大厅则被 3 层包厢环绕，装饰华丽而充满细节；最近的一次修复是在 2009 年 2 月完成，重新恢复其内部典型的巴洛克室内风格。

都灵埃及博物馆

都灵埃及博物馆前身是都灵贵族学院，在 1757 年成立都灵科学院，1824 年该博物馆正式成立。该建筑的外立面融合了古埃及雕塑与巴洛克建筑风格。

圣菲利波教堂

圣菲利波教堂是一座早期罗马风风格的天主教堂，其平面为巴西利卡式的，长 69 米，宽 37 米，其原有立面在 1706 年战争期间坍塌，现存入口立面在 1715 – 1730 年间由建筑师 Filippo · Juvarra 重建，整个正立面显示出新古典主义的风格特征。

⑭ 卡里尼亚诺宫
Palazzo Carignan

建筑师 :Guarino Guarini
年代 :1679 年开始
类型 :居住建筑 / 宫殿
地址 :Via Accademia delle Scienze, 5, 10123 Torino, Italy

⑮ 复兴运动博物馆
Museum of the Risorgimento

建筑师 :Camillo-Guarino Guarini
年代 :1878 年
类型 :文化建筑 / 博物馆
地址 :Via Accademia delle Scienze, 5, 10123 Torino, Italy

⑯ 卡里尼亚诺剧院
Teatro Carignano

建筑师 : Benedetto Alfieri
年代 :1753 年
类型 :观演建筑
地址 :Piazza Carignano, 6, 10123 Torino TO, Italy

⑰ 都灵埃及博物馆
Egyptian Museum of Turin

年代 :1824 年
类型 :文化建筑 / 博物馆
地址 : Via Accademia delle Scienze, 6, 10123 Torino, Italy

⑱ 圣菲利波教堂
Church of San Filippo

建筑师 :Filippo Juvarra
年代 :1715–1730 年
类型 :宗教建筑 / 教堂
地址 :Via Maria Vittoria, 5, 10123 Torino, Italy

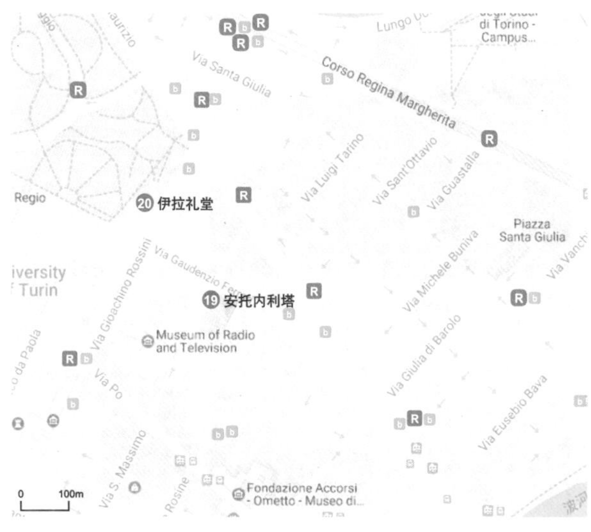

⑲ 安托内利塔
Mole Antonelliana

建筑师：Alessandro Antonelli
年代：1863–1889 年
类型：文化建筑 / 博物馆
地址：Via Montebello, 20, 10124 Torino,Italy

⑳ 伊拉礼堂
Auditorium Rai di Torino

建筑师：Aldo Morbelli, Carlo Mollino
年代：1952 年
类型：观演建筑
地址：Via Gioachino Rossini, 15, 10124 Torino, Italy

安托内利塔

该建筑是意大利都灵的地标性建筑，以其建筑师亚历山德罗·安东内利的名字命名；该建筑最开始是为了纪念 1848 年犹太居民享有完全的公民权利，由犹太社区集资修建的犹太会堂，旋即在意大利统一后都灵成为新国家的首都，该建筑设计方案一再提高设计高度而导致预算严重超支，最后由都灵市政府接管该工程并设法于 1889 年完成该项目。该建筑最初设计 121 米高度，而经历数次修改后达到了完成时的 167.5 米，平面为集中式构图，其风格最初设计时为摩尔复兴式，而建成后几经改造，现状为古典复兴风格，不同尺度的多层科林斯叠柱式运用简洁有序而充满了垂直方向上的韵律感；建成时成为世界上最高的砖砌建筑，其上部尖塔原为石质构造，1953 年被龙卷风摧毁后重建为金属塔楼。目前该建筑为国家电影博物馆（Museo Nazionale delCinema），该博物馆被认为是世界上最高的博物馆之一。

伊拉礼堂

伊拉礼堂的历史可以追溯到 19 世纪中叶，最初是作为可以容纳 4600 人的皇家马术表演场地而营造的，在 20 世纪初期历经改造，但建筑于 1942 年“二战”空袭中被完全炸毁，战后由建筑师 Aldo · Morbelli, Carlo · Mollino 重新设计并于 1952 年完成，其内部包括演出大厅、画廊与一个合唱团排练场，表演大厅可以容纳 1616 名观众，建筑风格为现代主义风格，上层浅色石头和首层深色石头使得建筑色彩简洁明快，以钢结构及玻璃为主要材料，大型竖向窗户点缀在突出屋顶上方三层，是“二战”后意大利现代主义建筑的代表作品之一。

Tonine Porta Susa火车站
Torino Porta Susa
Stazione Porta Susa火车站
Corso Vittorio Emanuele II
Cit Turin LDE
Giardino Caserma Lamarmora
21 Torre Intesa Sanpaolo
Corso Bolzano
Corso Inghilterra
Via Paolo Borsellino
Museo del Carcere "Le Nuove"
Corso Vinzaglio
Vinzaglio
0 100m

Via Antonio Bertola
Via Santa Teresa
22 圣特雷莎教堂
Turinetti of Pertengo Palace
Via Vittorio Alfieri
23 伊曼纽尔 · 菲利普骑马像
Via Maria Vittoria
24 圣康赛诺礼拜堂
25 圣克里斯蒂娜礼拜堂
Via dell'Arcivescovado
Piazza CLN
la Rinascente Torino
0 100m

21 Torre Intesa Sanpaolo

建筑师：伦佐 · 皮亚诺
年代：2014 年建成
类型：办公建筑
地址：Corso Inghilterra, 3, 10138 Torino,Italy

该建筑是都灵第三高的建筑，是高技派－绿色建筑的代表作，设计师将该大厦形容成“生物气候建筑”，具有典型的生态建筑高层塔楼设计的示范作用。设计采用自然通风和冷却，大量减少能源消耗。同时建筑表面融合设计安装了大量太阳能光伏板，提供大楼电力，其能耗效率获得了 Leed 白金级的评价。

㉒ 圣特雷莎教堂
Church of Santa Teresa

建筑师：Andrea Costaguta
年代：1642–1672 年
类型：宗教建筑 / 教堂
地址：Via Santa Teresa, 5, 10121 Torino, Italy

㉓ 伊曼纽尔・菲利普骑马像
Caval ëd Bronz

建筑师：Carlo Marochetti
年代：1838-1861 年
类型：景观建筑 / 雕塑
地址：Piazza S. Carlo, 10123 Torino TO, Italy

㉔ 圣康赛诺礼拜堂
Chiesa dell'Immacolata Concezione

建筑师：Guarino Guarini
年代：1675–1694 年
类型：宗教建筑 / 礼拜堂
地址：Via dell'Arcivescovado, 12, 10121 Torino TO, Italy

㉕ 圣克里斯蒂娜礼拜堂
Chiesa di Santa Cristina

建筑师：Carlo di Castellamonte, Amededi Castellamonte, Filippo Juvarra (facciata)
年代：1640–1718 年
类型：宗教建筑 / 礼拜堂
地址：Piazza C.L.N., 231bis, 10121 Torino, Italy

圣特雷莎教堂

圣特雷莎教堂是一座巴洛克风格的教堂，靠近意大利都灵的圣卡洛广场。平面为拉丁十字式，水平侧翼伸出不多，西立面主入口则为典型的巴洛克手法，科林斯柱式凸出内凹曲线墙面、波折山花与大型圣像雕塑都表现出建筑对于张力与动态的追求，室内则由画家 Simone・Martinez 和 Corrado・Giaquinto 分别完成第 1 祈祷室雕塑与天顶壁画。

伊曼纽尔・菲利普骑马像

这座纪念碑是都灵市城市文化象征之一，雕塑表现了伊曼纽尔・菲利普公爵在昆汀战役（该战役使萨伏伊王朝在都灵获得独立并对后期意大利的统一产生影响）辉煌胜利后将剑收入鞘中意气风发的场景，雕像矗立在有三级台阶环绕的花岗岩的基座上，基座四面有花饰、浮雕与铭文环绕，整个雕塑由 19 世纪时意大利的雕塑家 Carlo・Marochetti 设计并铸造，在巴黎铸造后于1861年运至都灵；该雕塑是新古典主义风格的城市雕塑的代表作。

圣康赛诺礼拜堂

圣康赛诺礼拜堂又名圣母无原罪礼拜堂，是一座巴洛克风格的天主教堂，其平面整体为一个长圆形体量，并与主入口曲线立面墙体相切，是一种少见的巴洛克平面布局方式，覆盖其平面的则是一连串复杂交接的穹顶，反映出巴洛克建筑师 Guarino・Guarini 高超的构图水平。其室内天顶连续的图案化装饰与壁画、雕塑相互融合的效果也创造了一种复杂而又和谐的室内效果。

圣克里斯蒂娜礼拜堂

圣克里斯蒂娜礼拜堂是一座罗马天主教教堂，它位于圣卡罗广场南端，与旁边的 San・Carlo・Borromeo 教堂风格与体量都较为类似，进而被一起称为双子座教堂，整个建筑外立面为巴洛克风格的，由建筑师 Filippo・Juvarra 1718 年最终完成；主入口立面曲线形态自由而奔放，采用科林斯柱式与科林斯壁柱使得整个建筑外表华丽而精致；内部以彩色大理石与壁画装饰的内部空间也为典型的巴洛克时期风格。

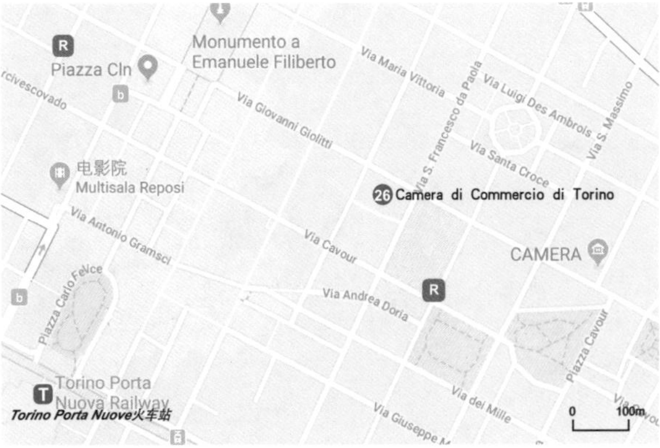

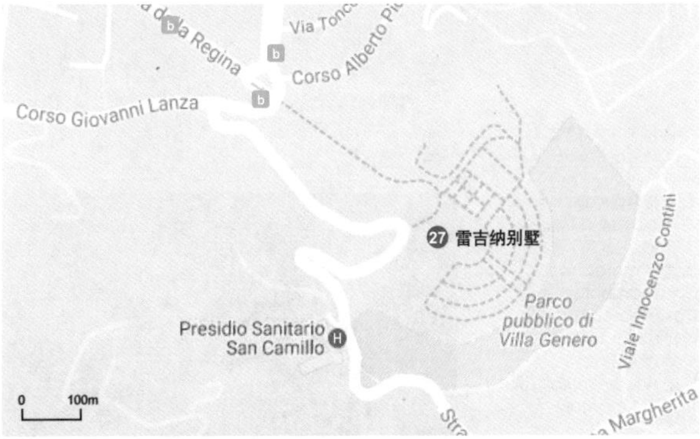

Monumento a Emanuele Filiberto
Piazza Cln
Via Maria Vittoria
Via Luigi Des Ambrois
Via Giovanni Giolitti
Via Santa Croce
电影院 Multisala Reposi
㉖ Camera di Commercio di Torino
Via Antonio Gramsci
Via Cavour
CAMERA
Via Andrea Doria
Piazza Carlo Felice
Piazza Cavour
Torino Porta Nuova Railway
Torino Porta Nuove火车站
Via dei Mille
0 100m

Via della Regina
Corso Alberto
Corso Giovanni Lanza
㉗ 雷吉纳别墅
Presidio Sanitario San Camillo
Parco pubblico di Villa Genero
Viale Innocenzo Contini
Margherita
0 100m

Camera di Commercio di Torino

该建筑风格融合了未来主义和现代主义，与常规建筑形成了巨大反差，建筑立面运用块状玻璃幕墙整齐排列，充满秩序感与未来感，建筑底部使用了现代主义风格语言，使用简洁规则的架空底层，增强建筑整体的空间张力。其目前是都灵商会的所在地。

雷吉纳别墅

雷吉纳别墅是位于都灵西北部的一座宫殿，最初由建筑师 Ascanio · Vitozzia 在萨沃伊家族统治时期扩建，完成于 1615 年，整个别墅区占地宽阔，是意大利北部巴洛克风格的台地园代表作，其建筑主体为文艺复兴的风格，形体完整。造型强调秩序的建筑主体与灵活布置的坡地园林相映成趣，反映了意大利台地园林景观元素的多样性，是都灵那一时期乡间贵族别墅的代表；目前是联合国教科文组织世界文化遗产——萨沃伊王朝宫殿遗产的重要组成部分。

㉖ Camera di Commercio di Torino

建筑师：Carlo Mollino
年代：1964 年
类型：办公建筑
地址：Via Carlo Alberto, 16, 10123 Torino TO, Italy

㉗ 雷吉纳别墅 Villa della Regina

建筑师：Ascanio Vitozzia
年代：17 世纪
类型：居住建筑
地址：Strada Santa Margherita, 79, 10131 Torino, Italy

㉘ 瓦伦蒂诺城堡
Astello del Valentino

建筑师：Amedeo di Castellamonte, Carlo di Castellamonte
年代：1633–1660 年
类型：居住建筑
地址：Viale Mattioli, 39, 10125 Torino, Italy

瓦伦蒂诺城堡位于瓦伦蒂诺公园，最初是萨伏伊王朝的一座城堡，建筑师 Carlo · di · Castellamonte 对其进行了持续的改造与扩建，1660 年工程完工，目前是都灵理工大学建筑系的所在地。城堡平面形态呈 U 形，在 4 个角各有一个塔楼。其建筑室内顶棚属于"跨阿尔卑斯"（即法国）风格，一定程度上受到了法国 16 世纪卢瓦河谷地区城堡风格的影响：立面墙身上的窗户是文艺复兴式的，高耸带有老虎窗的屋顶则明显有中世纪的元素，主入口的造型则反映出那时期巴洛克风格的影响。1997 年作为萨伏伊皇家宫殿的一部分被列入世界文化遗产名录。

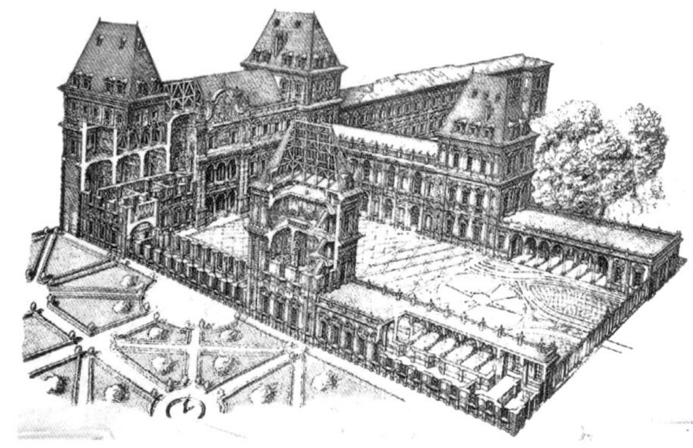

㉙ 都灵奥林匹克球场
Stadio Olimpico di Torino

建筑师：Fagnoni, Engianchini
年代：1933–2005 年
类型：体育建筑
地址：Via Filadelfia, 96/b, 10134 Torino,Italy

都灵奥林匹克体育场是为举办 1934 年世界杯足球赛而兴建，能容纳 65000 名观众。最初的名称为墨索里尼体育场，第二次世界大战后更名为社区体育场。体育场较早地使用了钢结构支撑体系，后期多处结构在重建中已经翻新改造。体育场闲置多年直至被选为 2006 年冬季奥林匹克运动会开幕式和闭幕式举行场地。该体育场主场旁有练习馆与游泳场等多处配套设施。

Piazza Carlo Giacomini
Via Lavagna
Via Nizza
Via Genova
30 乔瓦尼与马拉 · 安吉妮画廊
Via Garessio
Auditorium Giovanni Agnelli
Via Spotorno
0 100m

Piazza Carlo Giacomini
Via Nizza
Via Lavagna
Via Genova
Via Prospero Richelmy
Centro Traumatologico Ortopedico
31 都灵汽车博物馆
Via Garessio
Via Spotorno
Corso Unità d'Italia
Borgo Medioevale
0 100m

30 乔瓦尼与马拉 · 安吉妮画廊
Pinacoteca Giovannie e Marella Agnellii

建筑师：伦佐 · 皮亚诺
年代：2002 年落成
类型：文化建筑 / 美术馆
地址：Via Nizza, 230/103, 10126 Torino, Italy

31 都灵汽车博物馆
Museo dell'Automobile di Torino

建筑师：Cino Zucchi, François Confino
年代：1933–1960 年
类型：文化建筑 / 博物馆
地址：Corso Unità d'Italia, 40, 10126 Torino, Italy

乔瓦尼与马拉 · 安吉妮画廊

该建筑位于菲亚特汽车都灵生产车间屋顶中部，是该工业区综合改造项目的一部分，整个建筑占地 450 平方米，主要功能是画廊及展览馆；建筑师伦佐 · 皮亚诺在该建筑的设计上运用了高技派的设计语言，建筑外形犹如水晶太空飞船，整体分为上下两部分体量，且相互交叉、架空，建筑体态上部非常夸张，象征性地再现了原始工厂的未来主义风格。该建筑是园区综合办公楼的一部分，收藏有从 18 世纪至今的多幅著名画作，并定期举办展览。

都灵汽车博物馆

都灵汽车博物馆起源于 1932 年举办的汽车大会，建筑将原来的工厂建筑改造为博物馆。在“二战”期间炸毁，于 1957 年重建，并于 1960 年对公众开放。大面积的玻璃幕墙以及简介流畅的建筑立面，体现了现代主义的建筑特色，摆脱了传统建筑形式的束缚。该作品由 Cino · Zucchi 负责外部设计，布景设计师 François · Confino 完成展馆室内空间设计。

都灵 Porta Susa 火车站

该站始建于1868年，于2006年重建，重建后的车站轨道数增加到6条，在轨道上方建造了一个300米长、19米高的玻璃和钢结构结合的穹顶。在日间可以很好地解决室内照明，同时增加了建筑的空间张力。建筑在整体形体和室内环境设计中体现了机械美与工业美。

都灵大学法学院教学楼

都灵大学的法学院大楼是一座高技派的建筑，由诺曼·福斯特事务所设计。其基地略呈三角形，整个建筑风格强调工艺技术与时代感。建筑外立面由玻璃幕墙构成，线条流畅，具有未来感；建筑内部空间流线、结构与外部造型相互呼应，以动态流畅的线条增加空间的活力。该建筑实际由2个独立建筑组成，被整合在一体化的屋顶下，中心绿化广场为学生提供休闲交流空间，具有功能完善的教学、交流、休息与科研设施。

32 **都灵 Porta Susa 火车站**
Torino Porta Susa High Speed Railway Station

建筑师：Silvio d'Ascia Architecture, AREP
年代：2006年
类型：交通建筑 / 火车站
地址：Corso Bolzano, 10121 Torino, Italy

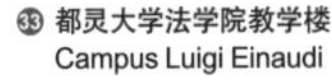

33 **都灵大学法学院教学楼**
Campus Luigi Einaudi

建筑师：诺曼·福斯特事务所
年代：2013年
类型：科教建筑
地址：Lungo Dora Siena, 100 A, 10153 Torino, Italy

34 Lavazza 中心
Centro Direzionale
Lavazza

建筑师：Cino Zucchi Architetti
年代：2017 年
类型：办公建筑
地址：Via Bologna, 32, 10152 Torino TO , Italy

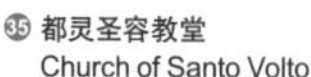

35 都灵圣容教堂
Church of Santo Volto

建筑师：马里奥・博塔
年代：2006 年
类型：宗教建筑 / 教堂
地址：Via Val della Torre, 11, 10149 Torino, Italy

Lavazza 中心

该建筑为意大利咖啡品牌 Lavazza 总部。意大利本土建筑师 Zucchi 的设计理念为“云”，建筑外立面采用层次变化丰富的玻璃幕墙，制造新颖韵律感的同时又与周边建筑的尺度相呼应；新的总部包括了办公空间、美食中心、报告厅、博物馆以及一个建筑工作室。

都灵圣容教堂

都灵圣容教堂体现了未来主义色彩，建筑其特别之处在于采用了七边形，建筑的主体由七个塔包围，而附近的高塔则装饰有刺状金属装饰与十字架。整个设计一方面有强烈的宗教寓意，同时也暗示其基地原有的工业区性质。富于雕塑感的建筑形态给人以心灵的震撼。建筑的主轴线正对着市中心，并有团结各个教区的意义；建筑地下设有会议室、办公室、公寓等功能。

25 号绿宅

25 号绿宅是一个后工业风格的居住建筑。建筑师设计了一个由生态钢材料建成的“树屋”；该建筑平面为 U 形院落式布置，拥有 63 个居住单元和包括 125 棵树木在内的大量绿植；并在其中融合了众多节能系统，包括太阳能、雨洪管理、智能空调等；以更为生态的方式表达建筑的内在意义，是意大利对于生态可持续建筑积极探索的代表性作品之一。

Ettore Fico 博物馆

Ettore Fico 博物馆位于 Via Cigna 114 区域，建筑由一个废弃的工业厂房改造而成，是该工业区的活化计划的一部分，整个建筑原为一个长约 100 米、宽约 10 米、通高 17 米的生产车间，建筑师通过创作内部纯净的白色具有雕塑感的空间，营造了一种面向未来的现代展览空间，同时利用外立面的改造强化了社区记忆与周边建筑的关系，体现了一种形态美与可持续生态化设计并重的设计观。

㊱ 25 号绿宅
25Green

建筑师：Luciano Pia
年代：2012 年
类型：居住建筑 / 公寓
地址：Via Gabriele Chiabrera, 25,101126 Torino, Italy

㊲ Ettore Fico 博物馆
Museo Ettore Fico

建筑师：Alex Cepernich
年代：2014 年
类型：文化建筑 / 博物馆
地址：Via Francesco Cigna, 114, 10155 Torino, Italy

都灵塔夜景（Hpnx 摄影）

艾米利亚－罗马涅大区 Emilia-magna

08 · 博洛尼亚

建筑数量：25

01 本蒂沃利奥宫 / Bartolomeo Triachini 等
02 马尔西格利宫 / Carlo Francesco Dotti
03 法瓦宫
04 麦格纳尼宫 / Domenico Tibaldi 等
05 麦沃兹宫 / Marchesi Andrea Di Pietro
06 恩佐王宫 / Giovanni Giacomo Dotti 等
07 海神喷泉雕塑 / Tommaso Laureti 等
08 波德斯塔宫 / Aristotile Fioravanti
09 马焦雷广场
10 班奇宫外廊 / Giacomo Barozzi
11 博洛尼亚塔
12 卡普拉拉宫 / Francesco Terribilia 等
13 阿克卡西斯宫 / Fioravante Fioravanti
14 公证人宫 / Berto Cavalletto 等
15 圣佩特罗尼奥巴西利卡 / Antonio di Vincenzo
16 犹太教堂 / Attilio Muggia
17 阿奇吉纳索厅 / Antonio Morandi
18 佩波利宫、佩波利新宫 / Francesco Albertoni 等
19 博洛尼亚储蓄银行 / Giuseppe Mengoni
20 圣斯特凡诺巴西利卡
21 萨拉戈萨门 / Giuseppe Mengoli
22 卡尔杜齐博物馆
23 斯帕达别墅 / Giovanni Battista Martinetti
24 圣路加的圣母朝圣教堂 / Carlo Francesco Dotti
25 阿尔迪尼别墅 / Giuseppe Nadi

本蒂沃利奥宫

早期的蒂沃利奥宫在1503年被愤怒的市民放火烧毁，新的宫殿建立于1551年，依旧沿用了旧的宫殿名称；宫殿主体建筑由文艺复兴时期的著名建筑师Bartolomeo · Triachini设计，而其内院著名的双层环廊则由另外一名当时著名的建筑师Domenico · Tibaldi设计完成，整个营造工作一直延续到17世纪才最终完成，是16世纪晚期文艺复兴建筑的代表作，该建筑矗立于街道转角处，整个平面为庭院式格局，其层高分割线以波浪状天然石材出挑形成，而内庭院由法国式柱式与爱奥尼柱式形成的双层叠柱式组成，既壮观又灵动，显示出文艺复兴晚期对于柱式手法运用的高度灵活性与创造性。是该城文艺复兴晚期居住建筑的代表作之一；其建筑后部花园小巧而别致形成于1975年，由建筑师Rino · Filippini，设计，其面积大致与原宫殿园林部分相当。

马尔西格利宫

马尔西格利宫是一座历史悠久的居住建筑，其建筑由建筑师Carlo · Francesco · Dotti于1735年在大火之后的损毁建筑基础上翻新改造而成，其改造工程并未完成，而改造过程中保留了1638年建成的手法别致的凸阳台，在当地被称为鼓式阳台，这也成为这座建筑的标志性构件，整个阳台充满了17世纪时民居建筑的装饰纹样；该建筑立面手法简洁而有趣，可以清晰地观察到18世纪修缮工程的工程痕迹。

01 本蒂沃利奥宫
Palazzo Bentivoglio

建筑师：Bartolomeo Triachini，Domenico Tibaldi
年代：1551年–17世纪
类型：居住建筑 / 宫殿
地址：Via delle Belle Arti, 8, 40126 Bologna BO, Italy

02 马尔西格利宫
Palazzo Marsigli

建筑师：Carlo Francesco Dotti
年代：1735年
类型：居住建筑 / 宫殿
地址：Via Massimo D'Azeglio, 48, 40124 Bologna BO, Italy

法瓦宫

法瓦宫事实上由两座相邻的建筑组成，分别被称为 Palazzo Ghisilardi-Fava 和 Palazzo Fava，其产权于 1546 年分离，而前者是文艺复兴时期博洛尼亚宫殿建筑的最具代表性的实例，该建筑起源可以一直追溯中世纪时期，而建筑的地下室部分则出土了古罗马时期的道路，整个建筑的庭院中还矗立着一座 Conoscenti 塔，修建时期为中世纪 13 世纪早期，这种具有瞭望与防御作用的塔既是军事建筑，也是家族声望的标志；整个建筑平面略成方形，其外立面具有典型的文艺复兴式的沿街廊道，而内部庭院采用古罗马组合柱式与券柱式的双层凉廊，轻巧灵动而与外立面手法统一，是那一时期的大型居住宫殿的佳作；与之毗邻的 Palazzo Fava 今天是博洛尼亚最重要的艺术展览空间之一，其内部装饰富有典型的文艺复兴风格。

03 法瓦宫
Palazzo Ghisilardi-Fava
(Palazzo Fava)

年代：1484–1491 年
类型：居住建筑 / 宫殿
地址：Via Manzoni, 2, 40121 Bologna BO, Italy

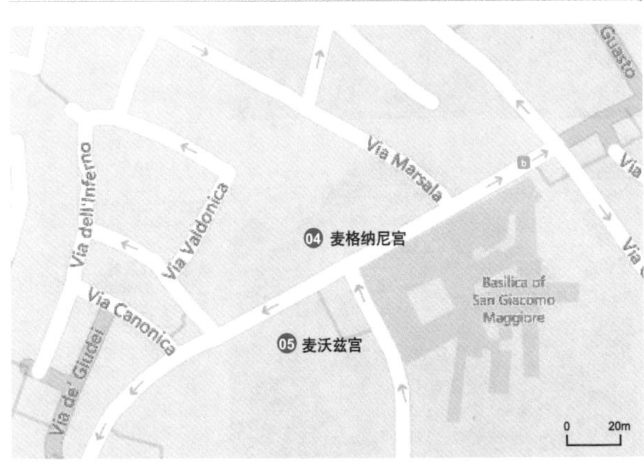

麦格纳尼宫

麦格纳尼宫是以其家族命名的是一个宫殿建筑，其设计是由建筑师 Domenico · Tibaldi 主持，他去世后由建筑师 Floriano · Ambrosini 接手工作并完成。而内部精美的由大型雕塑及壁画组成的室内装饰风格则由早期巴洛克画家、雕塑 Ludovico, Annibale 和 Agostino · Carracci 三人完成，该建筑是典型的文艺复兴晚期建筑风格，科林斯壁柱与起伏很大的窗套构件使得整个立面既有秩序又充满了光影变化；同时材料粗细程度的竖向变化又使得该建筑具有文艺复兴盛期建筑的厚重与韵律感。

麦沃兹宫

麦沃兹宫是一座典型文艺复兴风格的宫殿。整个建筑立面采用叠柱式立面构成，从下至上分别为多立克壁柱、爱奥尼壁柱与科林斯壁柱，而源自罗马万神庙内部窗户的文艺复兴式窗套从上到下烘托了这种节奏变化，显得充满秩序而又不呆板。其立面左右两侧的门廊做法保持了这种秩序性同时又与临近建筑的架空廊道互相呼应，是那一时期成熟又优秀的手法，其底层平面在 18 世纪经过建筑师 Carlo · Lodi、Antonio · Rossi 的改造。

恩佐王宫

恩佐王宫位于博洛尼亚著名的海神广场旁，得名于腓特烈二世之子撒丁的恩佐，他从 1249 年到 1272 年去世都囚禁在这里；恩佐王宫建于 1244 年，最初是附近的波德斯塔宫扩建部分；因此，它落成时也被称为“新宫”；顶层平面大部分是在 177 年由建筑师 Giovanni · Giacomo · Dotti 翻新的，而现状看到的罗马风一哥特风格的立面则由建筑师 Alfonso · Rubbiani 于 1905 年修复而成；他修复了立面的雉堞、拱门及中庭 15 世纪风格的楼梯。

04 麦格纳尼宫
Palazzo Malvezzi De' Medici

建筑师：Domenico Tibaldi，Floriano Ambrosini
年代：1577–1583 年
类型：居住建筑 / 宫殿
地址：Via Zamboni, 20, 40126 Bologna BO, Italy

05 麦沃兹宫
Palazzo Malvezzi Campeggi

建筑师：Marchesi Andrea Di Pietro
年代：15 世纪中叶
类型：居住建筑 / 宫殿
地址：Via Zamboni,13, 40126 Bologna, Italy

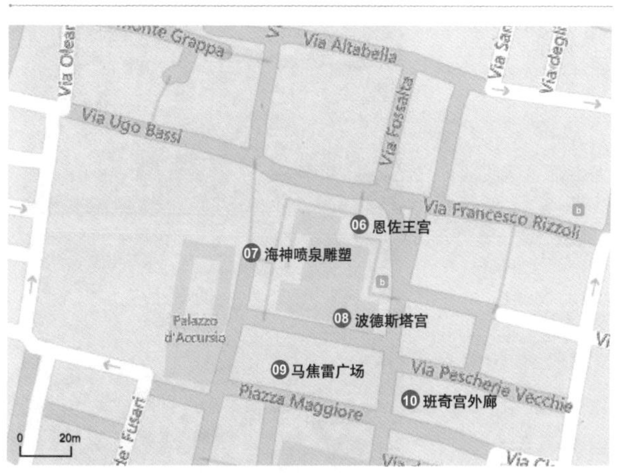

06 恩佐王宫
Palazzo Re Enzo

建筑师：Giovanni Giacomo Dotti，Alfonso Rubbiani
年代：1244–1246 年，1905 年修复
类型：居住建筑 / 宫殿
地址：Piazza del Nettuno, 1/C, 40125 Bologna BO, Italy

⑦ 海神喷泉雕塑
Fontana del Nettuno

建筑师：Tommaso Laureti，Giambologna
年代：1563–1567 年
类型：景观建筑 / 喷泉、雕塑
地址：Piazza del Nettuno, 40124 Bologna BO, Italy

⑧ 波德斯塔宫
Palazzo del Podestà

建筑师：Aristotile Fioravanti
年代：13 世纪初，1453 年（改造）
类型：居住建筑 / 宫殿
地址：Piazza Maggiore, 1, 40124 Bologna BO, Italy

⑨ 马焦雷广场
Piazza Maggiore

年代：13–15 世纪
类型：景观建筑 / 广场
地址：Piazza Maggiore, 40124 Bologna, Italy

⑩ 班奇宫外廊
Palazzo dei Banchi

建筑师：Giacomo Barozzi
年代：1565–1568 年
类型：景观建筑 / 广场
地址：Piazza Maggiore, 6, 40124 Bologna, Italy

海神喷泉雕塑

海神喷泉雕塑坐落于马焦雷广场东北角，海神雕塑小广场中央，喷泉是 1563 年建筑师 Tommaso · Laureti 设计的，而海神雕塑则由雕塑家 Giambologna 完成，整个喷泉在 1566 年完成，该作品作为给教皇庇护四世的献礼而具有强烈的宗教象征意味；雕塑由大水池、三层台阶基座和海神雕塑组成，其中雕塑基座底层为女性海精灵形象，第二层以海洋生物、海浪涡卷为母题装饰；顶层四角为骑着海豚的天使形象，分别代表 16 世纪欧洲所知得四条大河：恒河、尼罗河、亚马孙河和多瑙河，顶部是手持三叉戟，凌空抚摸海浪的海神青铜雕塑；该雕塑是博洛尼亚的城市象征。

波德斯塔宫

波德斯塔宫在马焦雷广场北侧，该建筑最初为罗马风风格建筑建于 1200 年前后，1453 年建筑师 Aristotile· Fioravanti 改造了其塔楼并重新设计建成今天所见的哥特—文艺复兴风格的立面。

马焦雷广场

博洛尼亚马焦雷广场是博洛尼亚的城市心脏，其主要周边现存建筑风格为罗马风—文艺复兴时期形成，并在 20 世纪经过一系列的保护与修缮。

班奇宫外廊

班奇宫外廊的修建是整个马焦雷广场最终成型的重要组成部分，15 世纪中叶，马焦雷广场周边布满了公共、宗教建筑，广场周边建筑较为杂乱，1565 – 1568 年博洛尼亚行会及教会决定营造一个连廊 (Pavaglione) 以美化广场整体形象，设计是一个连续 15 跨拱券门（其中两个较高的连接着其后部的博洛尼亚大学）支撑起来的外观为五层的门廊 (Pavaglione) 整个建筑手法统一又充满变化；科林斯壁柱与上层框架式壁柱划分的开间既和谐又主次分明，首层每个开间又由一个大的半圆形拱券和 3 个上部方圆相间的小窗组成。构图稳定而又不失变化而二层开间则利用每个开间中央大窗突出了竖向构图，与下部两个突出的高拱相呼应。

⑪ **博洛尼亚塔**
Torri di Bologna

年代：12–13 世纪
类型：其他建筑 / 瞭望塔
地址：Piazza di Porta Ravegnana, 40126 Bologna BO, Italy

博洛尼亚诸塔是指中世纪时期的博洛尼亚的塔楼建筑群。博洛尼亚在 12 和 13 世纪之际有大量的塔楼建筑，有记载的约 180 座之多。塔的建设原因有两个，一是担任防御与瞭望作用，另外一方面则是贵族家族炫耀权利的象征；13 世纪晚期，许多塔被拆除或倒塌；现存总数不到 20 座；其中遗存塔中最著名的即博洛尼亚双塔。其中较高的被称为 Asinelli 塔（高 97 米），较矮的则被称为 Garisenda 塔（高 48 米），双塔位置地处整个博洛尼亚老城墙 5 座城门内延道路交叉点上，在城中位置十分重要；这些塔的结构体系多为双层塔壁结构，基础埋深 5 – 10 米，基础由鹅卵石和石灰砂浆建造；中间为石材砌筑的主要结构塔壁，而外层则多为砌筑精美的砖石围护结构，两层塔壁中间则有木结构的楼板与楼梯。其结构塔壁从下至上逐渐变薄，建造材料底部为大块石英花岗岩；往上则越轻越薄。而完成这样一座塔楼平均需要 3 – 10 年时期，是中世纪贵族寡头政治格局的体现。13 世纪以后被改做多种用途：城市瞭望塔、监狱，商店，住宅。

Palazzo d'Accursio
Via degli Agresti
⑫ 卡普拉拉宫
Basil
Via Santa Margherita
0 100m

⑬ 阿克卡西斯宫
Palazzo d'Accursio
Via IV Novembre
Via Battibecco
Via de' Fusari
Piazza Maggiore
⑭ 公证人宫
Via de' Pignattari
Via dell'Archiginnasio
Via Marescalchi
San Petronio
⑮ 圣佩特罗尼奥巴西利卡
0 20m

Via IV Novembre
Piazza Marcello Ma
Via Mario Finzi
Via de' Gombruti
Via Volto Santo
⑯ 犹太教堂
Via Barberia
Via Santa Margherita
0 20m

⑫ 卡普拉拉宫
Caprara Palace

建筑师：Francesco Terribilia，Giuseppe Antonio Torri 等
年代：1603–1705 年
类型：居住建筑 / 宫殿
地址：Piazza Galileo, 4, 40123 Bologna BO, Italy

卡普拉拉宫

卡普拉拉宫也被称为 Palazzo Galliera，该建筑 1603 年由建筑师 Francesco · Terribilia 设计完成，底层平面与台阶则由建筑师 Giuseppe · Antonio · Torri 在 1705 年进行了改造，整个建筑是博洛尼亚文艺复兴时期典型的城市宫殿样式，沿街的柱廊与上层具有韵律感的窗户形成了虚实对比，具有艺复兴晚期手法主义的特征。内部装饰则在由多位艺术家在 18 世纪完成。

阿克卡西斯宫

阿克卡西斯宫是以最初11世纪宗教法学家、圣人阿克卡西斯命名的，该建筑长期作为博洛尼亚市政厅与政府治所，因此又名Palazzo Comunale，目前所见罗马风风格建筑主体则修建于1336年左右，2008年前该建筑一直是市政厅，目前主要功能是艺术博物馆。整个建筑是罗马风风格与文艺复兴风格糅合的产物，建筑钟塔为17世纪时期改造，主入口文艺复兴对柱柱式组成的壁龛中央坐落有教皇格里高利八世的雕像，而其左上角则为圣母圣子雕塑壁龛。

公证人宫

公证人宫位于博洛尼亚马焦雷广场西南侧，是公证人行业协会投资建于1381年，1908年由建筑师Alfonso · Rubbiani修复其罗马风风格的建筑主体，而面对广场一侧的二、三层窗户样式与旁侧阿克卡西斯宫的二圆心尖券开窗样式遥相呼应，有哥特建筑风格的融合特征，厚重而不呆滞。

圣佩特罗尼奥巴西利卡

圣佩特罗尼奥巴西利卡并非该市的主教教堂，位于博洛尼亚马焦雷广场南侧，长132米，宽60米，顶高47米，立面高51米，可以容纳28000人。始建于1390年6月7日，1441–1446年主体结构才建成；目前看到的建筑平面为拉丁十字式巴西利卡平面，主体为罗马风风格教堂，西立面并未完工。其下部主要风格为哥特式，而教堂内部结构体系也显示出哥特建筑骨架券的结构体系特征。

犹太教堂

犹太教堂形制大致是一个长方形的房间并由交叉拱覆盖，该建筑在“二战”中被炸毁，并于1954年由建筑师Guido·Muggia重建，整个建筑由一进矩形院落和一个礼拜大厅组成，在内部采用了钢筋混凝土的筒形拱券，圣坛山墙上装饰着犹太教大卫六角星玫瑰窗，是现代犹太教堂的代表性形制。

⑬ 阿克卡西斯宫
Palazzo d'Accursio
(Palazzo Comunale)

建筑师 :Fioravante Fioravanti
年代 :13 世纪
类型 :居住建筑 / 宫殿
地址 :Piazza Maggiore, 6, 40121 Bologna BO, Italy

⑭ 公证人宫
Palazzo dei Notai

建筑师 :Berto Cavalletto, Lorenzo da Bagnomarino, Alfonso Rubbiani
年代 :1381 年
类型 :办公建筑
地址 :Piazza Maggiore, 40124 Bologna, Italy

⑮ 圣佩特罗尼奥巴西利卡
Basilica di San Petronio

建筑师 :Antonio di Vincenzo
年代 :1390–1514 年
类型 :宗教建筑 / 巴西利卡
地址 : Piazza Galvani 5, 40124 Bologna, Italy

⑯ 犹太教堂
Sinagoga di Bologna

建筑师 :Attilio Muggia, Guido Muggia
年代 :1928–1954 年
类型 :宗教建筑 / 犹太教堂
地址 :Via de' Gombruti, 9,40123 Bologna, Italy

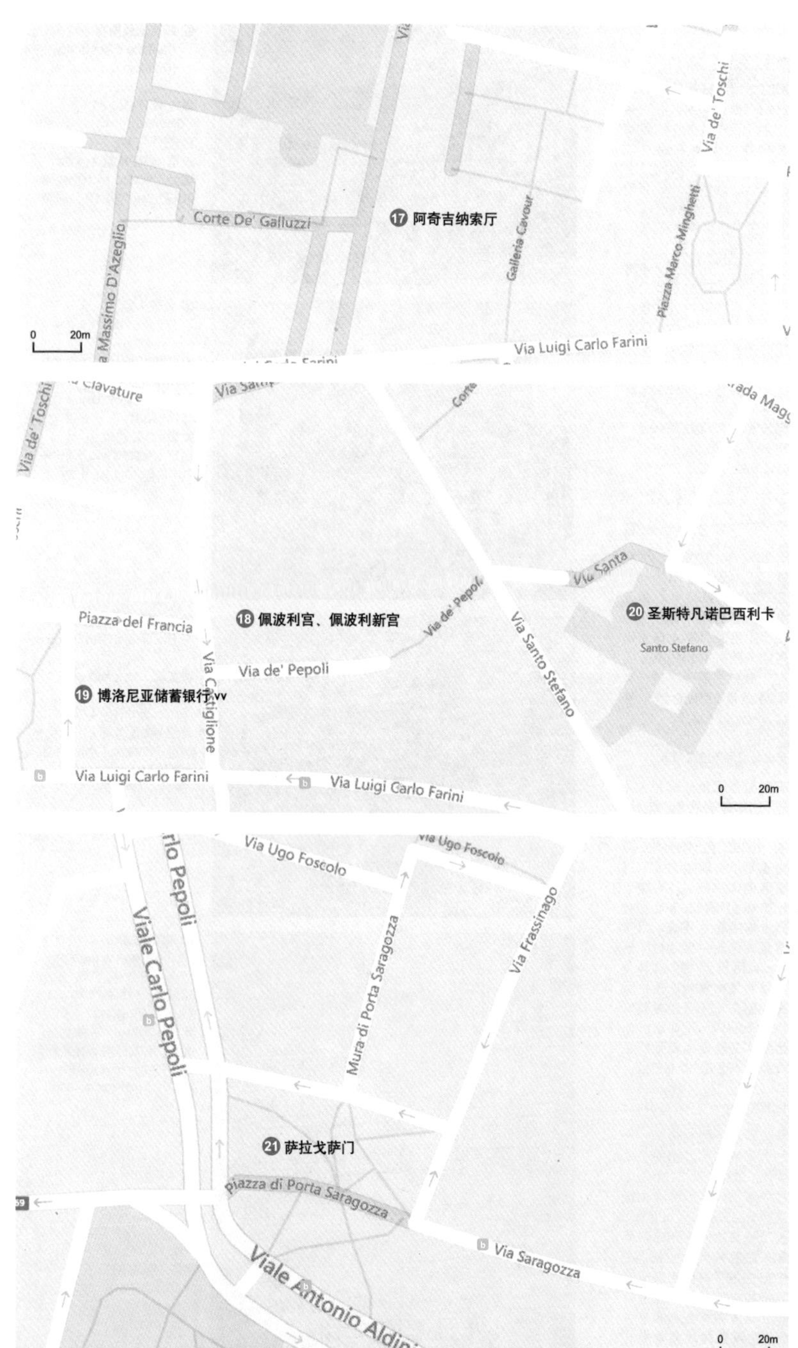

Corte De' Galluzzi
17 阿奇吉纳索厅
Galleria Cavour
Piazza Marco Minghetti
Via de' Toschi
Via Massimo D'Azeglio
Via Luigi Carlo Farini
0 20m
Via de' Toschi
Via Santa
20 圣斯特凡诺巴西利卡
Santo Stefano
Piazza del Francia
18 佩波利宫、佩波利新宫
Via de' Pepoli
Via de' Pepoli
Via Santo Stefano
Via Castiglione
19 博洛尼亚储蓄银行
Via Luigi Carlo Farini
Via Luigi Carlo Farini
0 20m
Via Ugo Foscolo
Via Ugo Foscolo
Viale Carlo Pepoli
Mura di Porta Saragozza
Via Frassinago
21 萨拉戈萨门
Piazza di Porta Saragozza
Via Saragozza
Viale Antonio Aldini
0 20m

阿奇吉纳索厅

阿奇吉纳索厅是博洛尼亚最重要的公共建筑之一，曾是博洛尼亚大学的主楼与医学解剖教室，现在是市立阿奇吉纳索综合图书馆。建筑风格是文艺复兴式的，是欧洲最早的一批大学实验室建筑之一。

佩波利宫、佩波利新宫

佩波利宫和佩波利新宫是两座临街对望的建筑，历史上都是佩波利家族府邸，两座建筑目前都是博洛尼亚历史博物馆的一部分。建筑主体是罗马风格的。

博洛尼亚储蓄银行

博洛尼亚储蓄银行是当时折中主义风格中新文艺复兴风格的典型作品。

圣斯特凡诺巴西利卡

圣斯特凡诺巴西利卡是一系列最早可以追溯到公元 5 世纪时期的宗教建筑综合体组成的，这其中主体建筑是建立于 5 世纪时期伊西丝遗址之圣 Vitale 和 Agricola 的巴西利卡，现存的主要建筑单体包括：圣十字教堂（8 世纪，长老会在 17 世纪重塑）、圣墓教堂（5 世纪）、圣 Vitale 和 Agricola 巴西利卡（公元 4 世纪，在 12 世纪首次重建）彼拉多的庭院（“Santo Giardino”，13 世纪）三位一体教堂或 Martyrium 教堂（13 世纪）绷带教堂（“Cappella della Benda” 圣母玛利亚哀悼的标志的头巾布条而得名），所以该宗教建筑群也被当地成为“七教堂”。

萨拉戈萨门

博洛尼亚 14 世纪城墙共有 12 座城门，现存保留下的共 9 座，而萨拉戈萨门是其中最著名的一座。建筑整体风格为中世纪罗马风风格。

⑰ **阿奇吉纳索厅**
Archiginnasio di Bologna

建筑师：Antonio Morandi
年代：1562 年
类型：科教建筑 / 教学楼、生物教室、图书馆
地址：Piazza Galvani, 1, 40124 Bologna BO, Italy

⑱ **佩波利宫、佩波利新宫**
Palazzo Pepoli Vecchio、Palazzo Pepoli Campogrande

建筑师：Francesco Albertoni，Giuseppe Antonio Torri
年代：1344 年–17 世纪早期
类型：居住建筑 / 宫殿
地址：Via Castiglione, 8,40124 Bologna, Italy

⑲ **博洛尼亚储蓄银行**
Palazzo di Residenza della Cassa di Risparmio di Bologna

建筑师：Giuseppe Mengoni
年代：1868–1873 年
类型：办公建筑
地址：Via Farini, 22 40124 Bologna, Italy

⑳ **圣斯特凡诺巴西利卡**
Basilica di Santo Stefano Bologna

年代：5–18 世纪
类型：宗教建筑 / 宗教综合体
地址：40125 Bologna, Metropolitan City of Bologna, Italy

㉑ **萨拉戈萨门**
Porta Saragozza

建筑师：Giuseppe Mengoli
年代：1334–1859 年
类型：其他建筑 / 城门
地址：Mura di Porta Saragozza, 40123 Bologna, Italy

㉒ 卡尔杜齐博物馆
Casa Carducci

年代：13–19 世纪
类型：文化建筑 / 博物馆
地址：Piazza Giosuè Carducci, 5, 40125 Bologna, Italy

㉓ 斯帕达别墅
Villa Spada

建筑师：Giovanni Battista Martinetti
年代：1774 年
类型：居住建筑 / 别墅
地址：Via di Casaglia, 3, 40135 Bologna, Italy

卡尔杜齐博物馆

焦苏埃·卡尔杜齐（Giosuè Carducci）1906 年成为意大利首位获得诺贝尔文学奖的诗人，他同时还是教育家及文艺评论家，这是他在博洛尼亚大学任教时的住宅，整个建筑修建于博洛尼亚老城墙的废墟之上，17 世纪上半叶前曾作为一座小教堂使用，其现存建筑在 1801 年左右被扩建成现存状态，整个建筑是新文艺复兴式的，平面为中凸出的一字形布局；立面做法底层采用罗马多立克对柱券柱式，而二层部开窗简约而又不失生动；是 19 世纪初期博洛尼亚居住建筑的典型样式，整个建筑后部有纪念性浮雕墙及园林；该建筑目前被改造为卡尔杜齐博物馆，用以收藏他的文学手稿书信及意大利文学史资料。

斯帕达别墅

斯帕达别墅坐落在博洛尼亚老城萨拉戈萨门以西 1 公里左右的郊区，是历史上是一座侯爵的私邸，其建筑风格为新古典主义，整个别墅建筑平面为一字形布局，立面采用三段式构图，底层为基座部分，二层以上为多立克巨柱式构图及带三陇板的额枋构图，顶部山花装饰当时侯爵的家族纹章；其周边园林是那一时期小型意大利坡地园林的优秀作品。

圣路加的圣母朝圣教堂

圣路加的圣母朝圣教堂位于老城西南方300米高的Guardia山顶上，起初是一座始于12世纪的小教堂。目前现存建筑则是建筑师Carlo · Francesco · Dotti于1723年完成的作品，其子Giovanni · Giacomo在其父亲去世后按照原设计完成整个建筑。作品采用椭圆形平面，集中式构图，而主入口采用曲线形的门廊样式，柱式语言为爱奥尼对柱壁柱及多立克壁柱，是18世纪晚期巴洛克的优秀作品。

阿尔迪尼别墅

阿尔迪尼别墅是一座19世纪的大型别墅，坐落在博洛尼亚老城附近丘陵地带的制高点上，可俯瞰整个老城整个建筑呈U字形布局。正立面对称，背面有圆形会客大厅则是罗马风时期的圆形小教堂的遗存，建筑师巧妙地将新老建筑融合为一体。而正立面采用巨柱式爱奥尼柱式，三段式构图很好地烘托了别墅的宏伟气氛。

㉔ **圣路加的圣母朝圣教堂**
Santuario Madonna di San Luca

建筑师：Carlo Francesco Dotti
年代：1723–1765年
类型：宗教建筑 / 教堂
地址：Via di San Luca, 36, 40135 Bologna BO, Italy

㉕ **阿尔迪尼别墅**
Villa Aldini

建筑师：Giuseppe Nadi
年代：1811–1816年
类型：居住建筑 / 别墅
地址：Parco di Villa Aldini, Via dell'Osservanza, 40136 Bologna BO, Italy

博洛尼亚海神喷泉（Robert oderosa 摄）

09・拉文纳

建筑数量：08

01 圣维塔莱教堂 / Bishop Ecclesius
02 普拉西狄亚陵墓
03 狄奥多里克陵墓 / Theoderic the Great 等
04 尼奥尼安洗礼堂
05 主教礼拜堂
06 阿利亚诺洗礼堂
07 圣阿波利纳雷教堂
08 克拉赛圣阿波利纳雷教堂

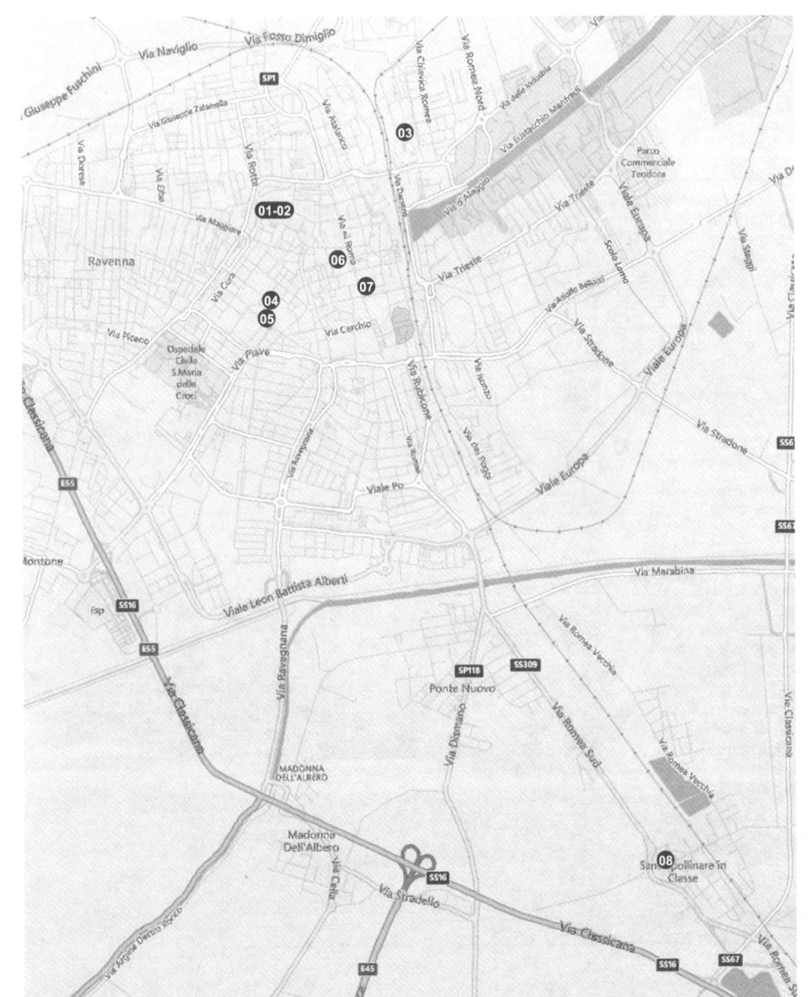

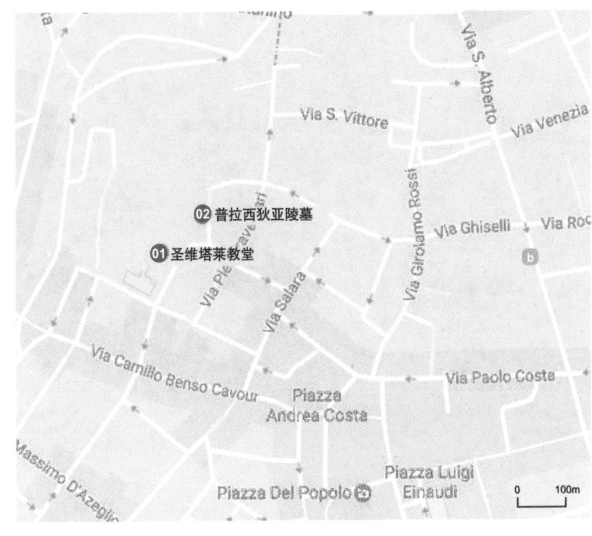

01 圣维塔莱教堂
Basilica of San Vitale

建筑师：Bishop Ecclesius
年代：526–548 年
类型：宗教建筑 / 教堂
地址：Via San Vitale, 17, 48121 Ravenna RA, Italy

02 普拉西狄亚陵墓
Mausoleum of Galla Placidia

年代：430 年
类型：其他建筑 / 陵园、墓地
地址：Via San Vitale, 17, 48121 Ravenna , Italy

圣维塔莱教堂

圣维塔莱教堂是欧洲早期基督教－拜占庭艺术和建筑的重要代表作之一。八角形平面构图、扶壁墙、环形筒拱、帆拱、鼓座以及穹顶组成典型性查士丁尼一世时期典型拜占庭建筑结构体系。室外砖石砌筑与室内精美马赛克构成其主要特色；内部圣坛两侧是该教堂落成典礼时的场景，制作极其精美，于 1996 年列入世界遗产名录。

普拉西狄亚陵墓

普拉西狄亚陵墓是一座十字形罗马建筑，该建筑悬挑处有一个中央穹顶，四个转盘上方有一个桶状拱顶。圆顶的外部被包围在一个方形塔中。陵墓的内部有 3 座石棺以及大量基督教题材的马赛克。该陵墓于 1996 年列入世界遗产名录。

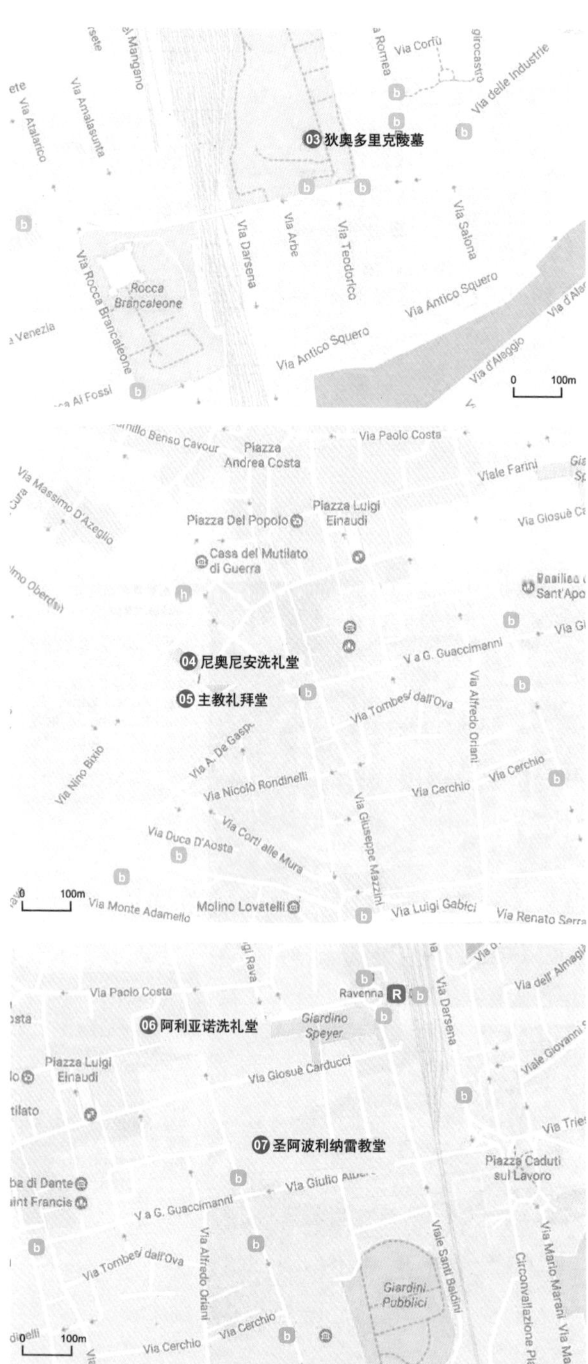
03 狄奥多里克陵墓
Via Corfù
Via delle Industrie
Via Amalasunta
Via Atalarico
Via Darsena
Via Arbe
Via Teodorico
Via Saiona
Rocca Brancaleone
Via Rocca Brancaleone
Via Antico Squero
Via d'Alaggio
0 100m
Via Paolo Costa
Piazza Andrea Costa
Viale Farini
Via Massimo D'Azeglio
Piazza Del Popolo
Piazza Luigi Einaudi
Casa del Mutilato di Guerra
04 尼奥尼安洗礼堂
05 主教礼拜堂
V a G. Guaccimanni
Via Tombesi dall'Ova
Via Alfredo Oriani
Via Nino Bixio
Via Nicolò Rondinelli
Via Cerchio
Via Giuseppe Mazzini
Via Duca D'Aosta
Via Corti alle Mura
0 100m
Via Monte Adamello
Molino Lovatelli
Via Luigi Gabici
Via Renato Serra
Via Paolo Costa
Ravenna R
06 阿利亚诺洗礼堂
Giardino Speyer
Via Darsena
Via Giosuè Carducci
Piazza Luigi Einaudi
07 圣阿波利纳雷教堂
Piazza Caduti sul Lavoro
V a G. Guaccimanni
Via Tombesi dall'Ova
Via Alfredo Oriani
Viale Santi Baldini
Giardini Pubblici
Via Mario Marani
Via Cerchio
0 100m

狄奥多里克陵墓

狄奥多里克陵墓是拉文纳城外的一个古代陵墓，由狄奥多里克大帝本人生前建造。陵墓分为两层，均为十边形，用伊斯特拉石砌筑。屋顶由一整块伊斯特拉石建造，直径 10 米，重 300 吨。底层是一个葬礼小教堂；而上层的中心是一个圆形的斑岩石棺。该陵墓于 1996 年列入世界遗产名录。

尼奥尼安洗礼堂

尼奥尼安洗礼堂是该市现存最古老的遗迹。原来的楼层现在在地下 3 米左右，其八角形设计用于早期的基督教洗礼仪式，象征着一周七天加上复活和永生的日子。该洗礼堂于 1996 年列入世界遗产名录。

主教礼拜堂

主教礼拜堂是位于拉文纳主教宫殿一楼的小教堂，礼拜堂内部装饰有《基督脚踩野兽》的马赛克壁画和圣安德烈雕塑。但目前供奉圣安德肋，墙壁的下部都镶有大理石板，其余地方包括拱顶都镶满马赛克，是该市最著名的马赛克遗存。

阿利亚诺洗礼堂

阿利亚诺洗礼堂由狄奥多里克大帝建于 5 世纪末 6 世纪初。平面是八角形设计，围绕八角形平面，由一些半圆形穹顶和上部的拱形窗形成外部形象。穹顶马赛克描绘施洗约翰在约旦河为耶稣施行洗礼。阿利亚诺洗礼堂于 1996 年列入世界遗产名录。

圣阿波利纳雷教堂

圣阿波利纳雷教堂是一座枢机圣殿，由东哥特国王狄奥多里克大帝所建，作为其宫廷教堂，教堂设计属于早期基督教建筑风格。中厅内部左侧墙壁的上方有 13 幅小马赛克，描绘了耶稣的神迹和寓言；在右边的墙上有 13 幅马赛克画，主题为激情和复活。

03 狄奥多里克陵墓
Mausoleum of Theoderic

建筑师 :Theoderic the Great，Vernon Wright
年代 :520 年
类型 :其他建筑 / 陵园、墓地
地址 :Via delle Industrie, 14, 48122 Ravenna , Italy

04 尼奥尼安洗礼堂
Ravenna Baptistery of Neon

年代 :430 年
类型 :宗教建筑 / 洗礼堂
地址 :Piazza Duomo, 1, 48121 Ravenna , Italy

05 主教礼拜堂
Archbishop's Chapel

年代 :450 年
类型 :宗教建筑 / 教堂
地址 :48121 Ravenna, Province of Ravenna, Italy

06 阿利亚诺洗礼堂
Arian Baptistery

年代 :500 年
类型 :宗教建筑 / 洗礼堂
地址 :Piazzetta degli Ariani, 48121 Ravenna, Italy

07 圣阿波利纳雷教堂
Chiesa di Sant 'Apollinare

年代 :504 年
类型 :宗教建筑 / 教堂
地址 :Via di Roma, 53, 48020 Ravenna, Italy

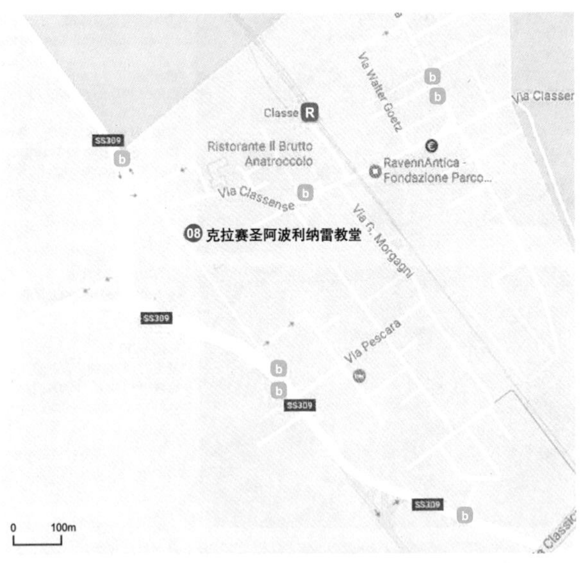

08 克拉赛圣阿波利纳雷教堂
Basilica of Sant'Apollinare in Classe

年代：549 年
类型：宗教建筑 / 教堂
地址：Via Romea Sud, 224, 48124 Classe RA, Italy

克拉赛圣阿波利纳雷教堂是拉文纳重要的拜占庭建筑。在教堂中殿中间有一个古老祭坛，教堂尽头是半圆形后殿，旁边有两个小祈祷室。中厅有 24 根希腊大理石柱。褪色的壁画描绘了拉文纳大主教。该教堂因体现早期基督教典型的巴西利卡平面样式及华丽的马赛克装饰，于 1996 年列入世界遗产名录。

圣维达尔教堂 马赛克镶嵌画（作者自摄）

10 · 摩德纳

建筑数量:02

01 圣加泰罗德公墓 / 阿尔多 · 罗西
02 恩佐 · 法拉利博物馆 / Jan Kaplický

01 圣加泰罗德公墓
Ossuary and the Cemetery of San Cataldo

建筑师：阿尔多 · 罗西
年代：1971–1988 年
类型：其他建筑 / 陵园、墓地
地址：Via San Cataldo, 41100 Modena MO, Italy

02 恩佐 · 法拉利博物馆
Enzo Ferrari Museum

建筑师：Jan Kaplický
年代：2004 年
类型：文化建筑 / 博物馆
地址：Via Paolo Ferrari, 85, 41121 Modena MO, Italy

圣加泰罗德公墓

圣加泰罗德公墓在 1971 – 1976 年、1980 – 1988 年期间分两期设计，该作品曾被认为是最早的一批后现代主义建筑之一，是罗西运用类型学方法的代表作；罗西的设计中，公墓拥有一个用于放置骨灰的立方体建筑，以及一个标志着公共坟墓的锥形塔；墓地建筑表面用陶土色材质覆盖，建筑有 2 层高。墓地周围的建筑围绕其形成 C 字形布局，这些建筑则采用蓝色屋顶。在墓地建筑中，内墙分成了多个网格，作为放置骨灰的壁龛以及规则的矩形开窗，通过金属材质的楼梯相连。公墓的设计简洁肃穆而又充满地域性、历史文脉的隐喻。

恩佐 · 法拉利博物馆

该馆由新旧两部分组成，一部分为保留改造的原有建筑，维持原有风貌，内部更新用于展览陈列；新建部分采用独特的汽车流线型造型，内部为新颖时尚的展厅，可容纳 21 个车展位。

恩佐·法拉利博物馆（Luca Nacchio 摄影）

11 · 帕尔马

建筑数量：03

01 军营圣母礼拜堂 / Giovan Battista Aleotti
02 法尔内塞剧院 / Giovanni Battista Aleotti
03 帕格尼尼礼堂 / 伦佐 · 皮亚诺

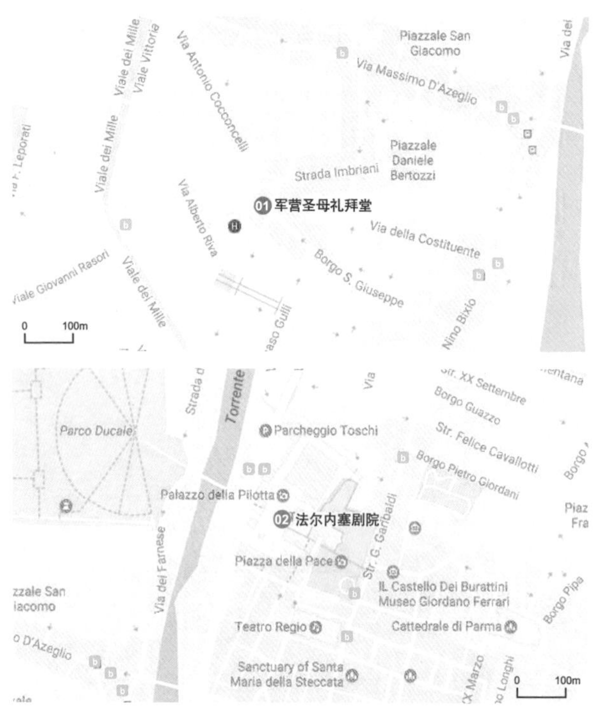

01 军营圣母礼拜堂
Chiesa di Santa Maria del Quartiere

建筑师：Giovan Battista Aleotti
年代：1604–1619 年
类型：宗教建筑 / 礼拜堂
地址：Str. Quartiere, 43125 Parma , Italy

02 法尔内塞剧院
Teatro Farnese

建筑师：Giovanni Battista Aleotti
年代：1618 年
类型：观演建筑
地址：Piazzale della Pilotta, 15, 43121 Parma , Italy

军营圣母礼拜堂

整个建筑是典型的 16 世纪罗马天主教改革后集中式教堂的布置方案，是一座具有早期巴洛克风格的教堂。其正厅平面为六边形；每个临街面都设计了一个伸出式的带山花入口；其建筑背街一侧则建有瞭望塔与一个后期建成的矩形礼拜堂庭院；内部则由彩色大理石和精美的穹顶壁画组成，反映了巴洛克艺术多种手段融合的特征，该礼拜堂因建于过去传统军队营房基地上而得名。

法尔内塞剧院

该剧院是一座巴洛克风格的剧院，剧院入口由一个略呈矩形的院落引导；剧院主体的平面呈长方形，观众厅为马蹄形布局，台口为早期镜箱式；而剧院结构为木结构，观众席的上方的柱廊雕塑精美；该建筑在 1944 年盟军空袭中几乎被毁，后于 1962 年修复并重新开放。

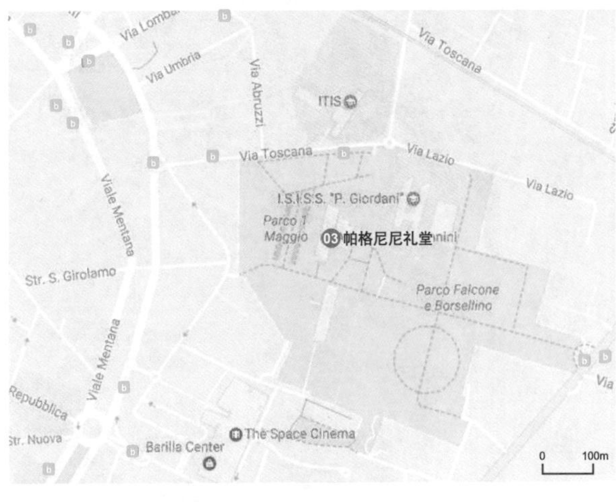

03 帕格尼尼礼堂
Auditorium Paganini

建筑师：伦佐 · 皮亚诺
年代：2001 年
类型：观演建筑
地址：Via Toscana, 5/a, 43121 Parma PR, Italy

该礼堂位于 Maggio 公园内，是一个原工业厂房改造的优秀实例，其主要功能是为当地多个音乐节表演、观演服务，方案在原糖厂厂房的结构基础上进行设计，在尊重现存的建筑形态、保留原有建筑特色的前提下使用大面积玻璃幕墙，使其可以从任何视角看到公园；同时该礼堂设计重视声学、照明和美学；建筑风格为现代主义风格。整个作品于 2001 年完成，是一座可以容纳 780 人左右的观演建筑。

帕尔马主教堂中厅（图片来源维基百科）

威尼托大区 Veneto

12 威尼斯 / Venice

13 维罗纳 / Verona

14 帕多瓦 / Padova

15 维琴察 / Vicenza

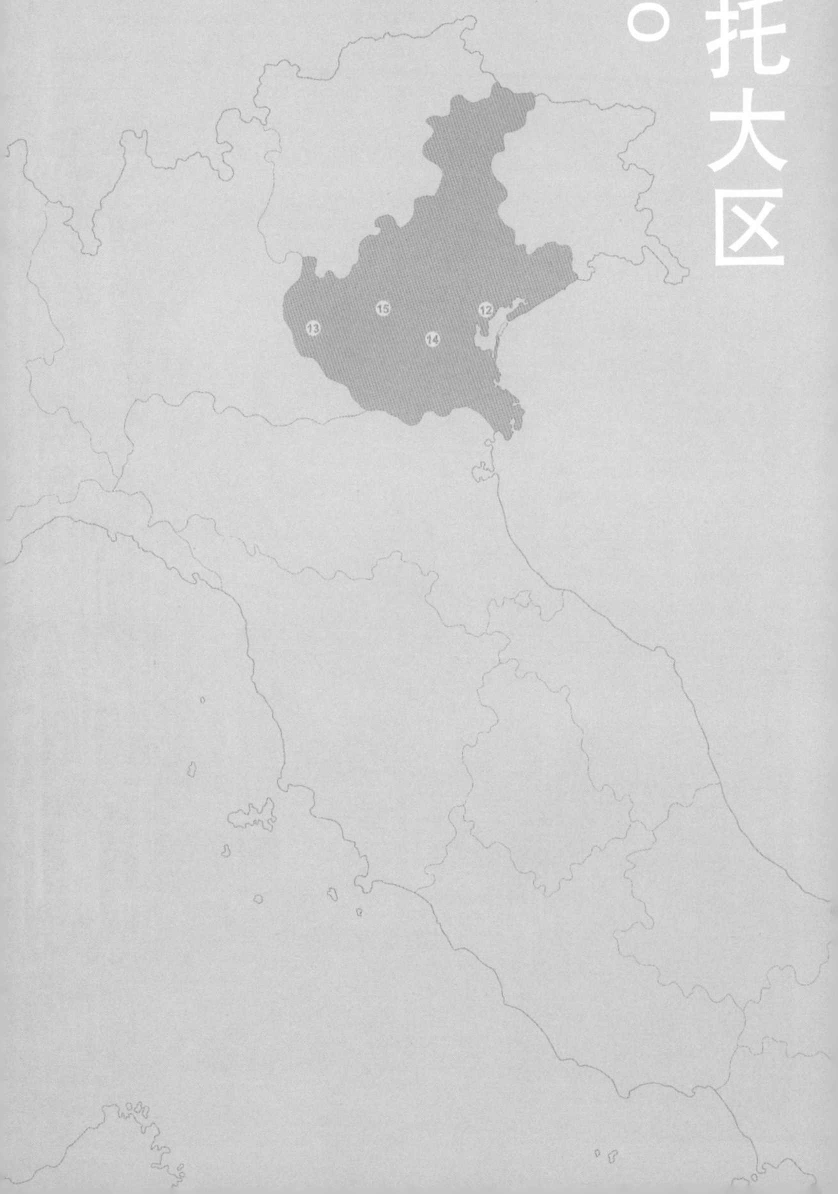

12・威尼斯

建筑数量：27

01 圣约伯教堂 / Antonio Gambello 等
02 圣马可老教堂 / Domenico I Contarini
03 拿撒勒圣母玛利亚教堂 / Baldassare Longhena
04 赤足桥 / Eugenio Miozzi
05 宪法桥 / Santiago Calatrava
06 佩萨罗宫 / Baldassare Longhena
07 黄金宫 / Bartolomeo Bon
08 伯德雷奥斯佩达雷托教堂 / Baldassare Longhena 等
09 里阿尔托桥 / Antonio da Pont 等
10 圣母玛丽亚教堂 / Giorgio Massari 等
11 弗拉里的圣母荣耀巴西利卡
12 巴尔比宫 / Alessandro Vittoria

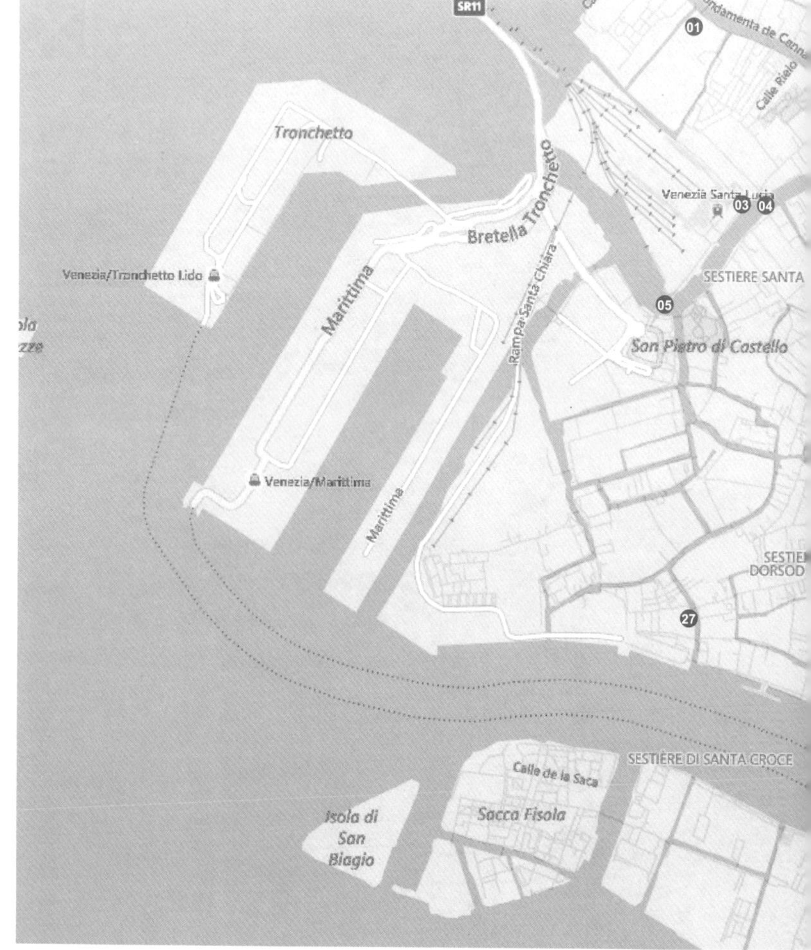

13 葛拉西宫 / Giorgio Massari
14 雷佐尼科宫 / Baldassare Longhena
15 凤凰剧院 / Gian Antonio Selva 等
16 百合圣母教堂 / Giuseppe Sardi
17 叹息桥 / Antoni Contino
18 威尼斯总督府 / Andrea Palladio 等
19 悲悯圣母院教堂 / Giorgio Massari
20 圣茂古拉堂 / Giorgio Massari
21 达里奥宫 / Pietro Lombardo
22 安康圣母大教堂 / Baldassare Longhena
23 海关大楼博物馆 / Giuseppe Benoni 等
24 圣玛丽亚罗萨里奥教堂 / Giorgio Massari
25 圣乔治马焦雷教堂 / Andrea Palladio
26 威尼斯救主礼拜堂 / Andrea Palladio
27 威尼斯文学与哲学学院入口 / 卡罗 · 斯卡帕

01 圣约伯教堂
Chiesa di San Giobbe

建筑师:Antonio Gambello, Pietro Lombardo
年代:1493 年
类型:宗教建筑 / 教堂
地址:Campo S. Giobbe, 620, 30121 Venezia, Italy

02 圣马可老教堂
St Mark's Basilica

建筑师:Domenico I Contarini
年代:1565 年
类型:宗教建筑 / 教堂
地址:Piazza San Marco, 328, 30100 Venezia, Italy

圣约伯教堂

圣约伯教堂是该地区一座罗马天主教教堂，该建筑早期建造为哥特式风格，在15世纪立面以文艺复兴风格重建。主立面上4根壁柱将立面分为3部分，以中心对称式构图，门楣则有典雅的花卉图案雕刻，建筑立面简洁明了；教堂平面形式为长矩形，内部空间结构简单明确，中厅、礼拜堂、圣坛布置有序；面向内部庭院的立面仍保留哥特式风格。

圣马可老教堂

圣马可老教堂历史上经历多次改建与重修，主入口外立面在中世纪晚期彻底改建，而内部结构仍然保留完好，目前该建筑内部主体为典型性拜占庭样式，平面形式为希腊十字式平面；结构体系是拜占庭连续穹顶结构；现存立面是威尼斯罗马风风格的典型代表，装饰华丽奢侈，主入口上方的四匹青铜马过去是来自古罗马时期珍贵青铜雕塑，在十字军东征中从拜占庭帝国掠夺而来，现为复制品。

03 **拿撒勒圣母玛利亚教堂**
Santa Maria di Nazareth

建筑师：Baldassare Longhena
年代：1680 年
类型：宗教建筑 / 教堂
地址：Cannaregio, 54, 30121 Venezia, Italy

04 **赤足桥**
Ponte degli Scalzi

建筑师：Eugenio Miozzi
年代：1934 年
类型：交通建筑 / 桥梁
地址：Ponte degli Scalzi, 30135 Venezia, Italy

05 **宪法桥**
Ponte della Costituzione

建筑师：Santiago Calatrava
年代：2008 年
类型：交通建筑 / 桥梁
地址：Ponte della Costituzione, 30135 Venezia, Italy

拿撒勒圣母玛利亚教堂

拿撒勒圣母玛利亚教堂(赤足教堂)，属于赤足加尔默罗会修会，为威尼斯巴洛克风格建筑。 教堂主立面采用典型的曲线形式结构，立面上壁龛、科林斯对柱的运用以及叠柱式的手法，使整个立面浑然一体，并增加立面的层次感；壁龛和建筑顶部山墙上细致的人物雕像，更加体现出整体建筑的张力与华美。教堂内部以交叉拱顶覆盖，其上绘有的壁画。

赤足桥

赤足桥的名称来源于桥北侧知名的赤足教堂及赤足僧侣。赤足桥是一座新古典主义样式的灰白色石拱桥，取代了从前的奥地利铁桥。它连接了威尼斯卡纳雷吉欧区(Cannaregio) 和圣十字区 (Santa Croce)。

宪法桥

宪法桥是威尼斯运河上的第四座人行桥，连接圣塔露西亚车站与罗马广场。该建筑结构先进而形态上具有仿生性，但其整体风格与威尼斯老城整体风格是否和谐存在争议。桥拱的半径为 180 米，具有高技派的表现主义风格。

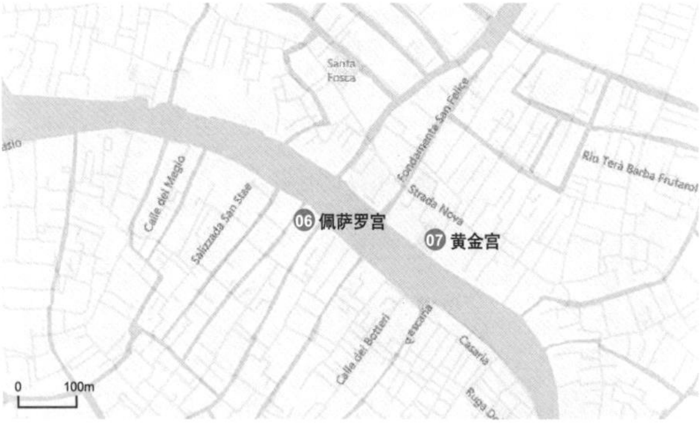

Santa Fosca
Fondamenta San Felice
Rio Terà Barba Frutarol
Calle del Meglio
Salizzada San Stae
Strada Nova
06 佩萨罗宫
07 黄金宫
Calle dei Botteri
Casaria
0 100m

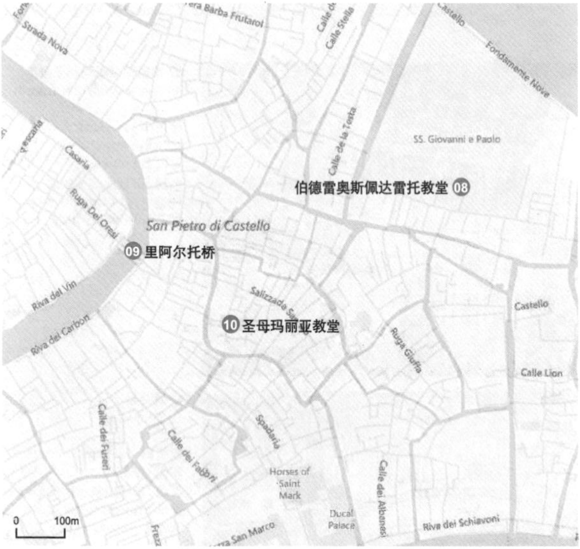

Strada Nova
Calle Stella
Fondamente Nove
Calle de la Testa
SS. Giovanni e Paolo
伯德雷奥斯佩达雷托教堂 08
Casaria
Ruga Dei Orési
San Pietro di Castello
09 里阿尔托桥
Riva del Vin
Riva del Carbon
10 圣母玛丽亚教堂
Ruga Giuffa
Castello
Calle Lion
Calle dei Fuseri
Calle dei Fabbri
Spadaria
Horses of Saint Mark
Ducal Palace
Calle dei Albanesi
Riva dei Schiavoni
0 100m

06 佩萨罗宫
Ca' Pesaro

建筑师 :Baldassare Longhena
年代 :1710 年
类型 :居住建筑 / 宫殿
地址 :Santa Croce 2076, 30135 Venice, Italy

佩萨罗宫

佩萨罗宫最初由 Baldassare · Longhena 设计，后委托 Gian · Antonio · Gaspari 完成。该建筑为巴洛克大理石宫殿，是大运河沿岸最华丽的建筑之一。建筑大量使用列柱，与同为 Baldassarre · Longhena 设计的雷佐尼科宫形成对比。主立面入口拱形包厢式手法，使建筑整体具有导向性。目前此处作为艺术博物馆，设有威尼斯市的现代艺术博物馆及东方博物馆。

黄金宫

黄金宫由康达里尼家族建造，主要立面面向大运河。底层拱形柱廊内是凹进的门厅空间，二层以上每层柱廊后方为开敞式阳台，建成时全部用金箔装饰，这也是黄金宫得名的原因。阳台采用科林斯柱式支撑，设计极为精巧，并与建筑右半部分的实墙产生巧妙的虚实对比。该宫殿还配合有一个小型内庭院。现在它作为画廊向公众开放，除了展览之外，还有用于保护和修复艺术品的实验室。

伯德雷奥斯佩达雷托教堂

该教堂原为这一地区的收容医院，最初由帕拉迪奥设计，今天所见的面貌是1670年外立面改造而成的。教堂为巴洛克风格建筑，建筑立面形制华丽，主入口科林斯柱式、倚柱、壁柱的组合，以及叠柱式手法的运用使得建筑富有变化；值得一提的是，立面二层的4个装饰性壁柱前做出支撑动作的大力神雕像十分生动，增加了建筑立面的叙事性与性格表达。

里阿尔托桥

里阿尔托桥是四座横跨威尼斯大运河的桥梁中最古老的一座单拱石桥。桥梁设计十分大胆，也被称为“白色巨象”。两边倾斜的桥身通向桥中央的门廊，桥面坡道上有柱廊围合，内部设有市场及餐厅。这座桥是晚期文艺复兴风格在威尼斯出现的重要标志。

圣母玛丽亚教堂

建筑现存外观主体为罗马风风格，主入口及内部为巴洛克时期改造而成。内部装饰对于混合柱式的运用创造了有条理而不失动感的空间效果，是这一时期比较有节制的作品之一。教堂内部著名的Tiepolo所绘祭台画《圣安妮、年轻的玛丽和圣乔亚奇诺》以及Giuseppe · Bernardi雕刻的一系列人物雕像使建筑内部更为精美华丽。

07 黄金宫
Ca' d'Oro

建筑师：Bartolomeo Bon
年代：1430年
类型：居住建筑 / 宫殿
地址：Cannaregio, 3932(Strada Nuova), 30121 Venezia, Italy

08 伯德雷奥斯佩达雷托教堂
Chiesa dell'Ospedaletto

建筑师：Baldassare Longhena, Andrea Palladio
年代：1575–1670年
类型：宗教建筑 / 教堂
地址：Calle della Barbaria delle Tole, 6691, 30100 Venezia, Italy

09 里阿尔托桥
Rialto Bridge

建筑师：Antonio da Ponte, Antonio Contin
年代：1588–1591年
类型：交通建筑 / 桥梁
地址：Sestiere San Polo, 30125 Venezia, Italy

10 圣母玛丽亚教堂
Santa Maria della Fava

建筑师：Giorgio Massari, Antonio Gaspari
年代：1500–1750年
类型：宗教建筑 / 教堂
地址：Campo della Fava, 30100 Castello, Venezia VE, Italy

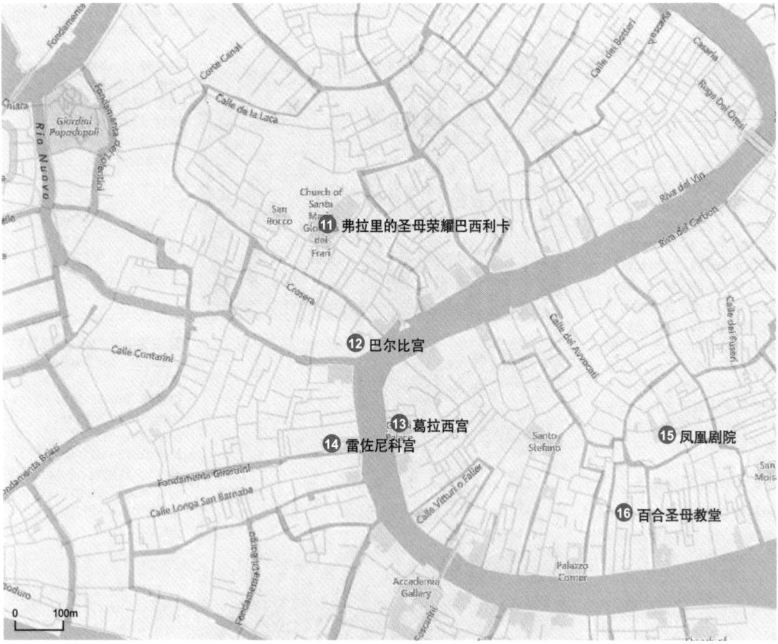
11 弗拉里的圣母荣耀巴西利卡
12 巴尔比宫
13 葛拉西宫
14 雷佐尼科宫
15 凤凰剧院
16 百合圣母教堂
Giardini Papadopoli
Rio Nuovo
Corte Canal
Calle de la Laca
Church of Santa Maria Gloriosa dei Frari
San Rocco
Crosera
Calle Contarini
Fondamenta Gherardini
Calle Longa San Barnaba
Calle Vitturi o Falier
Calle dei Avvocati
Calle dei Fuseri
Riva del Vin
Riva del Carbon
Ruga Dal Orese
Calle dei Bottari
Santo Stefano
Palazzo Corner
Accademia Gallery
0 100m

⑪ 弗拉里的圣母荣耀巴西利卡
Basilica di Santa Maria Gloriosa dei Frari

年代：1250–1440 年
类型：宗教建筑 / 巴西利卡
地址：San Polo, 3072, 30125 Venezia, Italy

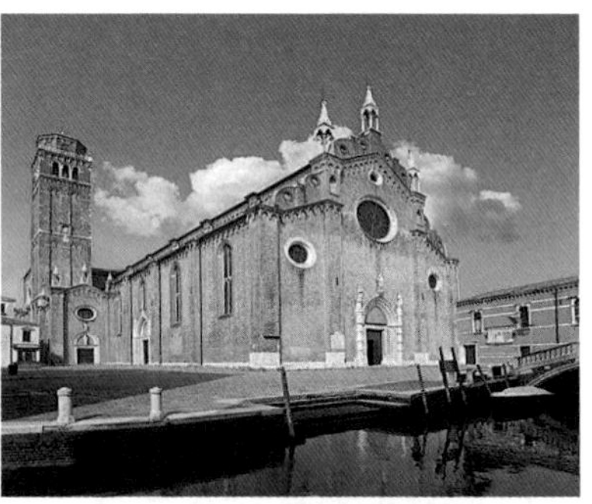

弗拉里的圣母荣耀巴西利卡

该教堂为砖砌建筑，也是该市罗马风－哥特式样式的著名教堂。外立面上玫瑰窗以及顶部的尖拱，使简明的建筑立面更具有独特的风貌；教堂平面为拉丁十字式平面，中厅和侧廊被两列柱子分隔，后部圣坛两侧各有三个小礼拜堂，其中最著名的艺术品——祭台壁画《圣母升天》是威尼斯现存唯一的祭台壁画。

⑫ 巴尔比宫
Palazzo Balbi

建筑师：Alessandro Vittoria
年代：1582 年
类型：居住建筑 / 宫殿
地址：Sestiere Dorsoduro, 3901, 30123 Venezia, Italy

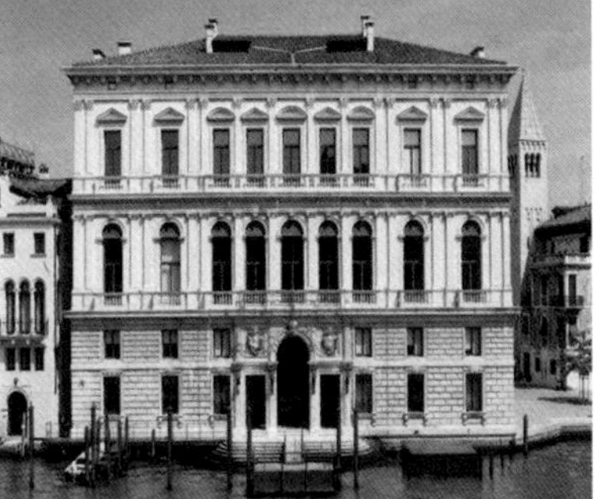

巴尔比宫

巴尔比宫主要立面面对威尼斯大运河。巴比尔宫为文艺复兴风格建筑，宫殿立面外观对称，二层半圆形窗楣和三层三角形窗楣形制统一有序，阳台配有多立克石柱护栏，使得整个建筑逻辑清晰；立面主入口拱形门廊严谨克制，连接建筑门厅后，由巨大且精美的楼梯通向宫殿二层；目前该建筑为威尼托地区省长和地区委员会的所在地，被列为世界文化遗产。

葛拉西宫

葛拉西宫是位于威尼斯大运河上的宫殿建筑。由Giorgio · Massari为Grassi家族设计。作为大运河上的相对后期所建造的建筑，其古典复兴风格，与周围的拜占庭式、罗马式以及巴洛克式宫殿建筑形成对比。主要建筑立面由白色大理石构成，但缺少典型的临近运河的建筑开口。现作为艺术画廊对外开放。

雷佐尼科宫

雷佐尼科宫毗邻威尼斯大运河，是三层大理石宫殿建筑，为典型的威尼斯文艺复兴晚期—巴洛克风格的作品。壁柱、对柱、凹进的门廊的运用，底层墙面装饰手法与上层巴洛克式窗户样式的对比，使得建筑即有条理又精美大气；建筑内部空间较为狭窄，四面围合出中心庭院。该宫殿目前作为公共博物馆，展出18世纪威尼斯艺术品。

凤凰剧院

凤凰剧院是意大利戏剧史上知名的剧院，亦是威尼斯历史上的重要的公共社交活动中心之一，经历多次火灾与重建，该建筑的外立面是完全幸存下来的唯一元素。在1830年代重建后仅大厅仿早期巴洛克建筑风格，建筑的其他部分则主要为新古典主义风格。

百合圣母教堂

百合圣母教堂是标志性巴洛克建筑之一。该建筑立面是威尼斯巴洛克风格的，是科林斯对柱柱式建筑语言与雕塑、绘画、装饰与装饰综合运用；教堂立面雕塑、浮雕丰富多样，壁龛繁杂，正立面入口雕塑雄健而立面层次略显凌乱。教堂内部中厅与两侧各三个小礼拜室由拱廊分隔开来，后部矩形的圣坛中安放有精美的雕塑。

⑬ 葛拉西宫
Palazzo Grassi

建筑师：Giorgio Massari
年代：1722–1748 年
类型：居住建筑 / 宫殿
地址：Campo San Samuele, 3231, 30124 Venezia, Italy

⑭ 雷佐尼科宫
Ca' Rezzonico

建筑师：Baldassare Longhena
年代：17–18 世纪
类型：居住建筑 / 宫殿
地址：Dorsoduro, 3136, 30123 Venezia, Italy

⑮ 凤凰剧院
Teatro La Fenice

建筑师：Gian Antonio Selva, Giovanni Battista Meduna, Aldo Rossi
年代：1792 年
类型：观演建筑
地址：Campo San Fantin, 1965,30124 Venezia, Italy

⑯ 百合圣母教堂
Chiesa di Santa Maria del Giglio

建筑师：Giuseppe Sardi
年代：1678–1681 年
类型：宗教建筑 / 教堂
地址：Campo Santa Maria del Giglio San Marco, 30125 Venezia, Italy

威尼斯凤凰剧院（Giovanna 摄影）

⑰ 叹息桥
Ponte dei Sospiri

建筑师：Antoni Contino
年代：1600 年
类型：交通建筑 / 桥梁
地址：Piazza San Marco, 1, 30100 Venezia, Italy

⑱ 威尼斯总督府
Doge's palace

建筑师：Andrea Palladio, Bartolomeo Bon, Antonio da Ponte 等
年代：1309–1424 年
类型：办公建筑
地址：S. Marco, 1, 30124 Venezia, Italy

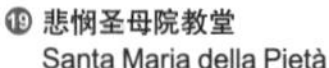

⑲ 悲悯圣母院教堂
Santa Maria della Pietà

建筑师：Giorgio Massari
年代：1745–1760 年
类型：宗教建筑 / 教堂
地址：Sestiere Castello, 3701, 30122 Venezia, Italy

叹息桥

叹息桥位于总督府侧面，两端连接着法院与监狱两处。因死囚行刑前一刻通过此桥之时，感叹即将结束的人生而得名。该桥为巴洛克风格，是威尼斯最著名的桥梁之一，由石灰岩铸成封闭式的石拱桥，呈房屋状，上部穹隆覆盖，只能通过桥上的两个小窗由内向外望。

威尼斯总督府

威尼斯总督府往昔为政府机关与法院，亦是威尼斯总督的住处。该建筑整体为罗马风风格，其立面建筑语言通过精巧的垂直虚实对比运用，将具有东方特征的券柱式，中世纪的开窗方式与墙面马赛克装饰融合起来，而内部庭院则是文艺复兴—巴洛克时期改造的产物。建筑底层拱廊精美华丽，内部庭院面向圣马可大教堂。如今，威尼斯总督府与叹息桥及监狱组成一座博物馆对外开放，藏有丁托列托和委罗内塞描绘的威尼斯的绘画作品。

悲悯圣母院教堂

该教堂得名于与之毗邻的悲悯之母孤儿院（Ospedale della Pietà），为巴洛克风格建筑。立面科林斯巨柱式的运用，使得建筑整体更加宏伟。该教堂在后期建设中没有延续常规的屋顶三雕像设计手法，而只在中间建造一个简单的十字架装饰，主入口上方大幅浅浮雕“悲悯”，教堂内部空间为椭圆形，墙壁上绘有著名壁画《胜利的信仰》。

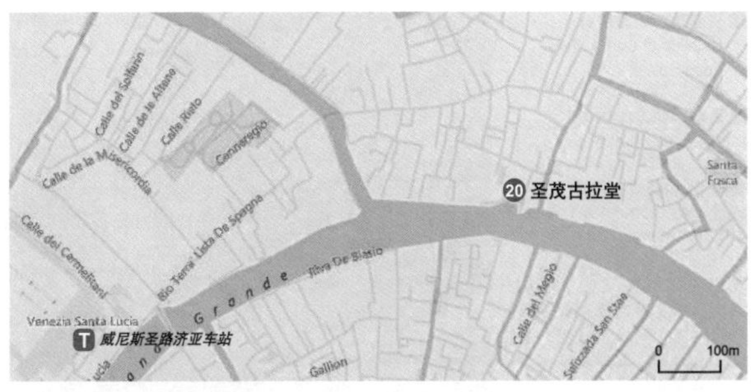

⑳ 圣茂古拉堂
San Marcuola

建筑师 :Giorgio Massari
年代 :1730–1736 年
类型 :宗教建筑 / 教堂
地址 :Salita Fontego, 1762, 30121 Venezia, Italy

圣茂古拉堂

圣茂古拉堂是面朝大运河的宗教建筑，该建筑整体为罗马风风格建筑物，后期改造一直未完成。现存主入口为古典复兴风格，立面突出的墙面装饰增添了建筑的艺术感。教堂内部由覆盖桶形穹顶的方形中厅和覆盖圆顶的半圆形后殿组成，为罗马风格建筑。

㉑ 达里奥宫
Palazzo Dario

建筑师 :Pietro Lombardo
年代 :1486 年
类型 :居住建筑 / 宫殿
地址 :Campiello Barbaro, 352, 30123 Venezia VE, Italy

达里奥宫

达里奥宫是威尼斯的一座宫殿建筑，位于威尼斯大运河沿岸。建筑的外观呈现威尼斯哥特式建筑风格，并且带有文艺复兴时期特色的装饰。现是私人财产并不对公众开放，但现任所有者与威尼斯艺术博物馆（Peggy Guggenheim Collection）之间的协议使其可用于特殊艺术展览。

㉒ 安康圣母大教堂
Basilica di Santa Maria della Salute

建筑师:Baldassare Longhena
年代:1687 年
类型:宗教建筑 / 教堂
地址:Fondamenta Salute, 30123 Venezia, Italy

安康圣母大教堂位于威尼斯大运河和威尼斯泻湖的圣马可内港之间风景优美的狭长尖角地带。该建筑是威尼斯巴洛克建筑的代表性建筑物，是巴洛克时期集中式教堂的少数实例之一。宏伟的双穹顶增大了八角形的建筑体量，立面科林斯巨柱结合丰富精美的雕像，使得建筑多个外立面错落有致，充满张力与逻辑。建筑内部空间由科林斯柱子分隔的中央圆厅与环绕其周围的 6 个礼拜堂组成，其中每个礼拜堂都有覆盖交叉拱顶的过厅作为过渡空间，圆厅上高耸的穹顶，使建筑内部空间更加雄伟惊人。

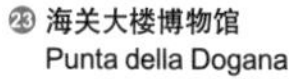

㉓ 海关大楼博物馆
Punta della Dogana

建筑师:Giuseppe Benoni，安藤忠雄（改造）
年代:15 世纪始建，1677–1682 年重建，2008–2009 年改造
类型:文化建筑 / 博物馆
地址:Dorsoduro 2, Venice, Italy

海关大楼博物馆是威尼斯一个艺术博物馆，设于旧海关大楼（Dogana da Mar）内。该建筑位于多尔索杜罗区，大运河与朱代卡运河交汇处三角形区域的顶点，建筑平面形制呈现出三角形与矩形的空间组合。该建筑由安藤忠雄进行改造，改造前原建筑风格是巴洛克时期的代表。Jacqueline · Ceresoli 称这座建筑为拥有红砖墙的“工业和极简主义灵魂”。

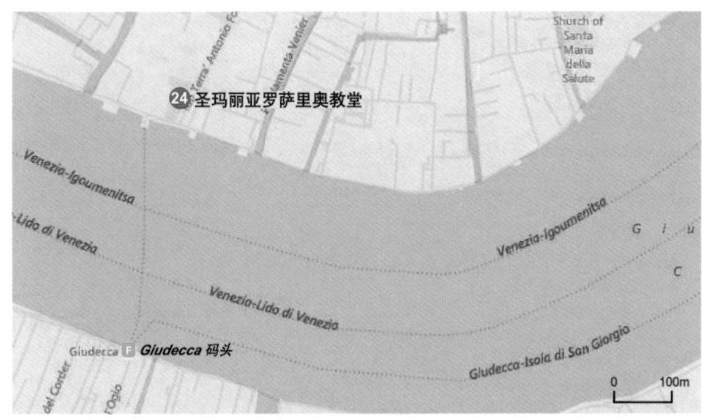

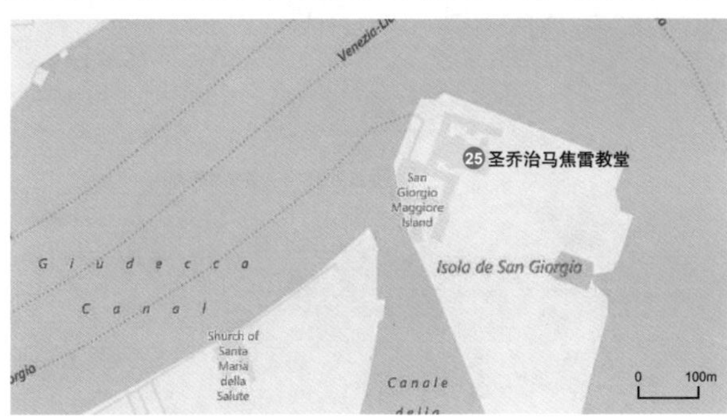

圣玛丽亚罗萨里奥教堂

圣玛丽亚罗萨里奥教堂是这一地区的一座多明我会教堂。建筑属于巴洛克风格，并保留了其原有的布局和华丽的洛可可装饰。主立面科林斯式巨柱式壁柱与壁龛雕塑的运用，使得建筑整体有序且华丽。

圣乔治马焦雷教堂

圣乔治马焦雷教堂位于圣乔治·马焦雷岛，从相对的圣马可广场可以眺望该教堂全景。该建筑主体为拉丁十字式平面，主体结构为罗马风风格的，主入口立面是帕拉第奥主持改造完成，立面科林斯巨柱支撑起以额枋形式显露在外部的三角形山墙，是巨柱式运用的杰出范例，也是威尼斯文艺复兴晚期宗教建筑的代表作。建筑内部空间由巨大壁柱与白色墙壁所组成，显得非常明亮，极具古典文艺复兴风格。

㉔ 圣玛丽亚罗萨里奥教堂
Santa Maria del Rosario

建筑师：Giorgio Massari
年代：1725–1755 年
类型：宗教建筑 / 教堂
地址：Fondamenta delle Zattere ai Gesuati, 30123 Venezia, Italy

㉕ 圣乔治马焦雷教堂
Chiesa di San Giorgio Maggiore

建筑师：Andrea Palladio
年代：1566–1610 年
类型：宗教建筑 / 教堂
地址：Isola di S.Giorgio Maggiore, 30133 Venezia, Italy

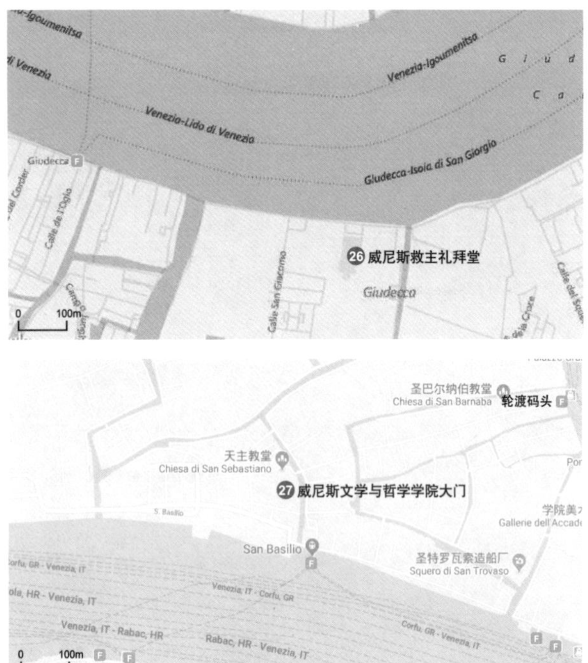

26 威尼斯救主礼拜堂
Chiesa del Santissimo Redentore

建筑师：Andrea Palladio
年代：1575–1577 年
类型：宗教建筑 / 礼拜堂
地址：Redentore, Sestiere Giudecca, 30133 Venezia VE, Italy

威尼斯救主礼拜堂

威尼斯救主礼拜堂位于威尼斯朱代卡岛上，毗邻朱代卡水道(Canale della Giudecca)，为文艺复兴风格建筑，该教堂被认为是帕拉迪奥职业生涯的顶峰。教堂平面为拉丁十字式平面，中厅与侧廊以粉红、白色相间的大理石柱廊分隔，后部圣坛以巨大的白色穹顶覆盖，穹顶上安置有救主雕像，使建筑整体更具层次感与宗教使命，且高耸的穹顶丰富了这片区域的天际线表达。

27 威尼斯文学与哲学学院大门
Ingresso della Facoltà di Lettere e Filosofia, Venezia

建筑师：卡罗・斯卡帕
年代：1976–1979 年
类型：科教建筑
地址：Dorsoduro, 1686, 30123 Venezia VE, Italy

威尼斯文学与哲学学院大门

威尼斯文学与哲学学院大门是卡罗・斯卡帕最后的两个作品之一。这个大学入口，是对于多种历史建筑环境材料与形式的多重回应，是他晚年充满辩证性的设计的代表性作品。该建筑为砖石结构，白色石灰石砖面装饰，砖红色墙面漆料以及入口处整块自然石材的运用，使得整体建筑质朴简洁，简洁有力。

威尼斯圣马可老教堂（作者自摄）

13·维罗纳

建筑数量：14

01 维罗纳老桥 / Piero Gazzola
02 维罗纳罗马剧场
03 圣亚纳大教堂 / Ordo Dominicanorum
04 马费宫
05 百草广场
06 朗贝尔蒂塔
07 波萨利门
08 狮子门
09 圣芝诺大教堂
10 盖威亚凯旋门 / L. Vitruvius Cerdo
11 卡斯特维奇博物馆 / 卡罗·斯卡帕
12 维罗纳圆形竞技场
13 布拉广场 / Domenico Curtoni 等
14 巴尔比埃里宫 / Giuseppe Barbieri

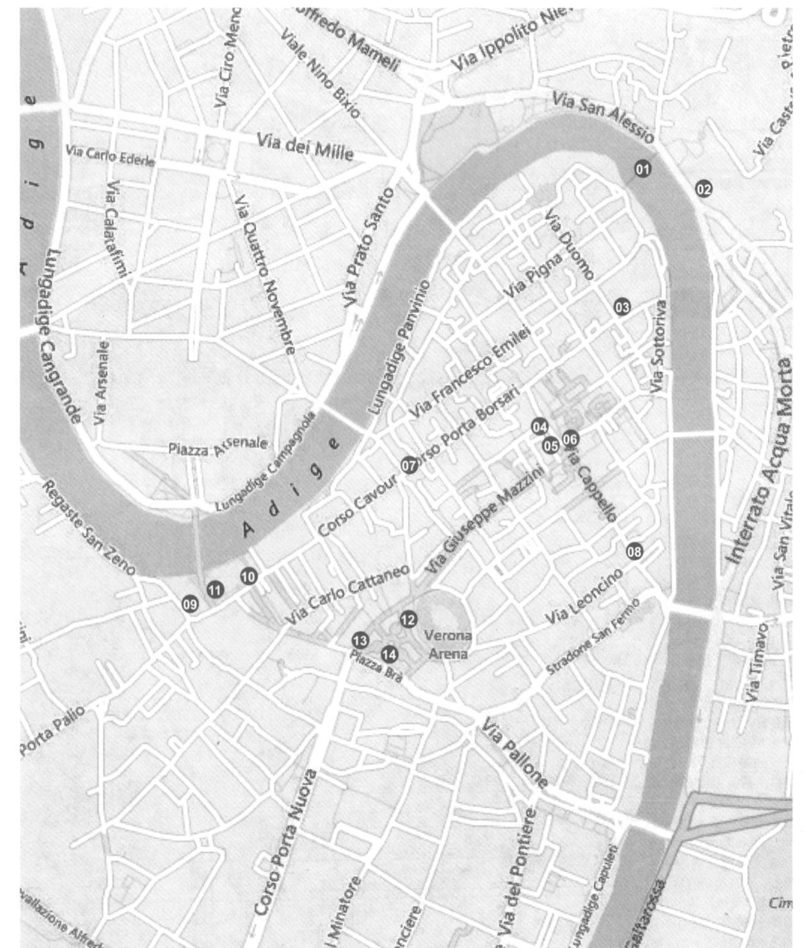

维罗纳老桥

石桥在历史上多次被冲毁，现在所见的建筑是基于罗马、中世纪以及威尼斯时期的桥梁遗存修复而成。这座桥长 92.80 米，宽 7.20 米，包括人行道和护栏，由 5 个拱门组成。其中罗马部分采用粗加工的大石块，而中世纪和威尼斯时期的结构为混合石头和砖头镶嵌。

维罗纳罗马剧场

剧场位于城市北部的圣彼得山脚下。它的立面运用半柱形式，且每层柱式不相同。剧场两侧的建筑空间为存贮材料以及提供服务的功能。剧场的座位、台阶、凉廊和舞台经过修复而成。目前剧场的一部分已被建于 10 世纪的圣 Siro 教堂占据。

圣亚纳大教堂

圣亚纳大教堂是天主教的重要礼拜场所。在罗马时期，它位于城市最中心，靠近阿迪杰河。教堂的立面分为 3 个部分，分别对应建筑内部的中厅与侧廊。其主立面与圣徒约翰和保罗的大教堂有相似表达，对称的外墙中间设有主入口，上部中央是一个简单的玫瑰花窗。值得一提的是，主入口拱门由红色、白色和蓝色大理石制成，使得立面整体庄严且华丽。左边靠近交叉路口的钟楼高 72 米，使得整个建筑更加宏伟。教堂主立面左侧精美的石亭中安葬着 Guglielmo · da · Castelbarco，是这一地区最负盛名的圣人棺木，石亭精巧的穹顶由 4 根柱子支撑，其中的石棺雕刻精美，具有极高的艺术价值。

01 维罗纳老桥
Ponte Pietra

建筑师：Piero Gazzola
年代：公元前 100 年始建，1957–1959 年重建
类型：交通建筑 / 桥梁
地址：Ponte Pietra, 34, 37121 Verona VR, Italy

02 维罗纳罗马剧场
Teatro Romano di Verona

年代：公元前 1 世纪末
类型：观演建筑
地址：Rigaste Redentore, 2, 37129 Verona VR, Italy

03 圣亚纳大教堂
Chiesa di Sant'Anastasia

建筑师：Ordo Dominicanorum
年代：1290–1471 年
类型：宗教建筑 / 教堂
地址：Piazza S.Anastasia, 37121 Verona VR, Italy

④ 马费宫
Palazzo Maffei

年代：1469–1668 年
类型：居住建筑 / 宫殿
地址：Piazza Erbe, 38,37121 Verona VR, Italy

⑤ 百草广场
Piazza delle Erbe

年代：罗马帝国时期
类型：景观建筑 / 广场
地址：Piazza delle Erbe,37121 Verona VR, Italy

⑥ 朗贝尔蒂塔
Torre dei Lamberti

年代：1172–1464 年
类型：其他建筑 / 塔楼
地址：Via della Costa, 1, 37121 Verona VR, Italy

马费宫

马费宫位于百草广场西北侧，建筑基础略高于百草广场，下面是古罗马遗迹。15 世纪初，这里已经有一座建筑物，但在 1469 年贵族马尔孔蒂奥 · 马菲（Marcantonio Maffei）决定增建三楼。建筑立面为三段式巴洛克风格，一层由具有 5 个拱门的拱廊连接，二层上 5 个具有雕刻精美窗套的窗户由爱奥尼壁柱所划分，5 个阳台分别与下方的拱门相对应，第三层与第二层风格相似，但是窗户更小巧，由装饰型的壁柱分隔。立面的顶部设计了 6 个雕像，分别代表了希腊神话中的赫拉克勒思、丘比特、维纳斯、阿波罗以及密涅瓦，雕塑采用当地大理石切割而成，除了赫拉克勒斯雕像之外，其他雕像据说是来自一座位于罗马卡比托利欧山上的古老寺庙。此外，建筑内部有一个异形的螺旋形石楼梯，从地下商店一直延伸到屋顶，凸显了巴洛克式建筑的张力。

百草广场

百草广场是维罗纳较为古老的广场之一。百草广场前方矗立着一个雕刻有代表着威尼斯共和国标志的圣马可狮的白色大理石石柱。广场上最古老的构筑物是中部的喷泉，顶部是一座名为 Madonna·Verona 的雕像，这座雕像可追溯至公元 380 年。在 13 世纪，百草广场被用于举行多种仪式。

朗贝尔蒂塔

朗贝尔蒂塔历史上由于雷击导致塔顶受损，1448 年开始进行修复工程，历时 16 年形成如今所见的高 84 米的塔楼，建筑风格为罗马哥特式风格。修复工程所建造的部分使用不同于原有塔楼的建造材料，用以识别与区分两个部分。塔楼内部以螺旋楼梯连接垂直空间，顶部两口巨钟分别用于发出火灾信号以及召唤人民武装或援引城市议会。

⓻ 波萨利门
Porta Borsari

年代：公元 1 世纪始建，公元 265 年重建
类型：其他建筑 / 城门
地址：Corso Porta Borsari, 57A, 37121 Verona VR, Italy

波萨利门

波萨利门是维罗纳的一座古罗马式城门，有重要的战略意义，目前所见的城门是在公元 265 年重建于公元前 1 世纪的旧城门上。它是城市的主要入口，因此主立面装饰较为丰富，外墙以白色石灰石作为建造材料，底部具有两个拱形城门通道，拱门造型精美，各有两个科林斯式的壁柱支撑着门楣和山墙，上部是一个两段式立面墙，由 12 个拱形窗户组成，其中一些包含在山墙的壁龛中，整体造型十分庄重。波萨利门曾具有作为会晤、停歇功能的内院，但由于城市发展的因素未曾保存下来。

⓼ 狮子门
Porta Leoni

年代：公元前 1 世纪
类型：其他建筑 / 城门
地址：Via Leoni, 1, 37100 Verona VR, Italy

狮子门

狮子门始建于罗马共和国时期，并在罗马帝国时期进行翻新，目前所见的部分遗迹是 20 世纪下半叶经历修复与挖掘工程后的古罗马城门和道路遗址。该建筑名称在历史上发生了多次变化，现有的建筑名称来源于靠近城门的一座装饰有两只狮子的罗马墓。古时期的狮子门由两个结构基本相同的外墙组成，其中一个面向城市，另一个则对外展示。城门整体采用方形结构，墙体运用石灰岩进行装饰，下部的拱门高约 3.3 米。现今，只有一半的内立面残存，还保留着帝国时期的白色石头，最初的装饰早已消失，下部看起来像该城波萨利门，而上面的柱式已经倾圮。

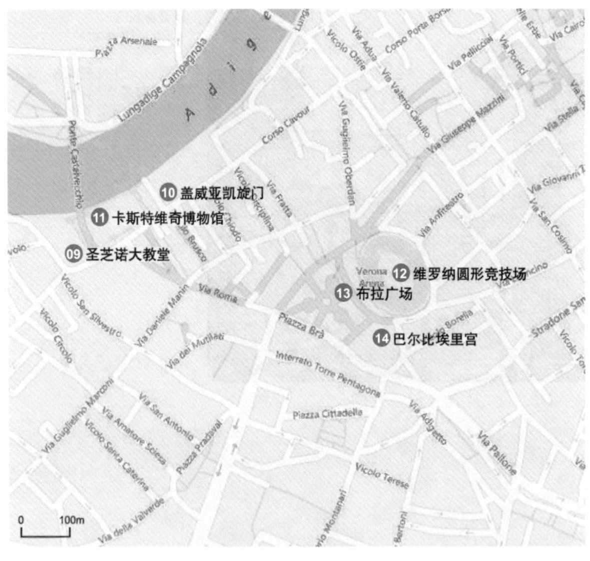

⑨ **圣芝诺大教堂**
Basilica di San Zeno

年代：1045–1135 年
类型：宗教建筑 / 教堂
地址：Piazza San Zeno, 2,37123 Verona VR, Italy

⑩ **盖威亚凯旋门**
Arco dei Gavi

建筑师：L. Vitruvius Cerdo
年代：公元 1 世纪
类型：其他建筑 / 城门
地址：Corso Cavour, 2,37121 Verona VR, Italy

圣芝诺大教堂

圣芝诺大教堂是维罗纳后来所有罗马式建筑的典范。建筑立面由奶油色的石灰岩制成，部分装饰以浅粉色涂饰。外立面被两个高大的壁柱分为三个垂直部分，分别对应建筑内部的中厅及侧廊，中部体量高大，三角形山墙下方的玫瑰窗被称为“命运之轮”，主入口拱廊虽采用粉红色大理石材质，但在色彩上与整体立面统一和谐，并与入口两侧浮雕石和立面石头材质形成鲜明的对比，增加了立面的深度与层次感。

盖威亚凯旋门

盖威亚凯旋门重建于 1932 年，由主立面方向的两个拱门与侧面两个较小的拱门共同组成，整体采用方形结构，高 12.69 米，主立面长 10.96 米，侧面长 6.02 米。罗马式拱门、科林斯式壁柱和两侧壁龛的运用，使得建筑立面更具层次感以及简洁大方的装饰效果。

卡斯特维奇博物馆

卡斯特维奇博物馆位于同名的中世纪城堡内。意大利当代著名建筑师卡罗·斯卡帕代表作之一，其细腻的建构风格在门廊、楼梯、家具，甚至是用来放置特定作品的夹具上都有体现：精心平衡新旧装修，酌情显示原有建筑的历史遗迹。这种设计手法现在已经成为老建筑更新与保护的基本方法。同时建筑师开辟了建筑前的花园，重新构建了游人游览流线。

维罗纳圆形竞技场

维罗纳竞技场是保存较完好的古罗马建筑之一，今天依然作为歌剧和大型表演场所在使用。竞技场规模宏大雄伟，曾能容纳近 3 万人。竞技场平面呈椭圆形，四周看台围合出中央活动空间和华丽的舞台。如今所见的建筑外墙为两段式拱形凉廊结构，而其古代时期的结构从东北侧遗存的三层石墙可见一斑，白色和粉红色的石灰岩体现了该建筑古老的气息。

布拉广场

布拉广场是维罗纳最大的广场，位于维罗纳历史中心区。广场平面呈扇形，四周为建筑物包围，广场上遍布着众多的咖啡馆、餐馆以及几座著名的建筑物。

巴尔比埃里宫

巴尔比埃里宫位于维罗纳市中心的布拉广场上，以其设计师朱塞佩·巴尔比埃里命名，目前作为市政厅使用。该建筑风格为新古典主义，科林斯巨柱式凉廊、刻有城市标志的三角形山墙以及两侧科林斯壁柱的运用，增加了立面的秩序。窗户形制清晰地划分了上下两层的结构，一层矩形和半圆形窗的组合形式与二层矩形窗形成对比，在科林斯壁柱的排列中，使得整体建筑克制且富有变化。该建筑平面由矩形和 U 形组合而成，围合出中部的建筑庭院。宫殿内部 4 世纪 Felice · Brusasorzi 的壁画，描绘了公元 829 年维罗纳人民的战争胜利。

⑪ 卡斯特维奇博物馆

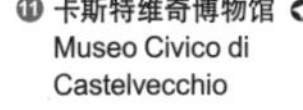

Museo Civico di Castelvecchio

建筑师：卡罗·斯卡帕
年代：1959–1973 年
类型：文化建筑 / 博物馆
地址：Corso Castelvecchio, 2, 37121 Verona VR, Italy

⑫ 维罗纳圆形竞技场

Arena di Verona

年代：公元 30 年
类型：体育建筑
地址：Piazza Bra, 1, 37121 Verona VR, Italy

⑬ 布拉广场

Piazza Bra

建筑师：Domenico Curtoni, Giuseppe Barbieri
年代：1610–1808 年
类型：景观建筑 / 广场
地址：Piazza Bra, 37121 Verona VR, Italy

⑭ 巴尔比埃里宫

Palazzo Barbieri

建筑师：Giuseppe Barbieri
年代：1836–1848 年
类型：办公建筑
地址：Piazza Bra, 6, 37121 Verona VR,Italy

14 · 帕多瓦

建筑数量：16

01 斯克罗威尼礼拜堂 / Giotto di Bondone
02 威尔第剧院 / Giovanni Gloria 等
03 Altinate 文化中心 / Vincenzo Scamozzi
04 圣嘉耶当礼拜堂 /Vincenzo Scamozzi
05 佩德罗基咖啡馆 / Giuseppe Jappelli
06 圣克莱门特礼拜堂
07 理性宫
08 圣索菲亚教堂
09 德尔博宫 / Andrea Moroni 等
10 Zabarella 宫
11 科纳洛长廊 / Giovanni Maria Falconetto
12 圣安东尼巴西利卡 / Camillo Boito 等
13 天使宫 / Andrea Memmo
14 帕多瓦植物园 / Daniele Barbaro
15 圣奎斯蒂娜巴西利卡 / Sebastiano from Lugano 等
16 康塔利尼别墅 / 安德烈亚·帕拉第奥

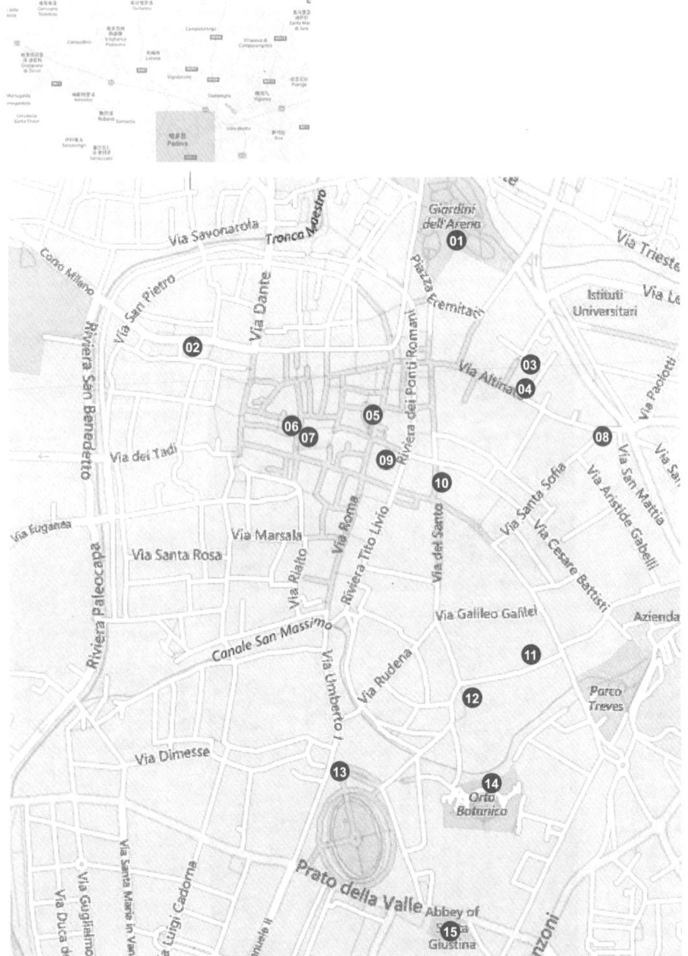

斯克罗威尼礼拜堂

斯克罗威尼礼拜堂又称竞技场礼拜堂，是早期文艺复兴时期的杰作之一；该建筑内部空间由覆盖桶形拱顶的矩形大厅和五边形后殿组成，其中中厅长20.88米、宽8.41米、高12.65米。教堂外立面南侧墙壁上的三重柳叶刀窗体现出哥特式建筑风格的影响，整体建筑简洁优雅。同时礼拜堂以覆盖教堂内表面的壁画而闻名，设计师乔托运用壁画内容进行建筑空间的叙事布局，足以体现其艺术的精妙之处。

威尔第剧院

该建筑坐落在帕多瓦威尔第街，剧院落成于1751年，1884年因纪念作曲家朱塞佩·威尔第而更名；剧院内部空间在历史上经历多次改造，目前所见的外观是由朱塞佩·贾珀利于1848年重修而成。主立面底层拱形门廊与上层具有精美窗楣的窗户形成虚实对比，加之弧形主立面的设计手法，壁柱和建筑顶部4个雕塑的运用，都使得建筑条理清晰且活泼自由。剧场内部空间可容纳806名观众，其中仍保留有6个轮椅位置。舞台深14米，宽18米，坡度5%，能够提供更优质的演出空间。

01 **斯克罗威尼礼拜堂**
Scrovegni Chapel

建筑师：Giotto di Bondone
年代：1305年
类型：宗教建筑 / 礼拜堂
地址：Piazza Eremitani, 8, 35121 Padova, Italy

02 **威尔第剧院**
Teatro Stabile del Veneto-Teatro Verdi

建筑师：Giovanni Gloria, Antonio Cugini di Reggio
年代：18世纪
类型：观演建筑
地址：Via dei Livello, 32, 35139 Padova PD, Italy

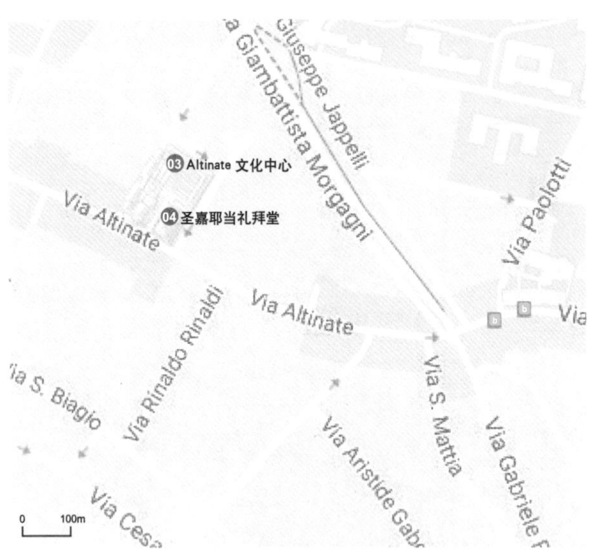

03 **Altinate 文化中心**
Centro civico d'arte e cultura Altinate

建筑师：Vincenzo Scamozzi
年代：1582–1963 年
类型：文化建筑 / 文化馆
地址：Via Altinate, 71,35100,Padua,Italy

04 **圣嘉耶当礼拜堂**
Chiesa di San Gaetano

建筑师：Vincenzo Scamozzi
年代：1574–1586 年
类型：宗教建筑 / 礼拜堂
地址：Via Altinate, 73, 35121 Padova PD, Italy

Altinate 文化中心

Altinate 文化中心原本作为修道院而建造，经过 20 世纪的改造，目前作为帕多瓦文化中心使用；建筑外立面保留了其传统特色，一层拱形门楣重复有序，壁柱分隔开建筑二层的窗户，立面白色与蓝色颜料的运用，突出建筑的精致与活力；建筑内部空间将传统建筑格局进行改造与现代室内空间设计融合，整体建筑形成独树一帜的风格；保留的古老庭院上覆盖着现代钢架玻璃顶，为开展文化活动提供弹性空间。

圣嘉耶当礼拜堂

该教堂也被称为西蒙娜和犹大教堂，为巴洛克式建筑风格；建筑主立面上 6 根科林斯壁柱和精美的装饰雕塑的运用，使得建筑华丽且逻辑清晰，侧立面砖砌形式与带篮网的窗户具有珍贵的艺术历史价值；教堂西侧的钟楼装饰有科林斯式元素，充满洛可可风格；教堂内部由大理石壁柱组成的八角形空间与外立面结构呼应，中厅四面墙壁上的 7 个壁龛与建筑外立面壁龛中的圣徒雕像表达了大教堂宗教性格。

佩德罗基咖啡馆

佩德罗基咖啡馆是帕多瓦中心的一个著名咖啡馆，建于18世纪。整体为浪漫主义风格，柱式语言融合了威尼斯－哥特式以及充满异国情调的古埃及和中国风元素，反映了当时浪漫主义氛围和建筑师的灵感；内部房间按照不同风格装饰，底楼以意大利国旗的颜色布置了白厅、红厅和绿厅，楼上的贵族层则设有伊特鲁里亚厅、希腊厅、文艺复兴厅、埃及厅、罗西尼厅等，每个厅堂都由一系列八边形平面的古希腊式会堂空间连接作为过厅进行空间过渡。

圣克莱门特礼拜堂

圣克莱门特礼拜堂位于帕多瓦广场上，因建筑其他部分均被住宅和店铺遮挡，只有面向广场的立面为人所见；外立面的科林斯壁柱将立面分为三部分，两侧壁龛与中央圆窗位于建筑中部，加之顶部三角形山墙上三尊雕像的运用，体现出建筑的严谨与宏伟。教堂内部由覆盖拱顶的中厅和后部的方形圣坛组合而成；教堂一侧巴洛克风格的钟塔为整体建筑增添了活力。

理性宫

该建筑是帕多瓦一座中世纪时期的市政厅，1306年的改造将下层空间分割为三部分，加建倒置船型穹顶，形成今天所见的面貌，该建筑因其曾是欧洲最大的无支柱屋顶建筑而著名；平面呈长方形，内部大厅长81.5米，宽27米，上下两层开放的凉廊内部装饰华丽，由石柱支撑起的拱门围起，连续拱券外廊的立面形式使得整体外观克制有序，逻辑清晰；其他立面上刻有古老的铭文和图案，南侧立面上保留有大型机械钟。

05 佩德罗基咖啡馆
Caffè Pedrocchi

建筑师：Giuseppe Jappelli
年代：1772–1826年
类型：商业建筑
地址：Via VIII Febbraio 15,35122,Padua,Italy

06 圣克莱门特礼拜堂
Chiesa di San Clemente (Padova)

年代：11–18世纪
类型：宗教建筑 / 礼拜堂
地址：Piazza dei Signori, 35139 Padova PD,Italy

07 理性宫
Palazzo della Ragione

年代：1172–1219年
类型：办公建筑
地址：Piazza delle Erbe, 35100 Padova PD, Italy

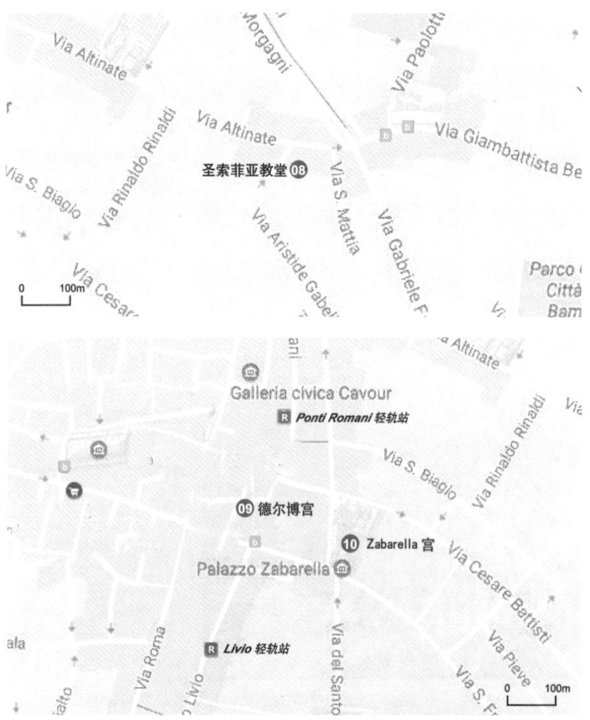

08 圣索菲亚教堂
Santa Sofia

年代：1127–1170 年
类型：宗教建筑 / 教堂
地址：Via Santa Sofia, 102, 35121 Padova PD, Italy

09 德尔博宫
Palazzo del Bo

建筑师：Andrea Moroni，Ettore Fagiuoli，Gio Ponti
年代：14 世纪
类型：科教建筑
地址：Via VIII Febbraio, 2,35122 Padova, PD, Italy

圣索菲亚教堂

圣索菲亚教堂是这一地区颇为古老的教堂之一，可追溯到 12 世纪上半叶，为罗马风风格建筑。因其地基出现问题，整体建筑稍向北倾斜。该建筑经历多次修复与重建，如今教堂后部的圣坛是教堂最古老的部分。

德尔博宫

自 1493 年以来，德尔博宫一直是帕多瓦大学的历史总部，它也曾作为剧院使用。德尔博宫以建筑将中心的古老庭院围合起来，庭院内建筑上下两层均有凉廊，巧妙的结构设计使得建筑内部房间面向中心庭院打开，十分契合学院教学功能与空间布局。建筑外立面入口处古典柱式和窗楣的运用，使严谨有序的建筑融合了巴洛克风格的张力，而底层门廊的运用增加了建筑的深度感。

⑩ Zabarella 宫
Palazzo Zabarella

年代：14 世纪
类型：居住建筑 / 宫殿
地址：Via degli Zabarella 14,35121,Padua,Italy

Zabarella 宫

宫殿位于帕多瓦罗马城镇区域内，该建筑经历了多次重建与修复，并且在建造中使用了基地废墟中发现的建筑材料碎片。14 世纪，该遗址被 Zabarella 家族收购并重建形成今天所见的大部分样貌。其屋顶上锯齿形雉堞与左边塔楼的设计使得该建筑如同城堡一般。1818 – 1819 年丹尼尔·丹涅莱蒂（Daniele · Danieletti）再次翻新，建筑入口的中庭就是在此时建造。多次整修与重建使得建筑外部风格为文艺复兴风格，内部则为古典复兴式风格。该建筑现作为文化活动与展览场所使用。

科纳洛长廊

科纳洛长廊建于 16 世纪上半叶，为文艺复兴式风格建筑。为举办戏剧表演而设计的长廊运用了古典主义时期的柱式语言，底层券柱式与上层壁龛、窗户的对比使建筑富于变化，同时再现了古典秩序，但下层多立克柱与上层壁柱之间缺少连续性，弱化了建筑立面的深度感；由于长廊的宽度限制使得这样的舞台空间缺少了深度功能性。

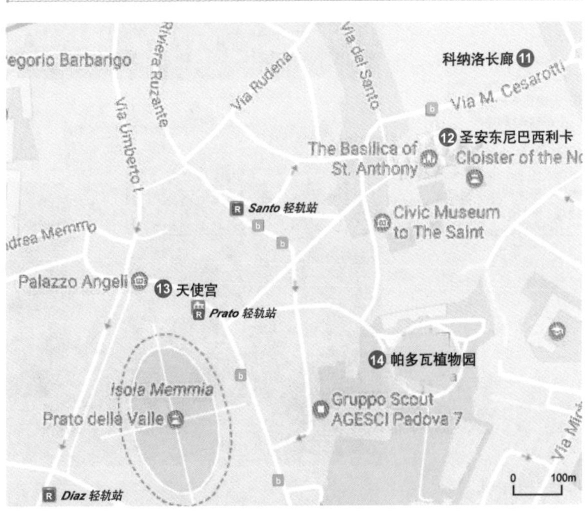

⑪ 科纳洛长廊
Loggia e Odeo Cornaro

建筑师：Giovanni Maria Falconetto
年代：1524 年
类型：观演建筑
地址：Via M. Cesarotti, 37, 35123 Padova PD, Italy

⑫ 圣安东尼巴西利卡
Basilica del Santo

建筑师：Camillo Boito，Donatello
年代：1232–1300 年
类型：宗教建筑 / 巴西利卡
地址：Piazza del Santo 11,35123,Padua,Italy

圣安东尼巴西利卡

圣安东尼巴西利卡是帕多瓦市天主教礼拜的主要场所，也是基督教世界的圣地之一。大教堂长 115 米，宽 55 米，最高处 38.50 米，它的整体平面形制是拉丁十字式的；建筑风格整体为罗马风风格，但建筑后部平面中部、侧厅及圣坛部分为拜占庭连续穹顶结构体系，两侧侧厅外部的扶壁墙和正立面的玫瑰窗则显示出哥特风格的影响。

⑬ 天使宫
Palazzo Angeli

建筑师：Andrea Memmo
年代：15 世纪末
类型：居住建筑 / 宫殿
地址：Prato della Valle, 12,35123 Padova, PD, Italy

天使宫

天使宫为文艺复兴风格建筑。外立面入口拱形门廊的使用增加了建筑立面与外部环境的沟通，窗户的重复组合使建筑整体简洁而富有变化。目前天使宫内部作为博物馆使用。

⑭ 帕多瓦植物园
Botanical Garden of Padova

建筑师：Daniele Barbaro
年代：1545 年
类型：景观建筑 / 园林
地址：Via Orto Botanico, 15,35123,Padua,Italy

帕多瓦植物园

帕多瓦植物园位于帕多瓦老城内，花园的布局来自欧洲古代封闭式花园的格局，该园林是意大利文艺复兴时期园林的重要范例。花园四周有高墙，中央有喷泉，十字形小路把院子分割成 4 个种植区。1704 年在两条道路的尽端分别建起了 4 个大门。此后，随着植物物种收集量增加，逐渐向围墙外扩散，建立了一座带有蜿蜒山路和小丘的英国式花园。

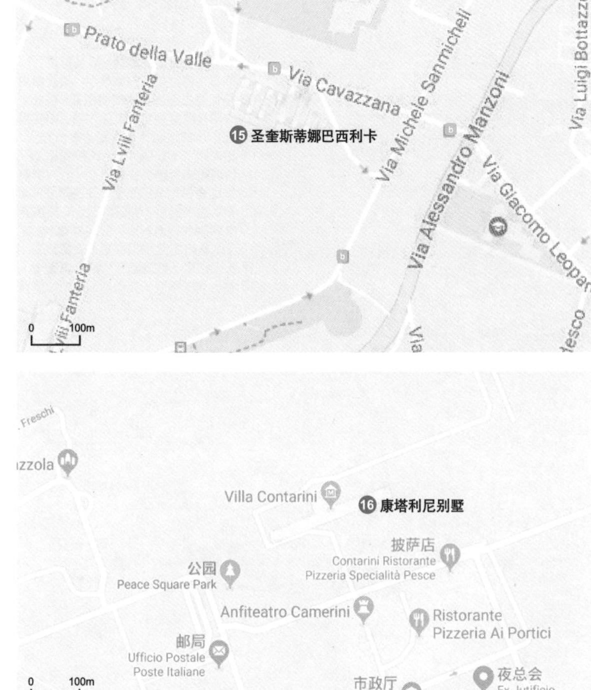

圣奎斯蒂娜巴西利卡

圣奎斯蒂娜巴西利卡是意大利第七大教堂，整体建筑风格为罗马风风格。教堂是东西延伸的拉丁十字式平面结构，长118.5米，宽82米，内部中厅和两侧12个小礼拜堂被两列柱子分隔开来，后部两个半圆形的圣坛连接建筑尽头的两个礼拜堂。内部中厅的多个穹顶共同组成了大教堂的拜占庭式圆顶；教堂立面玫瑰窗的使用，使建筑糅杂了哥特式风格，朝北的立面气势雄伟，彰显了建筑的复杂性。

康塔利尼别墅

康塔利尼别墅是布伦塔河畔皮亚佐拉的一座贵族别墅，为巴洛克风格建筑。建筑中心部分由威尼斯贵族康达里尼家族始建于1546年，入口阶梯、半圆形包厢式主入口手法与两侧门廊中的雕塑运用，增加了立面的深度感与导向性；立面中央造型精美的石柱组成的阳台和有细致石雕的窗套，增加了立面的秩序与张力；经17世纪的扩建，增加左右两翼建筑空间，使得整体建筑有如皇宫一般华丽而宏伟。

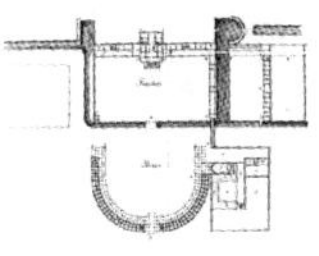

⑮ 圣奎斯蒂娜巴西利卡
Basilica di Santa Giustina

建筑师：Sebastiano from Lugano , Andrea Briosco, Andrea Moroni , Andrea da Valle
年代：6–17 世纪
类型：宗教建筑 / 巴西利卡
地址：Prato della Valle, 35100,Padua,Italy

⑯ 康塔利尼别墅
Villa Contarini

建筑师：安德烈亚 · 帕拉第奥
年代：1546 年
类型：居住建筑 / 别墅
地址：Via L. Camerini, 1, 35016 Piazzola sul Brenta PD, Italy

15·维琴察

建筑数量：13

01 戈迪别墅 / 安德烈亚·帕拉第奥
02 皮奥韦内别墅 / 安德烈亚·帕拉第奥
03 福尼赛拉图别墅 / 安德烈亚·帕拉第奥
04 卡尔多尼奥别墅 / 安德烈亚·帕拉第奥
05 瓦尔马拉纳布雷桑别墅 / 安德烈亚·帕拉第奥
06 蒂内别墅 / 安德烈亚·帕拉第奥
07 特西里诺别墅 / 安德烈亚·帕拉第奥
08 加佐蒂格里马尼别墅 / 安德烈亚·帕拉第奥
09 奇耶里卡提宫 / 安德烈亚·帕拉第奥
10 维琴察的巴西利卡 / 安德烈亚·帕拉第奥
11 瓦尔马拉纳艾纳尼别墅 / 安德烈亚·帕拉第奥
12 圆厅别墅 / 安德烈亚·帕拉第奥
13 埃里卡提别墅 / 安德烈亚·帕拉第奥

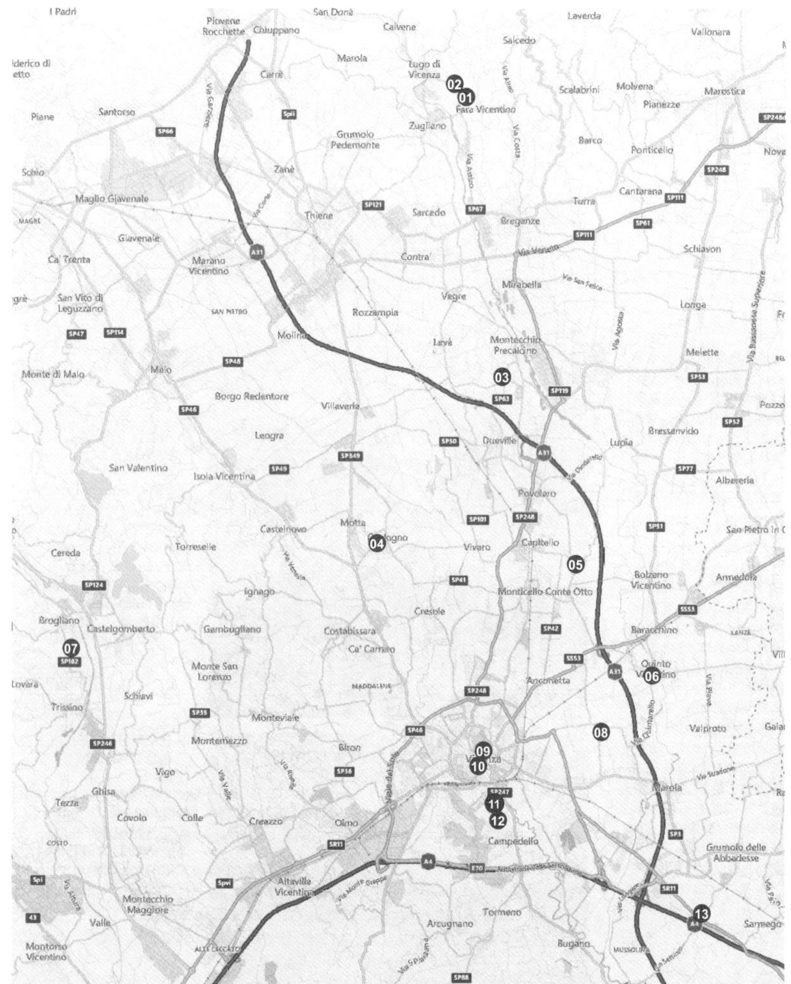

戈迪别墅

该别墅是一座具有典型城堡建筑元素的贵族别墅，是帕拉第奥第一个别墅作品，还未具有其后期成熟作品的装饰性。建筑内部包含明确的公共区与居住区。该建筑具有典型的威尼斯—维琴察民居建筑的要素，其中主入口直通二层的台阶与抬高的门廊是这一地区防范洪水与庄园主日常眺望农业生产的地域性建筑手法。

皮奥韦内别墅

该别墅位于布伦塔运河旁边，是典型的帕拉第奥风格的别墅。然而，这座别墅的台座比他设计的其他大部分别墅的基座都要大（基座高 11 英尺，是帕拉第奥通常使用的高度的两倍以上）。建筑立面中心的凉廊十分壮观，三角形的山墙由 6 根柱子支撑着。在 18 世纪上半叶，建筑师弗朗西斯科穆托尼建造了建筑两侧的横向拱门，并布置了花园。相较其他帕拉第奥设计的别墅，这个别墅少了农业功能，取而代之的是用于举办官方招待会，例如 1574 年法国亨利三世的招待会。

01 戈迪别墅
Villa Godi

建筑师：安德烈亚 · 帕拉第奥
年代：1537–1542 年
类型：居住建筑 / 别墅
地址：Via Andrea Palladio, 51, 36030 Lugo di Vicenza VI, Italy

02 皮奥韦内别墅
Villa Piovene

建筑师：安德烈亚 · 帕拉第奥
年代：1539–1587 年
类型：居住建筑 / 别墅
地址：Via Giacomo Leopardi, 536030 Lugo di Vicenza VI, Italy

03 福尼赛拉图别墅
Villa Forni Cerato

建筑师：安德烈亚・帕拉第奥
年代：1565–1570 年
类型：居住建筑 / 别墅
地址：Via Venezia 4, 36030 Montecchio Precalcino VI, Italy

04 卡尔多尼奥别墅
Villa Caldogno

建筑师：安德烈亚・帕拉第奥
年代：1542 年
类型：居住建筑 / 别墅
地址：Caldogno-rettorgole-cresole, Via G. Zanella, 1, 36030 Caldogno-rettorgole-cresole VI, Italy

福尼赛拉图别墅

该别墅是 16 世纪的贵族别墅。福尼赛拉图别墅的比例与房间分配与帕拉第奥其他作品有所不同，因为帕拉第奥想为客户打造一座谦逊的别墅，这座别墅没有过多的装饰，其价值体现在别墅对于装饰方面的节制。该别墅面积相对较小，建筑主要立面的入口长廊与阶梯引人注目，开窗非常对称，使得其外立面中心轴线更加清晰。建筑内部由长廊连接地下室以及多个房间。

卡尔多尼奥别墅

该别墅是帕拉第奥作品中现今使用最好的作品之一。建筑结构依旧清晰可见。其立面中央是 3 个拱门组成是入口长廊大厅，其上三角形体量的山墙，增添了建筑整体的变化。现在它是城市图书馆的所在地。

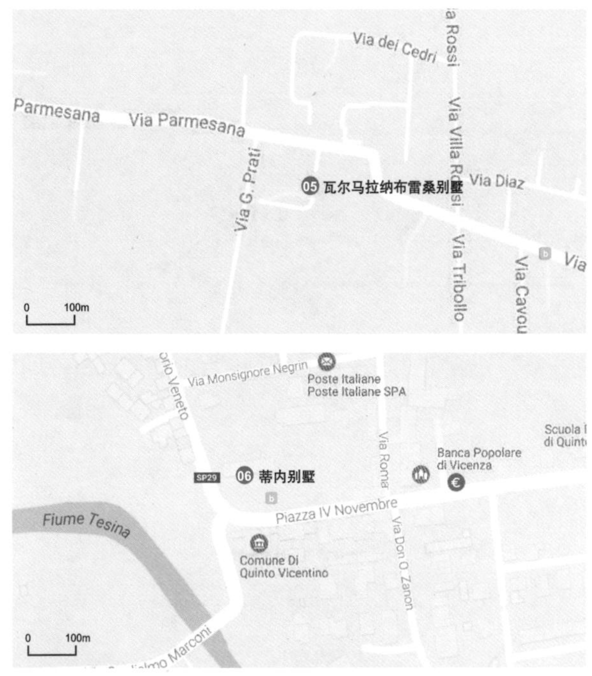

瓦尔马拉纳布雷桑别墅

瓦尔马拉纳布雷桑别墅是帕拉第奥于1542年于维琴察的早期作品之一。这是一个非典型的别墅，其小巧的样貌与清晰的线条构成了独特的小屋形状。别墅在原哥特建筑结构的基础上，设置了两个可以通向后方大厅的单元，独特的 Serlian 窗户前的短楼梯是进入房屋的主入口。

05 瓦尔马拉纳布雷桑别墅
Villa Valmarana Bressan

建筑师：安德烈亚 · 帕拉第奥
年代：1542–1560 年
类型：居住建筑 / 别墅
地址：Via Vigardoletto, 33, 36010 Vigardolo, Montice Conte Otto VI, Italy

蒂内别墅

蒂内别墅是一座罗马式的住宅。在这座建筑中，帕拉第奥从古老的形式中发掘了新的功能用途。别墅有一个巨大的阳台以及桶形穹窿高出建筑的其他部分。建筑总平面中有两个院子，这在帕拉第奥式的别墅中不常见。自16世纪以来，前后立面已经进行了修改：前立面可能更接近帕拉第奥的意图。建筑内部有着许多16世纪乔瓦尼·德·米奥（Giovanni · de · Mio）的壁画作品，也说明了早期该建筑并不是具有纯粹的功能性的。

06 蒂内别墅
Villa Thiene

建筑师：安德烈亚 · 帕拉第奥
年代：1545–1550 年
类型：居住建筑 / 别墅
地址：Piazza IV Novembre, 4, 36050 Quinto Vicentino VI, Italy

07 特西里诺别墅
Villa Trissino (Cricoli)

建筑师：安德烈亚·帕拉第奥
年代：1534–1538 年
类型：居住建筑 / 别墅
地址：Str. Marosticana, 6, 36100 Vicenza VI, Italy

特西里诺别墅

该别墅是学者 Giangiorgio·Trissino 的私有别墅，建筑内部空间对称，而一侧的房间具有不同的尺寸，空间是按比例进行划分重组(1:1；2:3；1:2)。在 20 世纪初的两次世界大战期间，别墅遭到了破坏，导致其壁画、装饰以及拉丁文与希腊文的文学作品遗失。

08 加佐蒂格里马尼别墅
Villa Gazzotti Grimani

建筑师：安德烈亚·帕拉第奥
年代：1542–1550 年
类型：居住建筑 / 别墅
地址：Via San Cristoforo 23, Loc. Bertesina, 36100 Vicenza, Province of Vicenza, Italy

加佐蒂格里马尼别墅

该别墅是建筑师安德烈亚·帕拉第奥位于维琴察的早期别墅作品。业主要求保留现有结构以及一个塔楼。帕拉第奥利用立方体体量定义这个建筑，建筑主体立于基座之上。其前部立面由三层高的凉廊覆盖三角形的山墙和中央房间作为连接，镜像构成别墅。

⑨ **奇耶里卡提宫**
Palazzo Chiericati

建筑师：安德烈亚 · 帕拉第奥
年代：1550–1680 年
类型：居住建筑 / 宫殿
地址：Piazza Giacomo Matteotti, 37/39, 36100 Vicenza VI, Italy

奇耶里卡提宫是一座文艺复兴式宫殿。为了避免频繁地洪水，帕拉第奥将其设置在了高处，可以通过三重古典风格的楼梯进入。这座宫殿由三开间组成，其中中间的开间略微向前突出。另外两个开间则与大厅处于同一水平线。中间开间的构图完整，由底层的巨大的塔什干柱式和上层的爱奥尼柱式组成，顶部有雕塑装饰。

⑩ **维琴察的巴西利卡**
Palladian Basilica

建筑师：安德烈亚 · 帕拉第奥
年代：1549–1614 年
类型：宗教建筑 / 巴西利卡
地址：Piazza Dei Signori, 36100 Vicenza VI, Italy

该建筑原为一个公共市场，为罗马风风格的建筑物，平面形制为巴西利卡式长方形平面，帕拉迪奥接手了改造工作，并创作出了杰出的券柱式构图手法：帕拉第奥母题。在宽大的大厅四周加建一圈二层的券柱外廊，改变了其硕大、沉重的形象，在现有开间的大柱间插入两根小柱作为支撑柱，解决了层高限制和传统券柱式构图限制；在整体外观上，各开间的大柱子是构图主体，在各开间上，小柱成了构图中心，两套尺度互不干扰，相互衬托，构成了丰富的层次感。

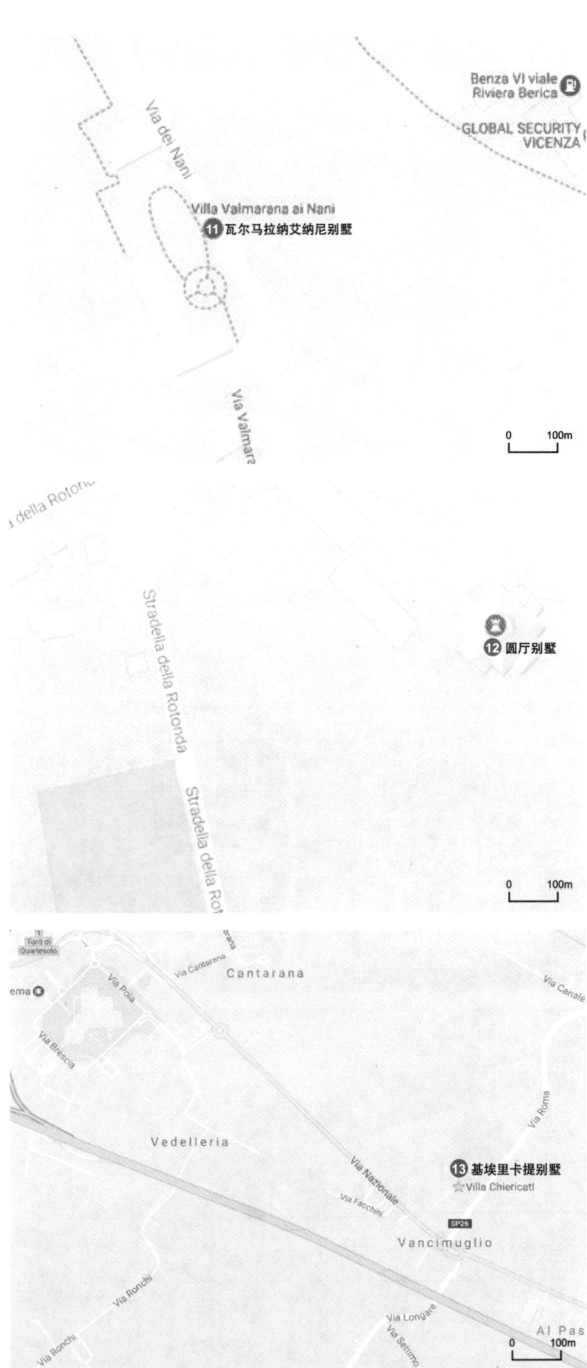

瓦尔马拉纳艾纳尼别墅

瓦尔马拉纳艾纳尼别墅坐落于维琴察圣巴斯蒂安山坡。别墅因 Giambattista · Tiepolo 和他儿子 Giandomenico 的壁画而著名。17 个石雕矮人在围墙上一字排开，与其他别墅区分开来。庭院中有园林与马厩，为客户提供方便。建筑屋顶的雕塑引人注目。别墅设有两层，并且融合了一侧的塔楼，以阶梯相连接。

圆厅别墅

圆厅别墅是在一个四面环境开阔的小山坡上建起来的集中式构图住宅。圆厅别墅是一处乡间俱乐部性质的别墅，因此其构图与空间可以按照理想化的图式来设计。平面呈正方形，边长约 24.3 米，房间按纵横两条轴线对称布置，正中为圆形大厅；建筑前后左后四个立面完全相同，均有主入口的形式之感，6 根爱奥尼亚柱子支撑着装饰着家族纹徽和精美雕像的三角形山墙，门廊前面的踏步可直接进入二层的主要居室，使得突出外墙的门廊十分宏大宽阔，具有贵族气派，成为帕拉第奥最为得意之处。该别墅的设计反映了文艺复兴时期的人文主义价值观，也表现出了西方建筑常见的议题：人与自然的对峙。

基埃里卡提别墅

别墅总体平面是方形的。建筑北立面有个突出的中央门廊，这个门廊形成了一个既通风又可享受日照的休闲空间。建筑平面是严格的中轴对称构图，这些方形和矩形的结构构成建筑内部功能性的房间。优雅的 6 倍模数形成别墅平面核心的矩形空间。此外，别墅内部还留有 18 世纪 Mattia · Bortoloni 所作的壁画作品。

⑪ **瓦尔马拉纳艾纳尼别墅**
Villa Valmarana ai Nani

建筑师：安德烈亚 · 帕拉第奥
年代：1564–1566 年
类型：居住建筑 / 别墅
地址：Via dei Nani, 8, 36100 Vicenza VI, Italy

⑫ **圆厅别墅**
Villa Almerico Capra called "La Rotonda"

建筑师：安德烈亚 · 帕拉第奥
年代：1567–1605 年
类型：居住建筑 / 别墅
地址：Via della Rotonda, 45, 36100 Vicenza VI, Italy

⑬ **基埃里卡提别墅**
Villa Chiericati

建筑师：安德烈亚 · 帕拉第奥
年代：1553–1554 年
类型：居住建筑 / 别墅
地址：Via Nazionale, 1, 36040 Grumolo delle Abbadesse VI, Italy

圆厅别墅（作者自摄）

弗留利—威尼斯朱利亚大区 Friuli-Venezia Giulia

16・的里雅斯特

建筑数量：12

01 的里雅斯特犹太会堂 / Ruggero Berlam 等
02 圣斯皮里第奥尼堂 / Carlo Maciachini 等
03 Carciotti 宫 / Matteo Pertsch
04 新圣安多尼堂 / Pietro Nobile
05 的里雅斯特古罗马剧场
06 斯卡拉 DEI Giganti / A Danuo Bohm
07 意大利统一广场
08 政府大厦 / Emil Artmann
09 的里雅斯特劳埃德宫 / Feng Felsted
10 圣玛利亚教堂
11 圣居斯托礼拜堂
12 胜利灯塔 / Arduino Berlam

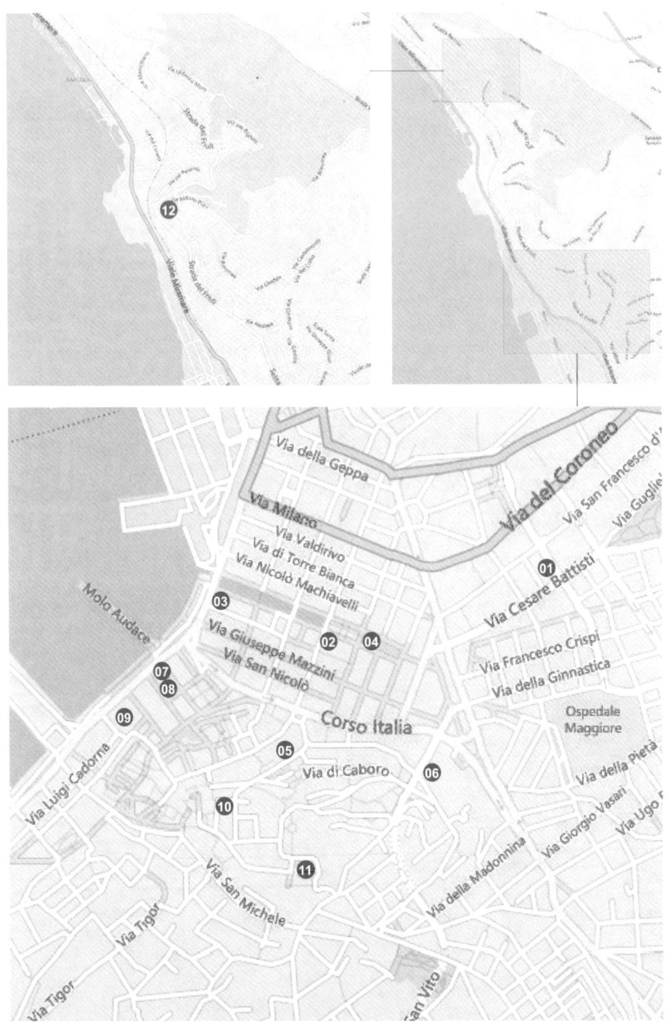

的里雅斯特犹太会堂

的里雅斯特犹太会堂于1912年落成，被认为是欧洲规模较大的犹太人礼拜建筑之一，仅次于布达佩斯犹太教堂。该教堂基于18世纪中期意大利普遍的建筑结构建造。其外立面采用砖石材料，粉刷灰色涂饰，显得十分谦逊。而入口大厅的黑白大理石铺地以及后部圣坛的金色拱顶，彰显了其装饰精美。教堂平面为矩形，大厅被两列柱廊分隔为三部分，后部圣坛覆盖半圆形穹顶，整个内部空间以规律的四柱形式组合划分。

圣斯皮里第奥尼堂

该教堂位于市中心特蕾西亚城的里雅斯特大运河畔，该建筑由 Maciachini 设计，由 Pietro · Palese 指导建筑结构建造，而装饰部分由米兰设计师 Antonio·Caremmi 完成。受拜占庭式建筑启发，教堂内部为希腊十字式平面；顶部半球形圆顶，四角的塔楼以及精美的马赛克墙面装饰，体现出该建筑历史样式的融合，是折中主义的作品，其建筑风格融合拜占庭建筑、罗马风风格建筑以及哥特建筑风格。

01 的里雅斯特犹太会堂
Sinagoga di Trieste

建筑师：Ruggero Berlam、Arduino Berlam
年代：1908–1912 年
类型：宗教建筑 / 犹太教堂
地址：Via S. Francesco D'Assisi, 19, 34133 Trieste, Italy.

02 圣斯皮里第奥尼堂
Saint Spiridione Taumaturgo

建筑师：Carlo Maciachini, Pietro Palese, Antonio Caremmi
年代：1859–1885 年
类型：宗教建筑 / 教堂
地址：Via Spiridione, 9, 34122 Trieste TS, Italy.

⑬ Carciotti 宫
Palazzo Carciotti

建筑师：Matteo Pertsch
年代：1798–1805 年
类型：居住建筑 / 宫殿
地址：Riva Tre Novembre, 13, 34121 Trieste TS, Italy.

⑭ 新圣安多尼堂
Chiesa di Sant'Antonio Nuovo

建筑师：Pietro Nobile
年代：1825–1849 年
类型：宗教建筑 / 教堂
地址：Via Amilcare Ponchielli, 2, 34122 Trieste, Italy.

⑮ 的里雅斯特古罗马剧场
Teatro romano di Trieste

年代：公元 1 世纪末始建
类型：观演建筑
地址：Via del Teatro Romano, 34121 Trieste, Italy.

⑯ 斯卡拉 DEI Giganti
Scala Dei Giganti

建筑师：A Danuo Bohm
年代：20 世纪初
类型：其他建筑 / 纪念碑
地址：Galleria Scipione De Sandrinelli, 7, 34131 Trieste, Italy.

Carciotti 宫

Carciotti 宫主立面采用了与威尔第剧院基本相同的设计手法。建筑一层灰白色砖石立面装饰与二三层砖黄色墙面产生对比，建筑中部开间主入口上方，6 根爱奥尼巨柱式柱子支撑屋顶的阳台，使得建筑上下层和谐连接起来。

新圣安多尼堂

该教堂是一座罗马天主教教堂，位于的里雅斯特大运河尽头与教堂同名的广场上。教堂的设计可以追溯到 1808 年，而工程在 1825 年开始。这座建筑具有新古典主义建筑风格，主立面上 6 根爱奥尼柱式的柱子支撑起顶部山墙，建筑顶部的六尊圣徒雕像也是该教堂的独特标志。

的里雅斯特古罗马剧场

的里雅斯特古罗马剧场坐落在圣朱斯托山 ，在始建时期，其位于城墙外围并临近海边，后被城市掩埋，于 1841 年由建筑师 Pietro · Nobile 发掘并修复部分遗址。剧场台阶的建造了利用山体的自然斜坡，观演区被走道分成五个扇形区域，巨大的半圆形石墙围合起观演空间，墙上有五扇矩形门以及矩形小窗，剧场可以容纳 3500—6000 名观众。观演区前方的矩形舞台由墙支撑，并具有雕像和装饰壁龛，使得剧场内部精美而富有装饰性。

斯卡拉 DEI Giganti

该建筑是的里雅斯特的地标性建筑之一，其宏伟之处在于设计师将隧道、古老的灰色砂岩阶梯和顶部广场、画廊组合成一体，同时融合了自然山体与人工构筑物。三段式阶梯坡道，多立克柱式栏杆的运用，涵洞与壁龛的设计手法，使得整体立面别具层次感以及空间透视力，立面石材的运用显示出该建筑的坚固与恢宏。上层广场中的历史纪念碑为该建筑最高点，矗立于喷泉之中，在此可眺望城市景色。

⑦ 意大利统一广场
Piazza Unità d'Italia

年代 :1905 年
类型 :景观建筑 / 广场
地址 :Piazza Unità d'Italia, 34121 Trieste, Italy.

意大利统一广场

意大利统一广场是在的里雅斯特成为奥匈帝国最重要的海港时期所建造的，该广场面向亚得里亚海，周边是众多的宫殿和公共建筑。经几个世纪以来的多次改建，今天所见的矩形广场总面积为 12280 平方米，采用砂岩块作为广场铺地材料，市政厅前的喷泉与其后侧的查理六世雕像，成为统一广场上标志性构筑物，广场上装饰有蓝色的照明系统，象征着与海的连接。广场通过一幅大型绘画来布置整个空间，旨在表明该城市作为欧洲共同体主要城市的意愿。

政府大厦

该建筑位于意大利统一广场上，建在旧的 Palazzo Governiale 基址上。整体上带有欧洲早期新艺术风格，简化的双层券柱式门廊与手法主义窗户样式的对比使得建筑具有清晰地逻辑关系并富有变化。建筑主立面下部两层采用白色的石材作为立面材料，上部两层用玻璃马赛克在重点部位作为装饰母题。

的里雅斯特劳埃德宫

的里雅斯特劳埃德宫位于意大利统一广场上，该建筑原为航运公司的总部，经历了多次翻修形成今天所见的面貌，目前作为政府办公室使用。该建筑为折中主义建筑风格，其立面融合了古典主义、巴洛克与文艺复兴元素。最具特点的是建筑主立面两侧壁龛中的具有寓言象征意义的雕像，由雕塑家 Joseph · Pokorny 和 Hugo · Härdtl 完成。

⑧ 政府大厦
Palazzo del Governo

建筑师 :Emil Artmann
年代 :1901–1905 年
类型 :办公建筑
地址 :Piazza Unità d'Italia, 8, 34121 Trieste TS, Italy.

⑨ 的里雅斯特劳埃德宫
Palace of Lloyd of Trieste

建筑师 :Feng Felsted
年代 :1833 年
类型 :办公建筑
地址 :Piazza Unità d'Italia, 1, 34121 Trieste TS, Italy.

⑩ **圣玛利亚教堂**
Santa Maria Maggiore

年代:1627-1682 年始建，19 世纪修复
类型:宗教建筑 / 教堂
地址:Via del Collegio, 6, 34121 Trieste TS,Italy.

⑪ **圣居斯托礼拜堂**
Cattedrale di San Giusto

年代:12 世纪
类型:宗教建筑 / 礼拜堂
地址: Piazza della Cattedrale, 2, 34121 Trieste, Italy.

圣玛利亚教堂

该教堂为的里雅斯特的一个天主教教堂，其外立面显示出巴洛克式建筑风格。教堂由的里雅斯特主教 Rinaldo · Scarlicchio 主持修建于 1627 – 1682 年，而外立面由 Andrea · Pozzo（安德烈埃 · 波扎索）于 1690 年修建，主入口两侧三层壁柱的设计手法以及爱奥尼装饰的运用，使得立面整体效果统一又富于节奏感。教堂平面为拉丁十字式，内部由中厅、侧廊以及后部的圣坛组成，教堂原具有木制圆顶，火灾损毁后在 1817 年重建。教堂内部供奉着圣母玛利亚的雕像，在祭坛背后有着一副精美的壁画。

圣居斯托礼拜堂

圣居斯托礼拜堂是里雅斯特教区的一座天主教教堂。教堂和钟楼的立面采用朴素的砖石材料，教堂立面中央具有一个巨大的玫瑰窗，形成罗马风—哥特样式的建筑风格，建筑立面整体简洁且平易近人。教堂内有 12-13 世纪的马赛克镶嵌画，描绘圣母升天和圣儒斯定。教堂中有 9 位西班牙王室成员葬于此堂。钟楼内有 5 个编钟，作为合唱团乐器使用，自其修建开始沿用至今。

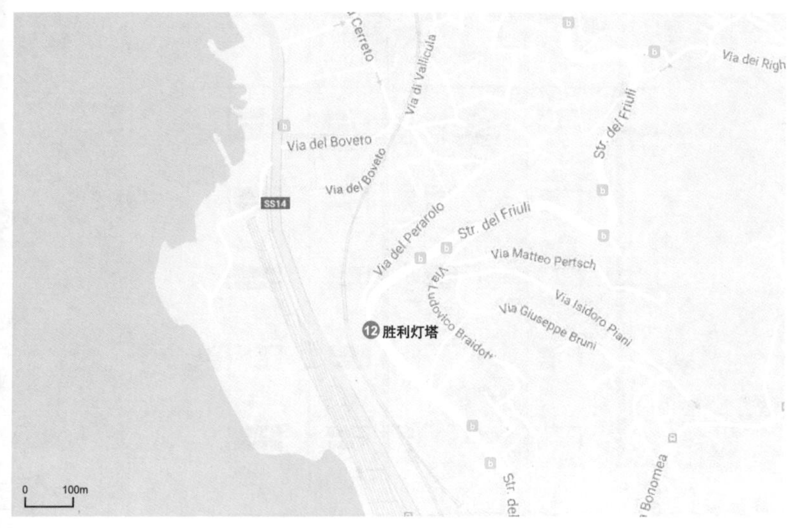

⑫ **胜利灯塔**
Faro della vittoria

建筑师：Arduino Berlam
年代：1927 年
类型：其他建筑 / 塔楼
地址：Str. del Friuli, 141, 34136 Trieste, Italy.

胜利灯塔是意大利里雅斯特的一座一直在使用中的灯塔，为的里雅斯特湾的船只提供导航指引。灯塔建立于海拔 60 米的 Poggio di Gretta 山丘上，纪念"一战"中阵亡的意大利士兵。灯塔高 223 英尺（68 米），采用钢筋混凝土工程。灯塔的大底座采用奥地利堡垒式的土方工程，其结构底部为石头所覆盖。灯塔顶部有雕塑家乔瓦尼梅耶创作的胜利女神铜像高 7.2 米，寓意着航行胜利平安，而灯塔中部高 8.6 米的石质水手雕像位于大灯前部。目前灯塔对外开放。

的里雅斯特意大利广场市政厅（Johann Jaritz 摄）

托斯卡纳大区
Tuscany
17 佛罗伦萨 / Firenze
18 锡耶纳 / Siena
17
18

17・佛罗伦萨

建筑数量 :46

01 佩特亚别墅
02 卡斯特洛庄园 / 尼科洛・特里沃洛
03 卡雷吉美第奇府邸 /Michelozzo
04 佛罗伦萨凯旋门 /Jean-Nicolas Jadot
05 圣迦尔门
06 圣马可主教礼拜堂 /Michelozzo di Bartolomeo Michelozzi
07 自然史博物馆
08 佛罗伦萨圣母领报巴西利卡 / Leon Battista Alberti
09 佛罗伦萨美术学院美术馆
10 育婴堂 / 菲利波・伯鲁乃涅斯基
11 里卡迪图书馆 /Riccardo Romolo Riccardi
12 美第奇 - 里卡迪宫 /Michelozzo di Bartolomeo
13 老圣洛伦佐教堂 / 米开朗琪罗等
14 圣母玛利亚教堂 /Fra Sisto Fiorentino
15 主教座堂博物馆
16 圣母百花大教堂 /Arnolfo di cambio 等
17 佛罗伦萨大教堂洗礼堂南门（天堂之门）/ Lorenzo Ghiberti
18 乔托钟塔 /Giotto di Bondone
19 切尔基塔楼
20 卡斯塔尼亚塔楼
21 巴杰罗美术馆
22 圣弥额尔教堂 /Neri diFioravante
23 圣迈克尔与盖塔诺教堂 / Bernardo Buontalenti 等
24 佛罗伦萨诸圣教堂
25 卡瑞拉桥 /Fagiuoli
26 斯特罗齐宫 / Benedetto da Maiano 等
27 鲁切拉府邸 / 莱昂・巴蒂斯塔・阿尔伯蒂等
28 三位一体教堂
29 恩宠桥 / 乔瓦尼・米歇尔卢奇等
30 圣十字主教堂 / 菲利波・伯鲁乃涅斯基等
31 巴齐礼拜堂 / 菲利波・伯鲁乃涅斯基
32 十字架门
33 韦奇奥宫 / Arnolfo di Cambio
34 乌菲兹美术馆 / 乔尔乔・瓦萨里
35 阿米德伊塔楼
36 瓦萨利走廊 / 乔尔乔・瓦萨里
37 韦奇奥桥 / Taddeo Gaddi 等
38 佛罗伦萨圣灵巴西利卡 / 菲利波・伯鲁乃涅斯基等
39 佛罗伦萨卡梅尔圣母礼拜堂
40 伊西丝植物园
41 圣米尼亚托修道院
42 保维迪尔城堡
43 皮蒂宫 / 菲利波・伯鲁乃涅斯基
44 圣费利切教堂 /Michelozzo di Bartolomeo Michelozzi
45 波波里花园
46 伯吉奥的美第奇家族别墅

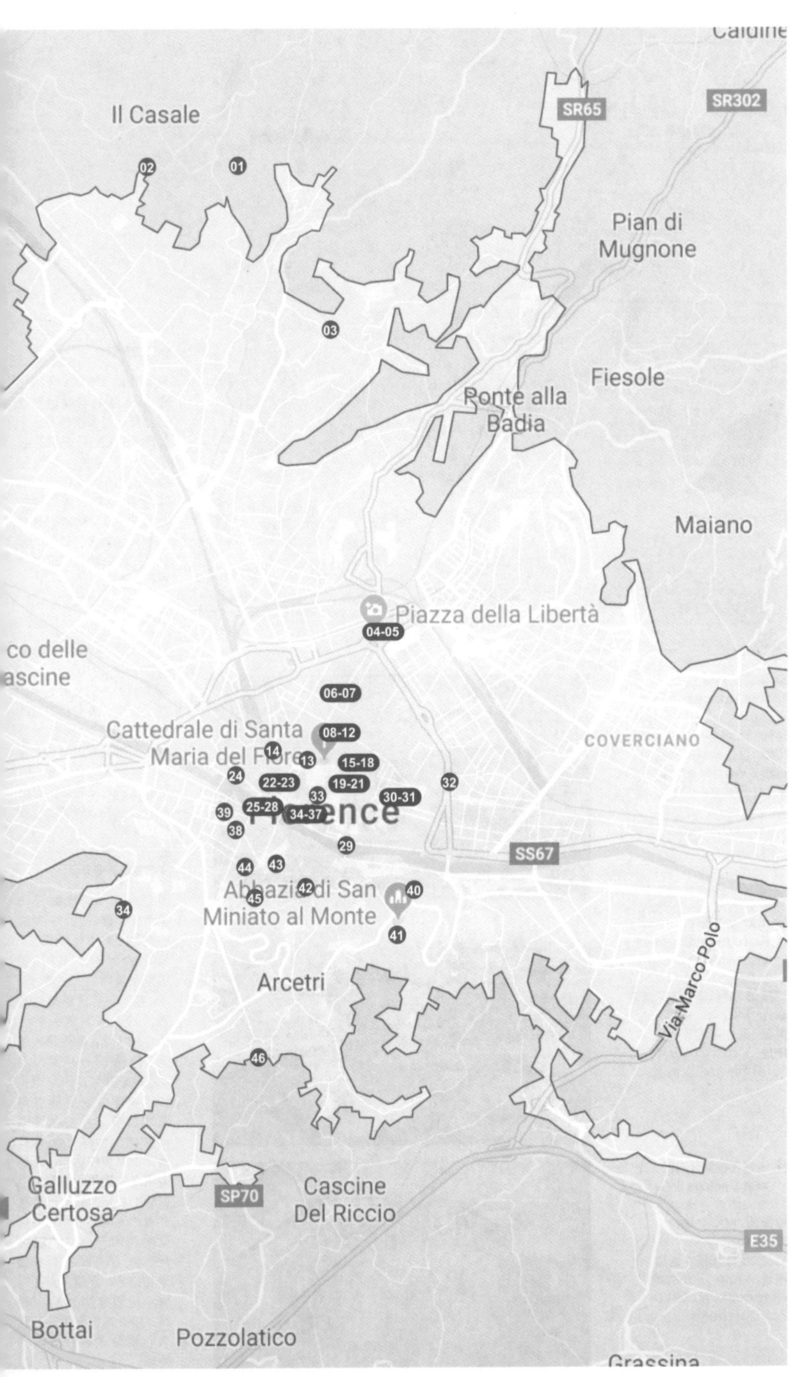

Caldine
SR65
SR302
Il Casale
02
01
Pian di Mugnone
03
Fiesole
Ponte alla Badia
Maiano
Piazza della Libertà
04-05
co delle ascine
06-07
Cattedrale di Santa Maria del Fiore
08-12
14
13
15-18
COVERCIANO
24
22-23
19-21
32
33
30-31
39
25-28
34-37
Florence
38
29
SS67
44
43
Abbazia di San Miniato al Monte
42
40
45
34
41
Via Marco Polo
Arcetri
46
Galluzzo
Certosa
SP70
Cascine Del Riccio
E35
Bottai
Pozzolatico
Grassina

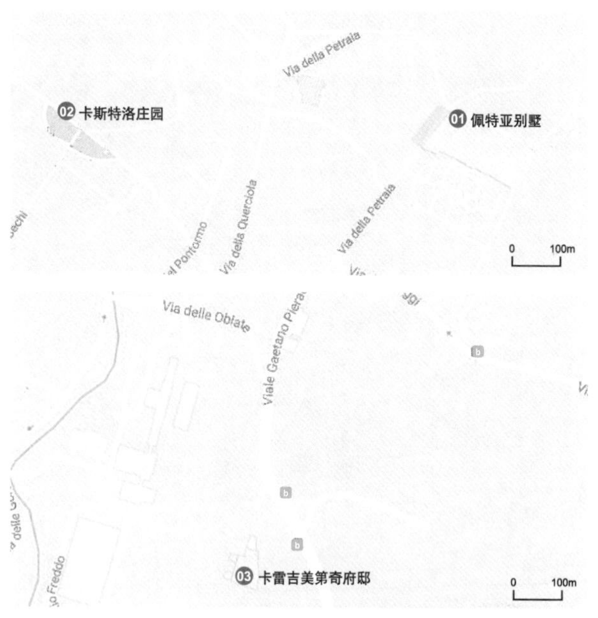

佩特亚别墅

佩特亚的 Medici 老城堡在 1362 年之前就已经存在，期间经多次转手，于 1568 年被美第奇家族收购，同年扩建成为别墅。别墅周围的花园可以追溯到 16 世纪晚期，其后经多次改造。从单纯的台地园转变为涵盖多种风格的园林，其中包括北部的英式自然式花园。

卡斯特洛庄园

卡斯特洛庄园位于佛罗伦萨附近的山丘，是托斯卡纳大公的乡村住宅。充满喷泉、雕像和石窟的花园在整个欧洲都很有名。庄园的台地园对称设计，对意大利文艺复兴时期花园和后来的法国巴洛克式花园的设计产生了深远的影响。

卡雷吉美第奇府邸

卡雷吉美第奇府邸是美第奇家族最古老的别墅之一，是文艺复兴与巴洛克风格的标志。1417 年美第奇家族购入这块地，并于 1427 年完成别墅的建造。其坐落于意大利托斯卡纳大区，临近佛罗伦萨，包括 12 栋别墅以及 2 处娱乐花园。该别墅见证了美第奇家族通过对艺术投资来左右现代欧洲文化。卡雷吉美第奇府邸拥有多种功能，既是美第奇家族用于炫耀自己权势的乡间宫殿，也是拥有者休闲度假的场所。别墅的花园与自然环境完美融合，花园的设计和山地相结合，逐层上升，同时，花园有明显的中轴线。该花园体现了文艺复兴时期意大利台地园的特点。

01 佩特亚别墅
Villa Medicea La Petraia

年代：1599 年
类型：居住建筑 / 别墅
地址：Via della Petraia, 40, 50141 Firenze,Italy

02 卡斯特洛庄园
Parco e giardino della Villa medicea di Castello

建筑师：尼科洛·特里沃洛
年代：1427 年
类型：居住建筑 / 别墅
地址：Via di Castello, 47, 50141 Firenze, Italy

03 卡雷吉美第奇府邸
Villa Medicea di Careggi

建筑师：Michelozzo
年代：1325 年
类型：居住建筑 / 别墅
地址：Viale Gaetano Pieraccini , 17, 50134 FirenzeFI,Italy

④ 佛罗伦萨凯旋门
Arco di Trionfon

建筑师：Jean-Nicolas Jadot
年代：1806 年
类型：其他建筑 / 纪念碑
地址：Piazza della Libertà, 50129 Firenze, Italy

⑤ 圣迦尔门
Porta San Gallo

类型：其他建筑 / 城门
地址：Piazza della Libertà, 50129 Firenze, Italy

佛罗伦萨凯旋门

洛林凯旋门(Arc de Triomphe of Lorraine)是佛罗伦萨的纪念碑建筑，位于 Piazzadella Libertà 广场。19 世纪早期古典复兴风格的凯旋门，其原型是古罗马的罗马城康斯坦丁凯旋门。

圣迦尔门

圣迦尔门是佛罗伦萨最北端的一座城门，门外为通往博洛尼亚的道路。城门口曾有圣迦尔修道院，由朱利亚诺·桑加罗设计，已毁于 1529 年围攻佛罗伦萨期间。

06 圣马可主教礼拜堂
San Marco Archbishop's Chapel

建筑师 :Michelozzo di Bartolomeo Michelozzi
年代 :1437 年
类型 :宗教建筑 / 礼拜堂
地址 : Piazza San Marco, 3, 50121 Firenze, Italy

07 自然史博物馆
Museo di Storia Naturale di Firenze

年代 :1775 年
类型 :文化建筑 / 博物馆
地址 : Universita degli Studi di Firenze, Via Giorgio la Pira, 4, 50121 Firenze, Italy

08 佛罗伦萨圣母领报巴西利卡
Basilica della Santissima Annunziata

建筑师 :Leon Battista Alberti
年代 :1444 年
类型 :宗教建筑 / 巴西利卡
地址 : Piazza SS Annunziata, 50122 Firenze,Italy

圣马可主教礼拜堂

最初的礼拜堂建于 12 世纪，科西莫（Cosimo）委托美第奇家族最喜欢的建筑师－米开朗琪罗在文艺复兴时期重建圣马克修道院，1437 年动工的工程确定了内部文艺复兴盛期布局，现存的外立面为巴洛克样式，建于 1777 － 1778 年。

自然史博物馆

自然史博物馆是欧洲最古老的科学博物馆之一。它拥有世界上最大的解剖学蜡像系列，建于 1770 － 1850 年，拥有超过 300 万只动物标本。

佛罗伦萨圣母领报巴西利卡

佛罗伦斯圣母领报巴西利卡又被称为“最神圣的报喜大教堂”，是一座文艺复兴时期的罗马天主教教堂。

佛罗伦萨美术学院美术馆

佛罗伦萨美术学院美术馆成立于1784年。美术馆最有名的展品是大卫像。建筑通体由白色石材组成。外立面的雕塑精致细腻，是18世纪美术馆建筑的典范。

⑨ 佛罗伦萨美术学院美术馆
La Galleria dell'Accademia a Firenze

年代：1784年
类型：科教建筑
地址：Via Ricasoli, 58/60, 50121 Firenze, Italy

育婴堂

佛罗伦萨育婴堂是欧洲最古老的儿童福利院，育婴堂是一座四合院，一层是面向安农齐阿广场展开的柱廊，其二层利用小窗与连续的柱廊风格协调。柱廊作为房屋和广场相互渗透的介质，连接了公共空间和私密空间。

⑩ 育婴堂
Hospital of Innocents

建筑师：菲利波·伯鲁乃涅斯基
年代：1419年
类型：其他
地址：Piazza della Santissima Annunziata, 12, 50121 Firenze,Italy

里卡迪图书馆

里卡迪图书馆是一个巴洛克风格图书馆，设于美第奇－里卡迪宫内。以前它属于里卡迪家族。图书馆于1715年向公众开放。其内饰为巴洛克风格，复杂多变，极尽奢华，凸显了美第奇家族富可敌国的财富。

⑪ 里卡迪图书馆
Biblioteca Riccardiana

建筑师：Riccardo Romolo Riccardi
年代：1600年
类型：文化建筑 / 图书馆
地址：Via de' Ginori, 10, 50123 Firenze, Italy

⑫ **美第奇–里卡迪宫**
Palazzo Medici Riccardi

建筑师：Michelozzo di Bartolomeo
年代：1445 年
类型：居住建筑 / 宫殿
地址： Via Camillo Cavour, 3, 50129 Firenze，Italy

⑬ **老圣洛伦佐教堂**
Basilica di San Lorenzo

建筑师：米开朗琪罗，菲利波·伯鲁乃涅斯基
年代：393 年
类型：宗教建筑 / 教堂
地址：Piazza di San Lorenzo, 9, 50123 Firenze, Italy

⑭ **圣母玛利亚教堂**
Santa Maria Novella

建筑师：Fra Sisto Fiorentino & Fra Ristoro da Campii
年代：1246-1360 年
类型：宗教建筑 / 教堂
地址：Piazza di Santa Maria Novella, 18, 50123 Firenze, Italy

美第奇–里卡迪宫

美第奇–里卡迪宫是一座文艺复兴宫殿，修建于 1445–1460 年之间，以其粗面光边石工和琢石石工著称。三段式、节奏分明的立面用在这里，显示理性、秩序的文艺复兴精神和古典主义的人类尺度。建筑材料上下虚实对比与粗细对比的运用十分得当，是文艺复兴时期府邸建筑的代表作。

老圣洛伦佐教堂

老圣洛伦佐教堂（巴西利卡）为早期基督教建筑，文艺复兴时期著名建筑师菲利波·伯鲁乃涅斯基对其穹顶和内部空间进行了改造，而这为建筑师实施佛罗伦萨圣母百花大教堂穹顶工程提供了宝贵的借鉴与经验，是文艺复兴早期典型性宗教建筑之一。

圣母玛利亚教堂

该教堂在中世纪为罗马风教堂，在文艺复兴时期做了西立面的改造。教堂的主殿长 86 米，两边是 36 根大理石石柱和 4 根花岗石石柱，后殿的马赛克壁画完成于 13 世纪，描述圣母加冕。16 世纪中加建了巴洛克风格的保利娜小礼拜堂，其中埋葬着教皇保罗五世。

主教座堂博物馆

该博物馆位于佛罗伦萨主教堂后侧，内部收集了大量来自佛罗伦萨大教堂、洗礼堂和钟楼的艺术珍品。建筑的立面由多个宗教题材雕塑组成，建筑立面则为券柱式与宗教题材雕塑壁龛组成。

圣母百花大教堂

圣母百花大教堂，又称为佛罗伦萨主教堂，于14世纪早期即建成主体建筑，但超过预期的规模使得穹顶与顶部采光亭的建造在当时成为难题，直至文艺复兴早期才通过竞赛中标由建筑师菲利波·伯鲁乃涅斯基接手，经过11年的建设于15世纪上半叶竣工，该工程是文艺复兴早期建筑的代表作品之一，其穹顶营造借鉴了哥特建筑的双层屋顶体系与骨架券营造经验，其穹顶跨度在工业革命之前是同类穹顶中排名前列；建筑师创造性的利用高12米的鼓座将跨度达到42.2米的穹顶托出其建筑主体，总体高度达到107米，至今是全城的建筑制高点，开创了西欧文艺复兴时期集中式教堂的范式，建筑主体一侧为文艺复兴早期艺术家乔托设计的高达84.7米的钟塔。

佛罗伦萨大教堂洗礼堂南门（天堂之门）

洗礼堂是佛罗伦萨主教堂建筑群中最早完成的单体建筑物，建筑单体为佛罗伦萨罗马风风格，厚重而不失变化，其平面八边形构图影响了后续主教堂建筑与穹顶的构图母题，正面的青铜镀金大门高565厘米，由宗教故事系列雕刻组成，是文艺复兴早期透视学运用的杰出范例，在文艺复兴晚期乔尔乔．瓦萨里的传记作品中记载，当米开朗琪罗第一次看到这座大门时，将其称为“巧夺天工”，这也是“天堂之门”(Gates of Paradise) 名称的由来。

⑮ 主教座堂博物馆
Museo dell'Opera del Duomo

年代：1296年
类型：文化建筑 / 博物馆
地址：Piazza del Duomo, 50122 Firenze,Italy

⑯ 圣母百花大教堂
Basilica di Santa Maria del Fiore

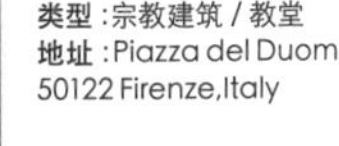

建筑师：Arnolfo di cambio,Filippo Brunelleschi,Emilio De Fabris
年代：1296年
类型：宗教建筑 / 教堂
地址：Piazza del Duomo, 50122 Firenze,Italy

⑰ 佛罗伦萨大教堂洗礼堂南门（天堂之门）
Gates of Paradise

建筑师：洛伦佐·吉尔伯蒂 / Lorenzo Ghiberti
年代：1452年
类型：宗教建筑 / 洗礼堂
地址：Piazza S. Giovanni, 50122 Firenze,Italy

⑱ 乔托钟塔
Giotto's Campanile

建筑师:Giotto di Bondone
年代:1334 年
类型:其他建筑 / 塔楼
地址: Piazza Duomo, 50122 Firenze, Italy

⑲ 切尔基塔楼
Torre dei Cerchi

年代:12–13 世纪
类型:其他建筑 / 塔楼
地址:Via dei Cerchi, 20, 50122 Firenze FI,Italy

⑳ 卡斯塔尼亚塔楼
Torre della Castagna

年代:1038 年
类型:其他建筑 / 塔楼
地址:Via Dante Alighieri, 2, 50122 Firenze, Italy

乔托钟塔

这座钟塔由文艺复兴早期著名画家乔托设计，建筑风格为中世纪晚期罗马风风格，平面为边长14.45米的正方形，四角的扶壁柱高达84.7米，构图上四条突出的垂直线又被富于节奏变化的水平线与尖券窗所划分，整座建筑布满了色彩丰富的彩色大理石装饰与雕塑作品，装饰华丽而有条理，是中世纪晚期罗马风向文艺复兴过渡时期的重要作品。

切尔基塔楼

切尔基塔楼是经过重建的中世纪塔楼，位于托斯卡纳地区佛罗伦萨的老桥附近的奥尔特拉诺区。该建筑是中世纪军事防御塔楼的典范。

卡斯塔尼亚塔楼

卡斯塔尼亚塔楼是佛罗伦萨历史中心的罗马风风格的塔楼。该塔楼保存相对完整，塔中原有一座酒神雕塑和罗马石棺，诉说着当年的故事。

㉑ 巴杰罗美术馆 Museo Nazionale del Bargello

年代：1256 年
类型：文化建筑 / 美术馆
地址：Via del Proconsolo, 4, 50122 Firenze, Italy

巴杰罗美术馆又名巴杰罗宫、人民宫，是一座罗马风风格建筑，曾经用作军营和监狱，现在是一个美术馆。馆内收藏有米开朗琪罗的不少作品，例如《巴卡斯》《圣母和圣婴》，还有多那太罗的大卫像和圣乔治像等。

㉒ 圣弥额尔教堂 Orsanmichele

建筑师：Neri diFioravante, Benci, Simone Talenti
年代：1337 年
类型：宗教建筑 / 教堂
地址：Via dell'Arte della Lana, 50123 Firenze,Italy

圣弥额尔教堂的地基原是圣弥额尔修道院的菜园。该建筑是罗马风风格与哥特建筑风格融合的杰出实例，反映出那一时期佛罗伦萨建筑手法受到法国哥特风格的影响。

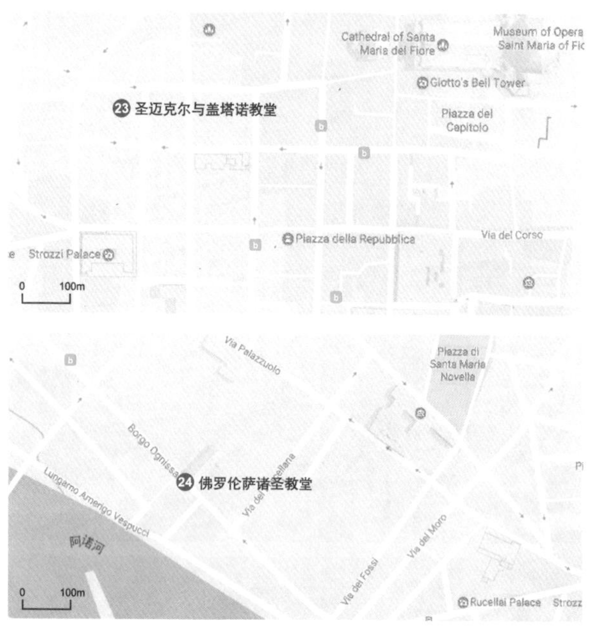

㉓ 圣迈克尔与盖塔诺教堂
Santi Michele e Gaetano

建筑师：Bernardo Buontalenti, Matteo Nigetti&Gherardo Silvani
年代：1604–1648 年
类型：宗教建筑 / 教堂
地址：Piazza degli Antinori, 1, 50123 Firenze FI, Italy

㉔ 佛罗伦萨诸圣教堂
Chiesa di Ognissanti

年代：1251 年
类型：历史建筑 / 教堂
地址：Borgo Ognissanti, 42, 50123 Firenze, Italy

圣迈克尔与盖塔诺教堂

这是一座三位一体修会的教堂，从佛罗伦萨的贵族家庭获得资金，修建工程从 1604 年到 1648 年。最初的设计者是 Bernardo · Buontalenti，后期参与工作最重要的建筑师是 Matteo · Nigetti 和 Gherardo · Silvani。该教堂建于原罗马风风格的圣迈克尔教堂的原址上，所以得名为“圣迈克尔与盖塔诺教堂”，现存风格为典型的巴洛克教堂，对柱壁柱与波折檐口线条的使用使得整座建筑充满了节奏感与张力。

佛罗伦萨诸圣教堂

佛罗伦萨诸圣教堂（Chiesa di Ognissanti）是一座方济各会教堂，始建于 1251 年，1627 年由 Bartolomeo · Pettirossi 的设计重建，立面则由 Matteo · Nigetti 在 1637 年设计完成，整个建筑主体为罗马风风格，立面则是佛罗伦萨最早的巴洛克建筑实例之一，入口立面成对出现的科林斯壁柱与倚柱的运用、曲线山花的建筑语言颇具新意又较为克制，正立面右侧则为 13 世纪所建的罗马风风格塔楼。

㉕ 卡瑞拉桥
Ponte alla Carraia

建筑师：Fagiuoli
年代：1948 年
类型：交通建筑 / 桥梁
地址：Ponte alla Carraia, 50125 Firenze, Italy

卡瑞拉大桥是一座横跨阿尔诺河的五拱桥，连接着奥尔特拉诺地区和意大利佛罗伦萨历史中心地区。古朴的大理石运用与佛罗伦萨地区的历史环境完美契合。

㉖ 斯特罗齐宫
Palazzo Strozzi

建筑师 :Benedetto da Maiano , Simone de l Pollaiolo, Baccio D'Agnolo
年代 :1489 年
类型 :居住建筑 / 宫殿
地址 :Piazza degli Strozzi, 50123 Firenze, Italy

㉗ 鲁切拉府邸
Palazzo Rucellai

建筑师 :莱昂 · 巴蒂斯塔 · 阿尔伯蒂，贝尔纳多 · 罗塞利诺
年代 :1446 年
类型 :居住建筑 / 宫殿
地址 :Via della Vigna Nuova, 18, 0123 Firenze,Italy

㉘ 三位一体教堂
Basilica di Santa Trinita

年代 :1250 年
类型 :宗教建筑 / 教堂
地址 : Piazza di Santa Trinita, 50123 Firenze, Italy

斯特罗齐宫

该建筑是文艺复兴早期的居住建筑。作为美第奇家族的竞争对手——银行家老菲利浦 · 斯特罗齐希望兴建一座最壮丽的府邸，来延续家族的声望，象征其政治地位。 建筑立面底层则较为封闭，反映出那时寡头政治对于自身防御性的需要。

鲁切拉府邸

鲁切拉府邸是鲁切拉广场上的一座 15 世纪宫殿，是一座典型的强调防御性和立面材料韵律变化的文艺复兴早期居住建筑。由莱昂·巴蒂斯塔·阿尔伯蒂设计。其美丽的立面是最早一批基于壁柱和檐部相互比例关系而设计的，这一设计充满了创造性。

三位一体教堂

该教堂是意大利佛罗伦萨市中心的一座天主教堂，是“Vallumbrosan” 修道会的母堂，1092 年由一位佛罗伦萨贵族创建。该教堂原先为罗马风风格建筑，在巴洛克时期进行了立面改造。

恩宠桥

恩宠桥是意大利佛罗伦萨的一座桥梁，跨阿诺河。恩宠桥最初建设于1227年，1345年重建为九拱桥，曾是佛罗伦萨最古老、最长的桥梁。恩宠桥其中两个桥拱在1347年被堵上，以拓宽Mozzi广场。1876年改为铁路桥，1944年8月，该桥被撤退的德军炸毁。现存新恩宠桥在1953年完成。

圣十字主教堂

佛罗伦萨圣十字圣殿是方济各会在佛罗伦萨的主要教堂，是一座混合了罗马风风格和文艺复兴风格的圣殿。这个地点原是城墙外的一片沼泽地。在这座教堂中，安葬着许多位最杰出的意大利人，例如米开朗琪罗、伽利略，因而被称为“意大利的先贤祠”。

巴齐礼拜堂

巴齐礼拜堂是一座宗教建筑，是伯鲁乃涅斯基早期文艺复兴建筑的代表作，强调理性与秩序。与圣十字教堂内院与周边环境完美对应。

㉙ 恩宠桥
Ponte alle Grazie

建筑师：乔瓦尼·米歇尔卢奇，爱德华多 Detti，里卡多 Gizdulich，达尼洛·桑蒂，皮罗·梅卢奇
年代：始建于1227年，1953年重建
类型：交通建筑 / 桥梁
地址：Lungarno delle Grazie, 50122 Firenze FI, Italy

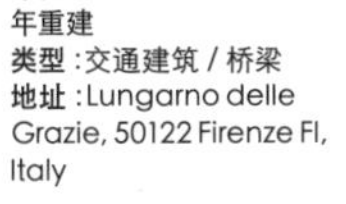

㉚ 圣十字主教堂
Basilica di Santa Croce

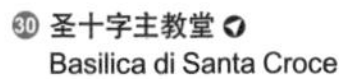

建筑师：菲利波·伯鲁乃涅斯基，Arnolfo di Cambio，Niccolo Matas
年代：1296年
类型：宗教建筑 / 教堂
地址：Piazza d i Santa Croce, 16, 50122 Firenze,Italy

㉛ 巴齐礼拜堂
Cappella Pazzi

建筑师：菲利波·伯鲁乃涅斯基
年代：1249年
类型：宗教建筑 / 礼拜堂
地址：Basilica di Santa Croce, Piazza S. Croce, 16, 50122 Firenze,Italy

㉜ 十字架门
Porta alla Croce

年代 :13 世纪
类型 :其他建筑 / 城门
地址 :Piazza Cesare Beccaria,50121 Firenze,Italy

十字架门

十字架门是前佛罗伦萨城墙的门户，是一座罗马风风格的城门，位于萨贝卡里亚广场是佛罗伦萨一个烈士——圣米尼亚托被斩首的地方。大门是建于 13 世纪后期的佛罗伦萨周围的第四组墙壁的一部分。这座门曾经被称为“峡谷十字门”，是在 1817–1818 年洛林大公费迪南多三世的统治下翻新的。外部有描绘圣母和圣徒的装饰。

韦奇奥宫

韦奇奥宫是佛罗伦萨的市政厅，又称为旧宫，之前为美第奇家族的府邸，是罗马风风格宫殿建筑的代表作。1299—1322 年期间修建完成，整个建筑内部在 1540 年经过重新室内装修与改造，它标志性的钟塔曾是抗击洪水、召集市民的重要构筑物，在建成时是全意大利境内最高的钟塔，建筑俯瞰着领主广场，前面是米开朗琪罗大卫像的复制品，以及众多的雕塑杰作。

乌菲兹美术馆

乌菲兹美术馆是文艺复兴晚期的作品。1560 年乔尔乔 · 瓦萨里为美第奇家族建造了 4 层办公厅建筑，Uffizi 一词即办公厅之意，建成时其顶层为美第奇家族私人的画廊。整个建筑为文艺复兴晚期风格，带有手法主义的特征，1796 年拿破仑入侵时期作为条约的一部分，美第奇家族将其收藏的文艺复兴艺术品捐献给佛罗伦萨城成为公共财产，目前共有 46 个画廊，收藏着约 10 万件名画、雕塑、陶瓷等，大部分是 13-18 世纪意大利派、佛兰德斯派、德国及法国画派的绘画和雕刻，是文艺复兴早期艺术品收藏最重要的美术馆。

阿米德伊塔楼

阿米德伊塔楼是中世纪阿米德伊家族权力的象征，曾是佛罗伦萨的地标性建筑物，“二战”后期 1944 年德军撤退时被炸毁，后部分重建，目前现状与原有建筑物色彩较为一致，塔楼正门上方的两只狮头雕塑为原物，其历史可以追溯到伊特拉鲁亚时期。

瓦萨利走廊

瓦萨利走廊是佛罗伦萨乌菲兹美术馆南侧的一条连续拱廊，位于阿诺河的北岸，是文艺复兴晚期建筑师、传记作家乔尔乔 · 瓦萨利的代表作品之一，该拱廊始于韦奇奥宫南侧，穿过乌菲兹美术馆逶迤至阿诺河南侧，其语言反映出晚期文艺复兴建筑典型性的城市环境处理手法。

韦奇奥桥

韦奇奥桥是佛罗伦萨市内一座中世纪建造的石造拱桥，桥上直到目前为止仍有商店存在。桥上的店铺最初为肉铺。韦奇奥桥也被认为是意大利现存最古老的石造封闭拱肩圆弧拱桥。

㉝ **韦奇奥宫**
Palazzo Vecchio

建筑师：Arnolfo di Cambio
年代：1299 年
类型：居住建筑 / 宫殿
地址：Piazza della Signoria, 50122 Firenze,Italy

㉞ **乌菲兹美术馆**
Galleria degli Uffizi

建筑师：乔尔乔 · 瓦萨里
年代：1581 年
类型：文化建筑 / 美术馆
地址：Piazzale degli Uffizi, 6, 50122 Firenze, Italy

㉟ **阿米德伊塔楼**
Torre degli Amidei

年代：13 世纪
类型：其他建筑 / 塔楼
地址：Borgo Santi Apostoli, 19, 50123 Firenze FI, Italy

㊱ **瓦萨利走廊**
Corridoio Vasariano

建筑师：乔尔乔 · 瓦萨里
年代：1565 年
类型：交通建筑 / 桥梁
地址：Via della Ninna, 5, 50122 Firenze,Italy

㊲ **韦奇奥桥**
Ponte Vecchio

建筑师：Taddeo Gaddi, Neri di Fioravante
年代：1345 年
类型：交通建筑 / 桥梁
地址：Ponte Vecchio, 50125 Firenze,Italy

38 佛罗伦萨圣灵巴西利卡
Basilica di Santo Spirito

建筑师：菲利波·伯鲁乃涅斯基，Antonio Manetti
年代：1487 年
类型：宗教建筑 / 巴西利卡
地址：Piazza Santo Spirito, 30, 50125 Firenze,Italy

39 佛罗伦萨卡梅尔圣母礼拜堂
Chiesa di Santa Maria del Carmine

年代：1268 年
类型：宗教建筑 / 礼拜堂
地址：Piazza del Carmine, 50124 Firenze,Italy

佛罗伦萨圣灵巴西利卡

该建筑是文艺复兴早期建筑大师菲利波·伯鲁乃涅斯基最后的作品之一，14 世纪中后期，文艺复兴先驱之一的作家薄伽丘曾在此聚会探讨他的人文主义。1375 年薄伽丘死后把他的图书捐给了该修道院。1428 年伯鲁乃涅斯基完成设计了这座堂，1446 年伯鲁乃涅斯基去世时该建筑尚处于营造初期，整个建筑反映了文艺复兴早期建筑对于秩序和理性的追求。

佛罗伦萨卡梅尔圣母礼拜堂

佛罗伦萨卡梅尔圣母礼拜堂是一座历经多次改造的建筑，其外观厚重朴实，为罗马风风格，平面为巴西利卡样式，其内部则历经文艺复兴与巴洛克时期的改造，现存有马萨乔和马索利诺等著名文艺复兴艺术家的壁画作品，其圣坛部分则是巴洛克时期室内设计风格的代表作品。

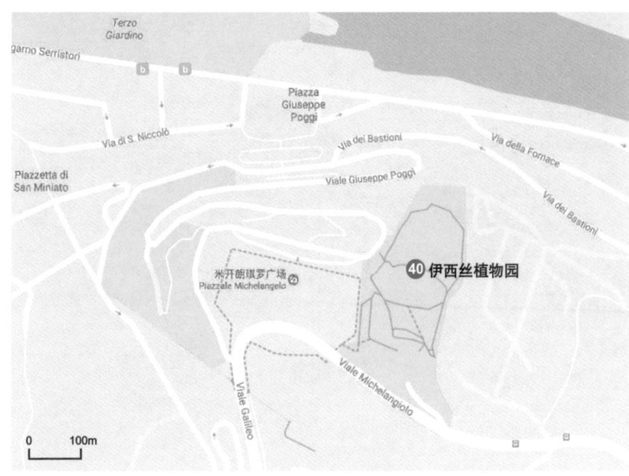

40 伊西丝植物园
Giardino dell'Iris

类型：景观建筑 / 园林
地址：Via le Michelangiolo, 82, 50125 Firenze Fl,Italy

41 圣米尼亚托修道院
Abbazia di San Miniato al Monte

类型：宗教建筑 / 修道院
地址：Via delle Porte Sante, 34, 50125 Firenze Fl,Italy

伊西丝植物园

伊西丝植物园专门从事鸢尾花的种植，自1251年以来一直是佛罗伦萨的象征。它位于佛罗伦萨的Viale dei Colli和米开朗琪罗广场的角落。花园内有一个池塘，用于种植水生植物，并可以欣赏到佛罗伦萨以及周边群山的美景。

圣米尼亚托修道院

圣米尼亚托修道院是一座罗马风风格的教堂，坐落在佛罗伦萨的高点，俯瞰整个城市的景色。同时，教堂正面的意大利台地园，风景甚是优美。该教堂被评为意大利风景最为优美的教堂之一。

42 保维迪尔城堡
Forteere di Belved

年代:1595 年
类型:其他建筑 / 城堡
地址:Via di S. Leonardo, 1, 50125 Firenze,Italy

43 皮蒂宫
Pitti Palace Palazzo Pitti

建筑师:菲利波·伯鲁乃涅斯基
年代:1446 年
类型:居住建筑 / 宫殿
地址: Piazza de' Pitti, 1, 50125 Firenze,Italy

44 圣费利切教堂
San Felice, Florence

建筑师:Michelozzo di Bartolomeo Michelozzi
年代:1060 年施工，20 世纪完成
类型:宗教建筑 / 教堂
地址:Piazza San Felice, 5, 50125 Firenze,Italy

保维迪尔城堡

保维迪尔城堡位于阿诺河南部的山丘上。长期以来，它被认为是佛罗伦萨防御最薄弱的地方，在现代早期发明炮火之后，其防御性才有所增加。从军事角度来说，堡垒位于最具战略意义的地区，可以俯瞰整个城市和周边地区。由于文艺复兴时期战乱频频，堡垒在城市的防御策略中至关重要。

皮蒂宫

皮蒂宫是一座规模宏大的文艺复兴时期宫殿，位于阿诺河的南岸，距离老桥只有一点距离。1458 年建造时，原设计是一位佛罗伦萨银行家卢卡·皮蒂的住所。1549 年这个宫殿由美第奇家族的科西莫一世买下，并作为托斯卡纳大公的主要住所。

圣费利切教堂

圣费利切教堂是一座始建于公元 11 世纪下半叶的罗马天主教堂，位于皮蒂宫西侧靠近阿尔诺河南岸。其归属权曾在多个教派中变动，主体风格为罗马风风格，1457 年文艺复兴早期著名建筑师 Michelozzo（di·Bartolomeo·Michelozzi）为其增加了早期文艺复兴风格的主入口立面，整体造型克制而又有变化。该建筑师另一著名的作品是圣十字教堂庭院的回廊，是早期文艺复兴的重要代表实例，内部圣坛后期经过多次改造。

45 波波里花园
Giardino di Boboli

年代：1550 年
类型：景观建筑 / 园林
地址：Piazza Pitti, 1, 50125 Firenze, Italy

意大利波波里花园是享誉世界的古代罗马园艺花园。14 世纪初期波波里花园是佛罗伦萨最显赫贵族美第奇家族的私家庭院。庭院中轴对称设计，建筑位于轴线之上，控制着整个庭院。水景伴随着雕塑同样布置在轴线之上，体现了西方园林的秩序感。

46 伯吉奥的美第奇家族别墅
Villa Medicea del Poggio Imperiale

年代：16 世纪
类型：居住建筑 / 别墅
地址：Piazzale del Poggio Imperiale,50125 Firenze, Italy

伯吉奥的美第奇家族别墅是一座新古典主义的前大公爵别墅，位于佛罗伦萨南部的 Arcetri。它经常处于意大利动荡历史的中心。经过多次重建和重新设计，最后被改建为一所著名的女子学校。该庄园采取中轴线对称的规则式设计，强调几何图形和秩序感。

18・锡耶纳

建筑数量：09

01 奥利维城门
02 图费门 / Agnolo di Ventura
03 坎波广场
04 锡耶纳主教堂 / Giovanni Pisano 等
05 共和宫 / Lippo Memmi 等
06 皮克罗米尼宫 / Bernardo Rossellino 等
07 盖亚喷泉 / Jacopo della Quercia 等
08 圣保罗凉亭 / Sano di Matteo 等
09 普罗文扎诺圣玛利亚礼拜堂 / Flaminio Del Turco

奥利维城门

奥利维城门位于 Vallerozzi 大道尽头，城市东北部；始建于 1093 年，后经多次改建、扩展，15 世纪时是该城重要的收税关卡，是今天可见的一系列中世纪时期锡耶纳城门建筑之一。整个建筑为带瓮城的双层城门，平面略成矩形，主体结构为砖砌，门洞口白色石材半圆形拱券和上部盲拱与巨大的雉堞是其主要视觉特征；该城门内部现存锡耶纳最古老的城墙壁画；城门体现了中世纪意大利北部城市罗马风风格城墙建筑的典型特征。

01 **奥利维城门**
Ovile Gate

年代：1093 年
类型：其他建筑 / 城门
地址：Via Simone Martini, 1, 53100 Siena SI, Italy

图费门

建筑由城门及两侧的警卫室组成，建筑整体由砖砌而成，三开间城门为石灰华建造的拱门，内部设有壁龛，为 16 世纪反抗西班牙战争的纪念匾额及当地著名的赛马活动徽章；整个城门构图完整，从两侧向中央开间隆起，体现了中世纪设计师对于城市文化、山城文化特质的追求。

02 **图费门**
Porta Tufi

建筑师：Agnolo di Ventura
年代：1325–1326 年
类型：其他建筑 / 城门
地址： Str. dei Tufi, 1, 53100 Siena SI, Italy

03 坎波广场
Piazza del Campo

年代：1292–1355 年
类型：景观建筑 / 广场
地址：Il Campo, 53100 Siena SI, Italy

04 锡耶纳主教堂
Duomo di Siena

建筑师：Giovanni Pisano, Giovanni di Cecco, Gian Lorenzo Bernini
年代：1215–1263 年
类型：宗教建筑 / 教堂
地址：Piazza del Duomo, 8, 53100 Siena SI, Italy

坎波广场

该广场是锡耶纳最重要的城市广场，其平面呈扇形，代表了锡耶纳中世纪著名的银行家族的标志 Noveschi 的 9 条石灰华浅色分割线将整个广场分成 10 个扇页。周围三个方向的坡度在这里汇合，整个广场则呈现平缓的弧面内凹坡度，显示出建造者对于地形极好的处理能力。中世纪时期由于制砖行业工会的垄断，反而赋予了整个广场既有变化又色彩统一的质感；周边著名的建筑包括共和宫、曼吉尼亚尼亚塔楼及广场西北边缘的盖亚喷泉，每年两次的赛马活动则是广场公共活动的高潮。

锡耶纳主教堂

锡耶纳主教堂最初的结构可以追溯到公元 9 世纪左右，现状外观主体则是在 1215–1263 年之间在早期遗迹场地上设计和完成的。其平面是拉丁十字式的，折角侧翼稍稍突出于平面纵轴线，平面中央有穹顶，东侧有钟塔，其穹顶由带抹角的六边形鼓座支撑，外部则呈八边形，该主教堂是意大利北部最漂亮的晚期罗马风风格教堂之一，是典型的利用古罗马建筑残留石制部件建成的晚期托斯卡纳罗马风风格与法国哥特式和融合的作品；整个主教堂东部为陡峭的坡地，而主体建筑与周边凉廊、主教堂遗留部分在教堂后半部连成一个半围合的广场，既形成了雄踞坡地进入主教堂广场的入口立面（东部），又巧妙完成了空间转换与引导，使得其西立面过渡自然，是复杂坡地地形上处理建筑的极佳范例；该教堂室内装饰一直延续到 18 世纪，其内部有包括年轻时米开朗琪罗、贝尔尼尼创作的多座珍贵雕塑，西立面以“最后的晚餐”为主题的彩色玻璃窗则是意大利最早制作的哥特式玫瑰窗之一。

锡耶纳主教堂内景

⑤ 共和宫
Pubblico Palace

建筑师：Lippo Memmi, Domenico di Agostino, Giovanni di Cecco, Mariano d'Angelo Romanelli, Antonio Federighi, Conte di Iello Orlandi, Pietruccio di Betto
年代：1297-1648 年
类型：办公建筑 / 市政厅
地址：Piazza del Campo, 1, 53100 Siena SI, Italy

⑥ 皮克罗米尼宫
Palazzo Piccolomini

建筑师：Bernardo Rossellino, Augusto Corbi
年代：1460-1495 年
类型：居住建筑 / 府邸
地址：53100 Siena, Province of Siena, Italy

⑦ 盖亚喷泉
Fonte Gaia

建筑师：Jacopo della Quercia, Giuseppe Partini
年代：1342-1858 年
类型：景观建筑 / 喷泉
地址：Il Campo, 21, 53100 Siena SI, Italy

共和宫

共和宫是具有哥特建筑元素的罗马风风格建筑。建筑处于坎波广场的正面，其平面形态略成折线凹入，与坎波广场的形态相互呼应并处于广场的视觉焦点。

皮克罗米尼宫

皮克罗米尼宫得名于修建它的中世纪家族，整个建筑是文艺复兴风格的，平面与街道转角平行而呈带内院的折线形；立面上竖向材料粗细划分形式让人想起佛罗伦萨的美第奇府邸和鲁切拉府邸，该建筑师锡耶纳城内较少见的文艺复兴时期的府邸建筑，底层新文艺复兴风格的大厅则是18 世纪由建筑 Augusto · Corbi 完成的，该建筑目前为该市当代艺术博物馆。

盖亚喷泉

盖亚喷泉建于 1342 年，该城在中世纪时期修建了长达 25 公里的地下输水系统，而该喷泉是其重要的景观节点。该喷泉位于坎波广场北缘，平面略成梯形，三面建有围栏栏板而面朝广场一端开放，整个喷泉的护栏是 1419 年由雕塑家 Jacopo · della · Quercia 建造的，是典型的文艺复兴时期的喷泉景观雕塑群，1858 年原版大理石镶板被 Tito · Sarrocchi 雕刻的复制品所取代，工程由建筑师 Giuseppe · Partini 完成，而中世纪的原作则目前陈列于博物馆中。

⑧ 圣保罗凉亭
Loggia della Mercanzia

建筑师 :Sano di Matteo, Pietro del Minella
年代 :1417–1444 年
类型 :景观建筑 / 小品
地址 : Via di Città, 2, 53100 Siena SI, Italy

⑨ 普罗文扎诺圣玛利亚礼拜堂
Santa Maria in Provenzano

建筑师 :Flaminio Del Turco
年代 :1595–1632 年
类型 :宗教建筑 / 礼拜堂
地址 : Via alla Torre, 22,21100 Varese VA, Italy

圣保罗凉亭

圣保罗凉亭也被称为商会凉亭，整个凉亭上部在 18 世纪上半叶做过改造，该凉亭整体呈现为罗马风—文艺复兴过渡时期的风格，束柱的采用与立于柱身一半高度的圣像雕刻降低了对街道空间的压迫，反映出建筑师灵活、实用的设计手法；而连续三跨的拱门形成的半开放空间为中世纪狭窄城市街道的有层次、有趣味的空间过渡。该城现存多座凉亭，是那一时期托斯卡纳地区城市街道空间的常见设计手法与重要代表实例。

普罗文扎诺圣玛利亚礼拜堂

该礼拜堂平面为拉丁十字式平面，平面交汇处有巨大的穹顶，入口立面由白色大理石建造，严谨的科林斯壁柱划分与变化丰富的窗户显示出手法主义与早期巴洛克建筑过渡时期的特征，1617–1632 年完成了其室内主要祭坛部分的装饰与雕塑，穹顶与室内壁画则主要完成于 18 世纪，是巴洛克建筑的典型实例。

锡耶纳托斯卡纳风光（作者自摄）

翁布里亚大区
Umbria
⑲ 佩鲁贾 / Perugia
19

19・佩鲁贾

建筑数量：22

01 安蒂诺里宫 /Francesco Bianchi 等
02 Antognolla 城堡
03 圣天使门 /Lorenzo Maitani
04 圣母玛利亚礼拜堂
05 孔卡门
06 普拉托的圣弗朗西斯科礼拜堂 /Pietro Angelini
07 迪圣贝纳迪诺小礼拜室 /Agostino di Duccio
08 佩鲁贾纪念公墓 /Francesco Lardoni 等
09 圣 Bevignate 礼拜堂 /Bonvicino 等
10 莫拉基剧院 /Alessio Lorenzini 等
11 Sciri 塔
12 Oddi 家族的宫殿
13 Turreno 剧院 /Alessandro Arienti
14 马焦雷喷泉 /Nicola Pisano
15 十一月四日广场
16 普里奥里宫
17 德尔帕文剧院
18 伊特鲁利亚拱门
19 罗卡堡垒 /Antonio da Sangallo
20 圣彼得门 /Agostino di Duccio
21 弗龙托内花园
22 佩鲁贾植物园 /Alessandro Menghini

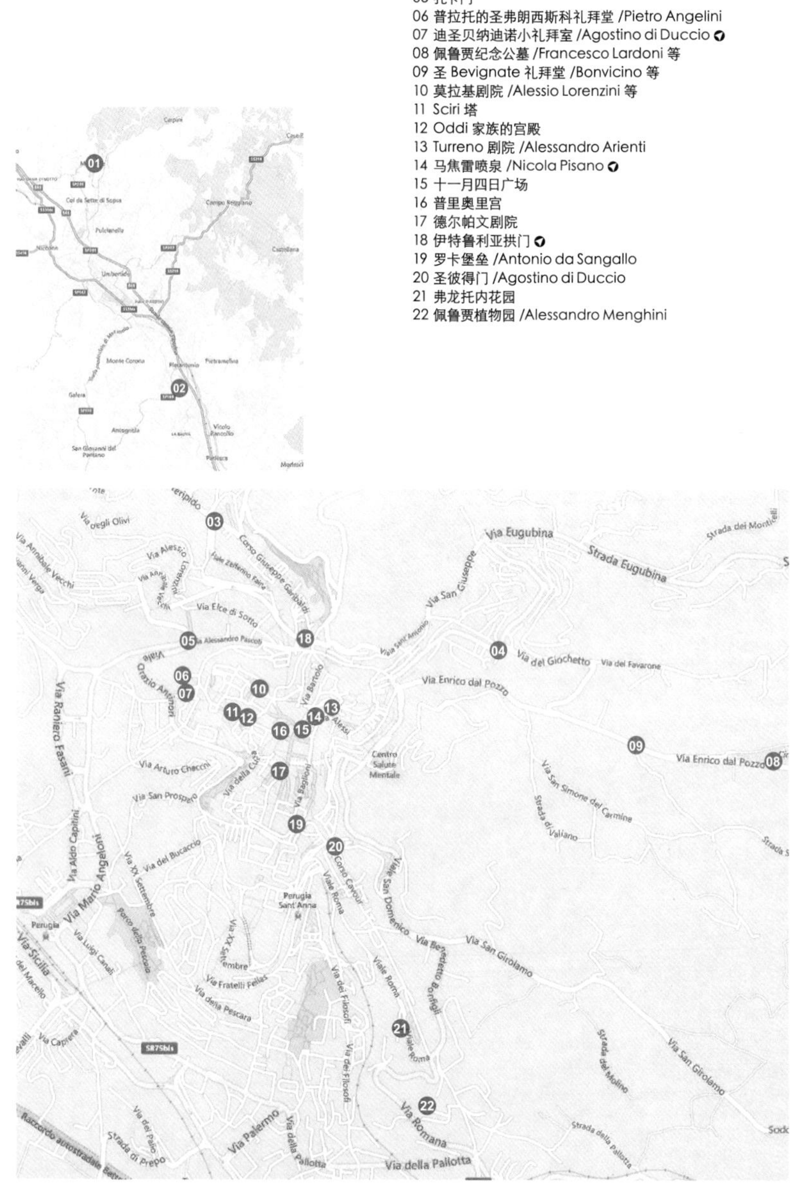

安蒂诺里宫

安蒂诺里宫为巴洛克复兴风格建筑，19世纪末被 Gallenga · Stuart 收购后形成现在的名称，建筑始建于18世纪中叶，其西立面直至20世纪30年代才完工，建筑的外立面颇具特色：红色的多重爱奥尼壁柱和砖砌檐口划分的立面开间由巨大的手法主义的窗户填充，整饰中充满了变化与光影效果；室内装饰的壁画由 Giuli 和 Carattoli 创作。

Antognolla 城堡

该城堡是中世纪以来佩鲁贾 Antognolla 家族的府邸的所在地，是这一地区重要的中世纪家族城堡的代表实例，而其最早历史可以回溯到1174年，整个建筑是由一座中世纪修道院扩建而来，内部的高塔和高大的墙体则预示了其军事堡垒的性质；整个建筑群与周边山冈环境和谐而对峙，反映了这一时期典型防御性城堡的择址原则与基地处理方法；目前该城堡为一家酒店，建筑群整体风格是罗马风风格的。

01 安蒂诺里宫
Palazzo Gallenga Stuart

建筑师：Francesco Bianchi, Pietro Carattoli
年代：1748–1758 年
类型：居住建筑 / 宫殿
地址：Piazza Fortebraccio, 4, 06014 Montone PG, Italy

02 Antognolla 城堡
Castello di Antognolla

年代：1174 年
类型：居住建筑 / 宫殿
地址：06133 San Giovanni del Pantano Province of Perugia, Italy

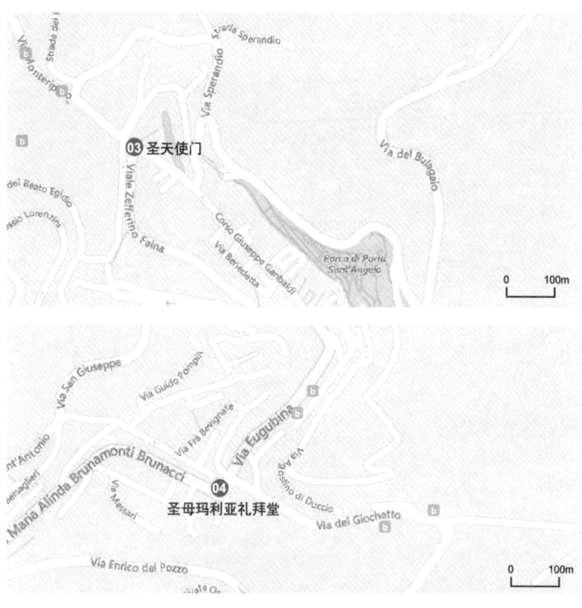

03 圣天使门
Cassero di Porta di Sant' Angelo

建筑师：Lorenzo Maitani
年代：1325–1479 年
类型：其他建筑 / 城门
地址：Via Monteripido, 06123 Perugia PG, Italy

圣天使门

圣天使门是佩鲁贾的中世纪城门。该城墙底部为砂岩、中部为石灰岩、顶部为砖，其竖向分布的材料构成反映出该城墙历经多次修整，现状所见是在 15 世纪早期加以整修并于 15 世纪后期成为一座军事要塞，今天则作为可以眺望佩鲁贾优美风景的观景台与城墙博物馆使用，该城门为典型罗马风风格建筑；该城门东侧有一座始建于 5 – 6 世纪的圣天使礼拜堂，是早期基督教圆形教堂代表作之一，15 世纪被改做圣天使门军事要塞的一部分，1948 年恢复原貌。

04 圣母玛利亚礼拜堂
Chiesa di Santa Maria di Monteluce

年代：1218 年
类型：宗教建筑 / 礼拜堂
地址：Via Enrico Cialdini, 15, 06122 Perugia, Italy

圣母玛利亚礼拜堂

该礼拜堂包括礼堂教堂和修道院建筑；礼拜堂西立面主入口砌筑方式非常特别，红色石材与白色石灰石拼砌形成生动的立面装饰肌理，而玫瑰窗则以红白双色石材组成程式化装饰图案，建筑主体为巴西利卡长方形平面，修道院建筑群后期逐步扩建为折尺形平面，19 世纪时该修道院被改作医院使用，主体建筑风格为中世纪罗马风建筑。

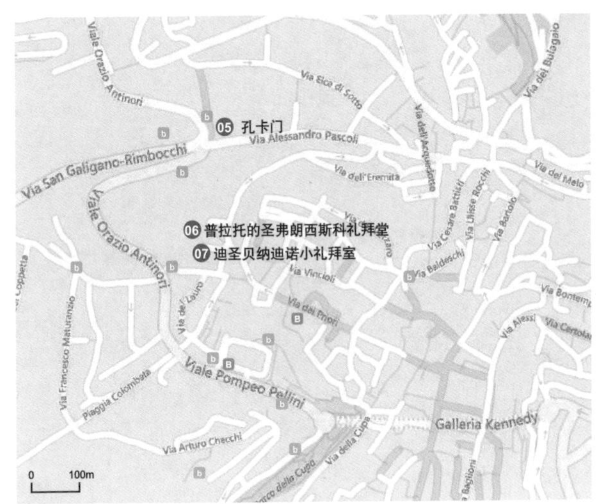

孔卡门

佩鲁贾老城墙建于前古罗马伊特鲁里亚时期，中世纪城市扩张需要，建立了一系列城门，该建筑是其中一座，历史上多次改建，现状为 14 世纪早期构筑物，两侧城墙则为伊特拉鲁亚时期遗留，门的两侧是两个方形塔楼的遗迹，整个建筑采用的材料是石灰华，白色石灰石，部分粉红色，为砂岩和砖；是该城一系列中世纪城门及渡水槽（高架水道）中有代表性的一座。

普拉托的圣弗朗西斯科礼拜堂

该教堂为中世纪罗马风风格，始建于 12 世纪中叶，平面为拉丁十字式，并保有其早期钟塔，其正厅保留了原有的结构，1926 年建筑师 Pietro · Angelini 修复了它主入口立面细节，教堂其他部分直到 2000 年才开始修复，建成为一座小礼堂。目前是“Pietro Vannucci”美术学院及其博物馆的所在地。

迪圣贝纳迪诺小礼拜室

该小礼拜室最早建于 1452 年，以 1457 – 1461 年期间文艺复兴建筑师 Agostino · di · Duccio 改建，浮雕装饰精美的入口立面而闻名于世，整个建筑为文艺复兴风格的建筑，有着多彩的立面；以两侧的壁柱为框，包含了两个壁龛雕塑，支撑起山墙。立面中部开门并嵌套巨大的门框。室内空间被尖拱笼罩，将礼拜堂分为 3 个部分。

05 孔卡门
Porta della Conca

年代：1327–1342 年
类型：其他建筑 / 城门
地址：Via Alessandro Pascoli, 06123 Perugia PG, Italy

06 普拉托的圣弗朗西斯科礼拜堂
Chiesa di San Francesco al Prato

建筑师：Pietro Angelini
年代：1251–1253 年
类型：宗教建筑 / 礼拜堂
地址：Piazza S. Francesco al Prato, 06123 Perugia, Italy

07 迪圣贝纳迪诺小礼拜室
Oratorio di San Bernardino

建筑师：Agostino di Duccio
年代：1452–1461 年
类型：宗教建筑 / 礼拜室
地址：Piazza S. Francesco, 5, 06123 Perugia PG, Italy

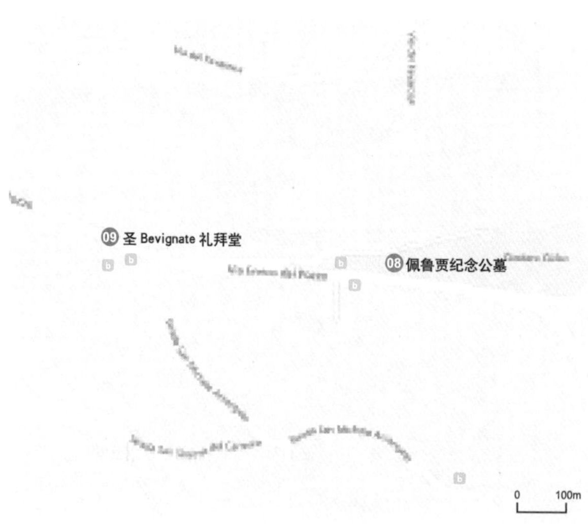

08 **佩鲁贾纪念公墓**
Cimitero monumentale di Perugia

建筑师：Francesco Lardoni, Alessandro Arienti
年代：1874 年
类型：其他建筑 / 墓地
地址：Str. Perugia - Ponte Valleceppi, 20, 06134 Perugia, Italy

09 **圣 Bevignate 礼拜堂**
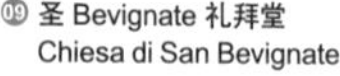
Chiesa di San Bevignate

建筑师：Bonvicino, Cavaliere templare
年代：1256–1262 年
类型：宗教建筑 / 礼拜堂
地址：Via Enrico dal Pozzo, 06126 Perugia, Italy

佩鲁贾纪念公墓

该公墓是 19 世纪末建设完成，整个领园区为一狭长地形，内部有 3 条道路形成分区，其中公墓大门为 19 世纪建筑师的作品，其平面为略呈 U 字形的长廊，砖色与浅色大理石风格的入口门廊是典型的佩鲁贾地域特色与折中主义风格的融合；那一时期的多位建筑师参与了公墓的雕塑与墓碑制作，其中最出名的是一座名为 Cappella gentilizia della famiglia Vitalucci 墓园，其形制为金字塔样式，充满了古埃及元素，反映出那一时期折中主义建筑手法的多样性。

圣 Bevignate 礼拜堂

建筑原型来自于耶路撒冷早期基督教圣殿的样式，外观简洁厚重，遵循典型的圣殿骑士建筑形式，营造成一个巨大的矩形结构，内部具有宽敞的空间。礼拜堂属意大利哥特式风格。于 2009 年正式重新向公众开放，现作为一个举办文化活动和活动的新公共空间。

莫拉基剧院

该剧院为佩鲁贾最大的剧院，以音乐家弗兰西斯科·莫拉基的名字命名。1777 年，当地剧院建设协会委任建筑师亚历西奥·洛伦齐尼建造该剧院。建筑师以马蹄形的建筑形体回应了场地空间局促的问题。该建筑风格外立面为巴洛克时期的公共建筑风格，内部结构为 1874 年古列尔莫·卡戴尔里尼重建剧院后的结构，其整体风格为融合了文艺复兴与巴洛克手法的折中主义风格。

Sciri 塔

Sciri 塔为罗马风风格，高 46 米，由均质大小的白色石灰石块构成。塔原本是 Oddi 家族所拥有的建筑群的一部分，Sciri 家族在 16 世纪接管了这个防御建筑，该建筑师佩鲁贾中世纪寡头政治斗争的体现，其主要作用是军事防御与宣示实力；17 世纪 Sciri 家族衰败后，建筑被作为修道院和孤儿院使用。

⑩ 莫拉基剧院
Teatro Morlacchi

建筑师：Alessio Lorenzini, Gulielmo Calderini
年代：1778–1780 年
类型：观演建筑
地址：Piazza Morlacchi, 13, 06123 Perugia, Italy

⑪ Sciri 塔
Torre degli Sciri

类型：其他建筑 / 塔楼
年代：13 世纪
地址：Via degli Sciri, 06123 Perugia, Italy

⑫ Oddi 家族的宫殿
Palazzo degli Oddi

年代：16 世纪中叶
类型：居住建筑 / 宫殿
地址：Via dei Priori, 84, 06123 Perugia, Italy

⑬ Turreno 剧院
Teatro Turreno

建筑师：Alessandro Arienti，PietroFrenguelli
年代：1890–1891 年
类型：观演建筑
地址：Piazza Danti, 13, 06123 Perugia, Italy

⑭ 马焦雷喷泉
La Fontana Maggiore

建筑师：Nicola Pisano, Giocanni Pisano
年代：1275–1278 年
类型：景观建筑 / 喷泉
地址：Piazza IV Novembre, 1, 06123 Perugia, Italy

⑮ 十一月四日广场
Piazza IV Novembre

年代：20 世纪初
类型：景观建筑 / 广场
地址：Piazza IV Novembre, 1, 06123 Perugia, Italy

Oddi 家族的宫殿

建筑的大厅中存有 17 世纪的彩绘。宫殿的外观严谨、宏伟和优雅，平面为略成矩形的带内院体型，建筑外立面为文艺复兴时期当地民居风格，内部室内设计则为 17 世纪巴洛克风格。

Turreno 剧院

该剧院始建于 1890 年，位于佩鲁贾市的历史中心，初期为半圆形木结构剧场，剧院在 1896 年由建筑师 Alessandro·Arienti 实施重建，1953 年它由建筑师 Pietro–Frenguelli 作为电影院改建，设有 2000 个座位，后经多次关闭，直至 2013 年建筑中增加了新的功能后重新开放。该建筑是新文艺复兴式风格与佩鲁贾地域性手法的融合的佳作。

马焦雷喷泉

该喷泉被认为佩鲁贾的标志之一。由 Nicola·Pisano 与他的儿子 Giocanni·Pisano 设计，顶部为青铜制成，喷泉有雕像和浮雕装饰，题材包括先知和圣徒、黄道十二宫、创世纪、罗马历史事件等。1348 年毁于地震，于 1949 年和 1999 年修复两次；其喷泉风格为罗马风—哥特风格。

十一月四日广场

广场位于佩鲁贾的历史区中心，被称作该市“最美城市广场”，为该市的宗教和政治中心。它得名于第一次世界大战的停战日。值得称道的是利用设计将广场和坡地结合，使坡地不再突兀。广场上的地标性建筑有圣洛伦佐大教堂、马焦雷教堂、普里奥里宫，广场的视觉中心为马焦雷喷泉。

普里奥里宫

普里奥里宫意为"第一市民宫"，是中世纪典型的市政建筑，为罗马风—哥特风格建筑物，街道入口处有典型的哥特式透视门手法引导，面对广场一侧入口则有这一地区典型的条纹式罗马风拱券支撑的楼梯；上部哥特式券窗降低了建筑体型的封闭感，立面整体布置有条理而不失生动；灰白色的外墙使其在传统暖色系建筑群中独树一帜；该建筑早期是作为该城 44 个手工业行会集会所在地；正门口的大门上方的狮头鹰和狮子铜像是佩鲁贾的城市标志，亦是中世纪最早的最大型青铜雕塑之一；该建筑现为市政厅和翁布里亚国家艺术馆所在地。

德尔帕文剧院

该剧院初建时为木制构造，于 1765 年原结构拆除后由建筑师 Pietro · Carattoli 用石材仿照罗马的阿根廷剧院 (Teatro Argentina) 建造；建筑内部观演空间包括 1 座马蹄状的大厅和 4 层共 67 个包厢组成，建筑风格为新古典主义。

伊特鲁利亚拱门

该拱门是伊特鲁里亚文明在佩鲁贾留下的七道城门之一，在罗马军团对于佩鲁贾持续的围城战后于公元前 40 年由奥古斯都渥大韦下令修复，城门由醒目的双层半圆形单拱入口结构和两个梯形塔组成，两层半圆形拱之间有一排圆盾饰；以外，内外两层城墙之间还有另一个拱门。其东侧梯形塔楼上在文艺复兴时期建造了凉廊；1621 年同一座塔脚下的喷泉建成。

罗卡堡垒

城堡分为三个部分，分别是教皇宫殿、走廊和面向乡村的带拱廊的露天平台 (Tenaglia)，为了营建该城堡拆毁了大量古罗马与伊特鲁里亚时期的建筑及 100 多座中世纪高塔与贵族府邸；该城堡是文艺复兴时期军事设施的生动实例。

⑯ 普里奥里宫
Palazzo dei Priori

年代：1293–1443 年
类型：居住建筑 / 宫殿
地址：Corso Pietro Vannucci, 19, 06100 Perugia, Italy

⑰ 德尔帕文剧院
Teatro del Pavone

建筑师：Pietro Carattoli（重建）
年代：1717–1765 年
类型：观演建筑
地址：Via Luigi Bonazzi, 67, 06123 Perugia PG, Italy

⑱ 伊特鲁利亚拱门
Arco Etrusco o di Augusto

年代：公元前 3 世纪下半叶
类型：其他建筑 / 城门
地址：Via Ulisse Rocchi, 58, 06123 Perugia PG, Italy

⑲ 罗卡堡垒
Rocca Paolina

建筑师：Antonio da Sangallo
年代：1540–1543 年
类型：其他建筑 / 城堡
地址：Piazza Italia, 11, 06121 Perugia, Italy

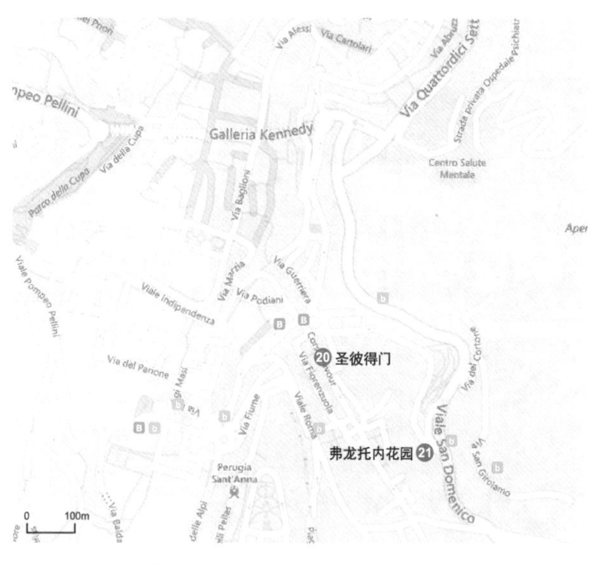

圣彼得门

圣彼得门是佩鲁贾的一座中世纪城门，又称罗马门，因其朝向罗马城方向而得名；其结构为双层结构，其中内侧（靠城市一段）较为古老，建于1300年，外部立面于1475－1480年由建筑师Agostino · di · Duccio和Polidoro · di · Stefano设计建成，整个城门采用石灰等材料，门的内部保留了14世纪时的外观，两层城门之间还有拱券门通往值班室，门拱之上有一座绘制着彩绘的壁龛，另一侧则有一块纪念1859年教皇军队对佩鲁贾大屠杀死难者的牌匾，该城门为新文艺复兴风格，其原型是古罗马城门，手法上融合了科林斯壁柱与券柱式建筑语言。

弗龙托内花园

该花园是一座巴洛克时期的公共园林，得名于凯旋门前的圆形剧场，花园坐落处曾经是伊特鲁利亚墓地，后在15世纪时被用于建设城市的防御性堡垒，18世纪初，一位诗人设计了这座花园；该园林与比邻的圣彼得修道院绿地相映成趣；现用于举办音乐会、露天电影展览等活动，该公园是巴洛克园林与城市空间融合的生动实例，也是佩鲁贾城市记忆的重要载体。

⑳ 圣彼得门
Porta di San Pietro o Porta Romana

建筑师:Agostino di Duccio
年代:中世纪至文艺复兴时期
类型:其他建筑 / 城门
地址:Corso Cavour, 167, 06121 Perugia PG, Italy

㉑ 弗龙托内花园
Giardini del Frontone

年代:18 世纪
类型:景观建筑 / 园林
地址:Borgo XX Giugno, 06121 Perugia PG, Italy

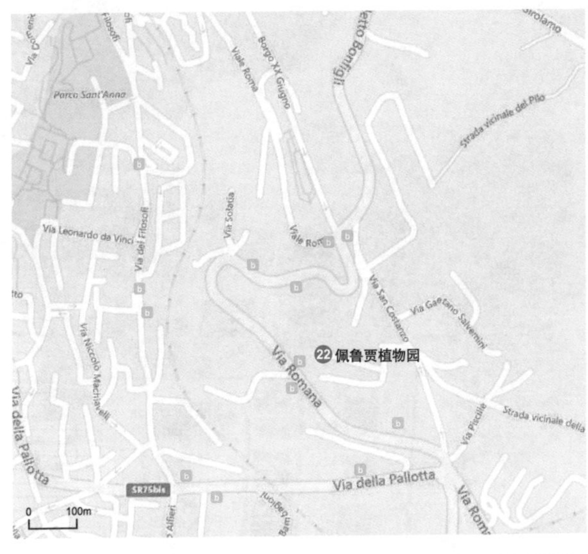

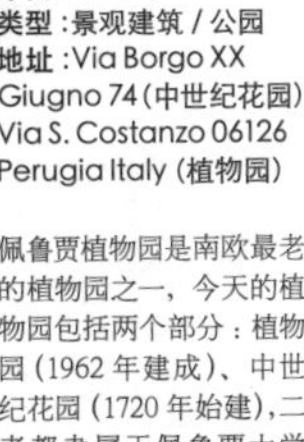

22 **佩鲁贾植物园**
Orto botanico di Perugia

建筑师：Alessandro Menghini（1996 改建中世纪花园）
年代：1720 年
类型：景观建筑 / 公园
地址：Via Borgo XX Giugno 74（中世纪花园）Via S. Costanzo 06126 Perugia Italy（植物园）

佩鲁贾植物园是南欧最老的植物园之一，今天的植物园包括两个部分：植物园（1962 年建成）、中世纪花园（1720 年始建），二者都隶属于佩鲁贾大学科学博物馆中心，园内各种植物群落及温室配置丰富，整个植物园占地 2.6 万平方米，有 1200 个植物种类；一座 700 平方米的温室和教学楼提供教学、展览、旅游、园艺功能。

佩鲁贾 马焦雷喷泉（trolvag 摄影）

马尔凯大区 Marche

20 乌尔比诺 / Urbino

21 安科纳 / Ancona

20・乌尔比诺

建筑数量 :03

01 拉斐尔学院 /Battista Bartoli
02 乌尔比诺大教堂 /Francesco di Giorgio Martini 等
03 公爵宫 / Luciano Laurana

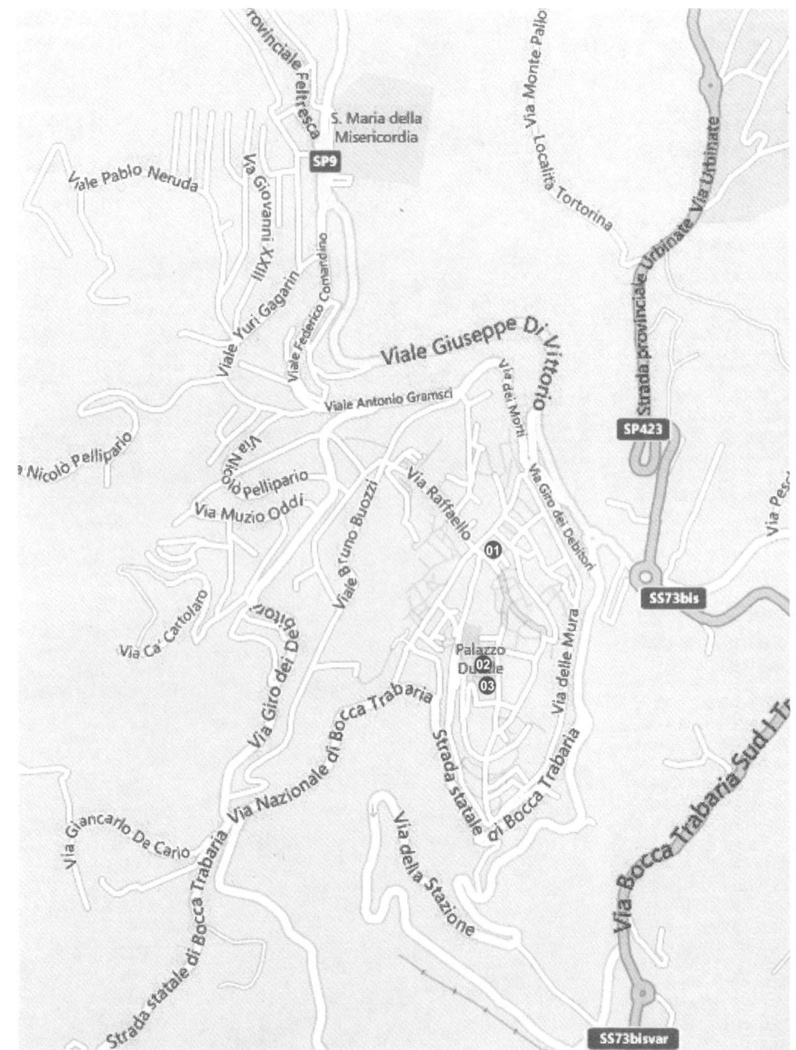

拉斐尔学院

拉斐尔学院建于18世纪初期，该建筑由两座教堂、一座典当行等多个传统建筑改造而成，平面为略成矩形的院落围廊式形态，正立面中央的罗马风风格的圣亚加塔教堂将两侧造型优美的浅色石材柱廊分为两段，内院精致的砖砌券柱式与层次感分明的交叉楼梯让空间充满了条理与细节。建筑整体上体现为罗马风风格、文艺复兴风格与巴洛克复兴风格的融合，反映了乌尔比诺丰富的建筑文化积淀。该建筑建立之初为宗教大学，目前是学院、市政厅、博物馆等功能的建筑综合体。

乌尔比诺大教堂

该教堂毗邻乌尔比诺公爵府，是当地主教教堂，创建于1021年，15世纪由建筑师Francesco · di · Giorgio·Martini重建，平面形制为拉丁十字集中式构图，其主体建筑风格为文艺复兴样式，中央的穹顶与主入口立面是建筑师Giuseppe · Valadier于1789年地震后重建，1801年完成。其风格是新古典主义的，内部的穹顶也同样为新古典主义，建筑立面由科林斯壁柱巨柱式和大型的圣像雕塑组成。

公爵宫

公爵宫是文艺复兴早期建筑最初的代表性府邸实例之一。宫殿巨大的庭院完美地展现了文艺复兴时期建筑设计非凡的空间秩序与平衡，宫殿的通体砖色与浅色石材形成了轻快明丽的色调并与周围的环境融为一体。其设计师目前尚无定论，有人认为文艺复兴时期的建筑大师伯拉孟特曾经参与过该建筑的设计，但目前能确定的是建筑师Luciano · Laurana参与了其基础工程部分的设计，公爵宫建筑修建于15世纪中叶，公爵宫在1985 年重新对游客开放，1988年被列为联合国教科文组织列为世界遗产。

01 **拉斐尔学院**
Collegio Raffaello

建筑师：Battista Bartoli, Alessandro SpecchiGian
年代：1700–1741年
类型：科教建筑 / 大学、市政厅、博物馆
地址：Piazza della Repubblica, 13,61029 Urbino, Italy

02 **乌尔比诺大教堂**
Urbino Cathedral

建筑师：Francesco di Giorgio Martini, Camillo Morigia Giuseppe Valadier
年代：1021–1801年
类型：宗教建筑 / 教堂
地址：Piazza Duca Federico, 61029 Urbino Pesaro Urbino,, Italy

03 **公爵宫**
Palazzo Ducale di Urbino

建筑师：Luciano Laurana
年代：1470–1475年
类型：居住建筑 / 宫殿
地址：Piazza Duca Federico, 107, 61029 Urbino PU, Italy

乌尔比诺公爵府（conte di Luna 摄）

21 · 安科纳

建筑数量：03

01 安科纳主教堂 / Margaritone d'Arezzo 等
02 市政厅 / Michele di Giovanni Alvise
03 安科纳的拉扎雷托 / Luigi Vanvitelli

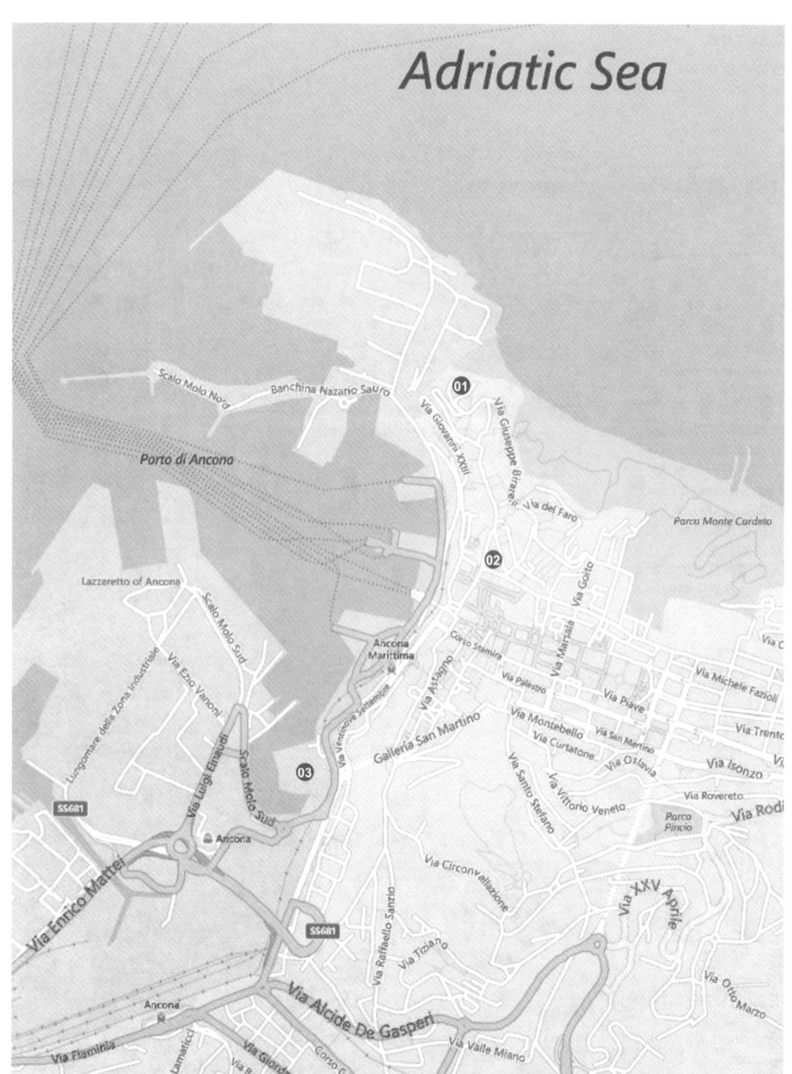

Autorita' Portuale
di Ancona
02 市政厅
Via Giacomo Matteotti
Via Lata
Fontana
del Calamo
Tribunale di Ancona
Corso Stamira
Nazario Sauro
0 50m

安科纳主教堂

该建筑是罗马风、拜占庭和哥特式等多种风格混合的作品 ，其最初历史可以追溯到公元3世纪，坐落在该城古希腊卫城的遗址上，俯瞰安科纳及其海湾。1017年形成今天的巴西利卡，而12世纪的一系列改造则使这座建筑成为一座希腊十字式平面，建筑采用来自Conero 山的白色石头建造而成，立面独具特浅色调的特征，而主入口立面则采用了哥特式的凹入式透视门，顶部则有典型的罗马风小拱券装饰带(Lombard bands)， 整个教堂在十字平面交叉点上有穹顶，是其现存最古老部分，一般被认为是Margaritone · d'Arezzo的作品，这种方形平面由帆拱连接鼓座再接顶部穹顶的做法，可能是意大利境内最早的一批实例。主教堂旁侧的钟塔修建则不迟于1314年，是罗马风风格的构筑物。整个建筑物历经多次修复，其中建筑师 Luigi · Vanvitel、Niccolò · Matas 分别在18世纪和19世纪做过较大规模的修复与改造。

市政厅

安科纳市政厅一直矗立在市政厅广场上，其最为醒目的塔楼始建于14世纪，1494年，建筑师 Michele · di · Giovanni · Alvise 将市政厅改造为哥特式文艺复兴风格；1581年重建。1611年，塔楼下部入口被增加了巴洛克风格的装饰，并于1806 年装上了来自 Vado Sant'Angelo 的制表大师 Antonio · Podrini 的 音乐钟。

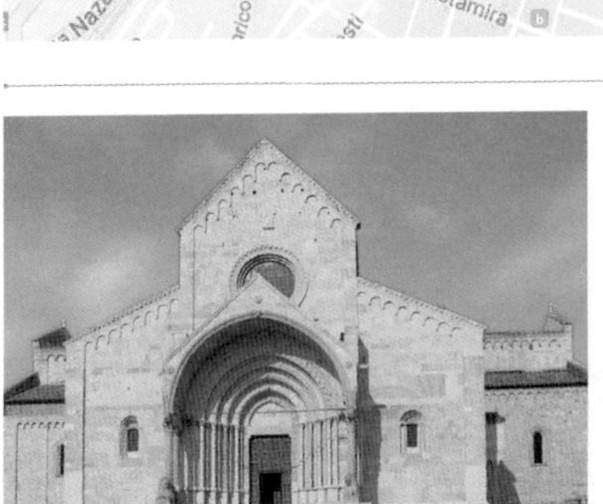

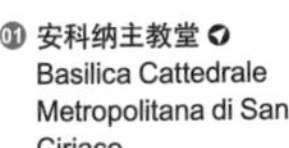

01 安科纳主教堂
Basilica Cattedrale Metropolitana di San Ciriaco

建筑师：Margaritone d'Arezzo，Luigi Vanvitel ，Niccolò Matas
年代：996–1017 年
类型：宗教建筑 / 教堂
地址：Via San Vitale, 17, 48121 Ravenna RA, Italy.

02 市政厅
Government Hall

建筑师：Michele di Giovanni Alvise
年代：1493–1581 年
类型：办公建筑
地址：Piazza del Plebiscito, 60121 Ancona AN, Italy

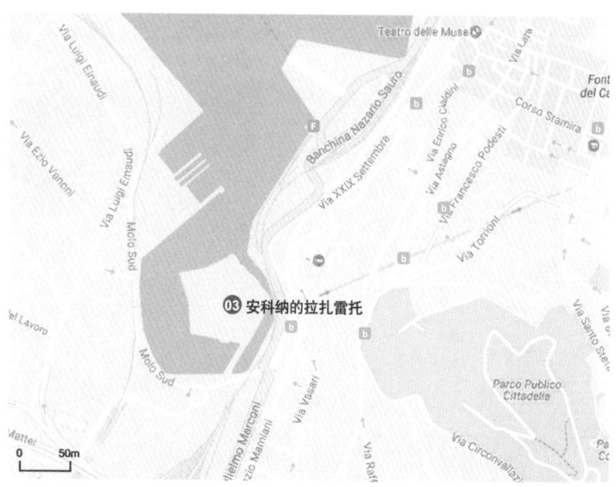

03 安科纳的拉扎雷托
The Lazzaretto of Ancona

建筑师：Luigi Vanvitelli
年代：1733–1743 年
类型：医疗建筑 / 医院
地址：Banchina Nazario Sauro, 28, 60121 Ancona, Italy.

该建筑建于一座人工填海地基之上，18 世纪时作为安科纳的检疫所和麻风病人隔离站，与陆地之间没有道路交通连接。19 世纪曾作为军事要塞使用，现为博物馆；有三座桥梁与陆地连接，建筑围合的院落中心有一座新古典主义风格的圆形纪念构筑物（坦比哀多）。

拉齐奥大区
Lazio

22 · 罗马

建筑数量：104

01 罗马音乐厅 / 伦佐 · 皮亚诺
02 21 世纪艺术博物馆 / 扎哈 · 哈迪德
03 朱莉亚别墅 /Giacomo Barozzi da Vignola 等
04 博尔盖塞别墅 /Giovanni Vasanzio 等
05 人民圣母教堂 /Lorenzo Cybo de Mari 等
06 奇迹圣母堂 /Carlo Rainaldi
07 卡西纳酒店 /Giuseppe Valadier
08 玛利亚耶稣会教堂 /Carlo Buzio 等
09 圣亚纳大教堂 /Martino Longhi il Vecchio
10 圣贾科莫教堂 /Carlo Maderno
11 美第奇别墅 /Nanni di Baccio Bigio 等
12 西班牙广场 / Francesco de Sanctis
13 托洛尼亚别墅 /Giuseppe Valadier
14 希梅内斯小别墅 /Ernesto Basile 等
15 和平祭坛博物馆 / 理查德 · 迈耶
16 圣安博与圣卡罗教堂 /Pietro da Cortona
17 博尔盖赛宫 /Flaminio Ponzio 等
18 传信部宫 /Gina Lorenzo Bernini 等
19 祖卡里宫 /Federico Zuccari 等
20 西斯蒂娜剧院 /Marcello Piacentini 等
21 圣安德烈教堂 /Mattia de Rossi 等
22 维克多利亚的圣母礼拜堂 /Carlo Maderno 等
23 巴贝里尼宫 /Gian Lorenzo Bernini 等
24 天使与殉道者圣母大教堂 /Michelangelo Buonarroti 等
25 小体育宫 / Annibale Vitellozzi 等
26 圣安东尼教堂 / Martino Longhi 等
27 圣阿波利亚纳教堂 / Ferdinando Fuga
28 圣萨尔瓦多教堂 / Ottaviano Mascherino
29 萨西亚圣灵礼拜堂 / Antonio da Sangallo il Giovane
30 圣彼得大教堂 / 米开朗琪罗等
31 蒙地宫 /Gian Lorenzo Bernini 等
32 基吉宫 /Giacomo Della Porta 等
33 魏德金宫 /Pietro Camporese 等
34 波利宫 /Luigi Vanvitelli
35 蒂沃利喷泉 /Nicola Salvi 等
36 四喷泉圣卡罗教堂 /Francesco Borromini
37 圣安德烈教堂 /Gian Lorenzo Bernini
38 奎里纳雷宫 /Domenico Fontana 等
39 卡索托宫 /Ferdinando Fuga
40 圣使徒教堂 /Baccio Pontelli 等
41 圣马切罗教堂 /Carlo Fontana
42 卡罗利斯宫 /Alessandro Specchi
43 拉塔路圣母堂 /Pietro da Cortona
44 奥代斯卡尔基宫 /Gian Lorenzo Bernini 等
45 圣依纳爵殉道士教堂 / Giovanni Tristano 等
46 圣马德莱德教堂 /Carlo Quadri 等
47 朱斯蒂尼亚尼宫 /Giovanni Fontana 等
48 圣奥古斯丁巴西利卡 /Luigi Vanvitelli
49 万神庙 /Trajan 等
50 神庙遗址圣母玛利亚巴西利卡 /Fra Sisto Fiorentino 等
51 和平圣玛利亚教堂 /Pietro da Cortona
52 Anima 圣母教堂 /Andrea Sansovino 等
53 圣埃格尼斯教堂 /Carlo Rainaldi 等
54 圣 Ivo 教堂 /Francesco Borromini
55 圣母圣心堂 /Bernardo Rossellino
56 潘菲利宫 /Girolamo Rainaldi
57 布拉斯奇宫 /Cosimo Morelli
58 马西姆宫 /Baldassare Peruzzi
59 古罗马大斗兽场
60 菲利皮尼教堂 /Francesco Borromini
61 圣比亚吉奥教堂 / Giovanni Antonio Perfetti
62 苏菲娅圣母教堂 /Carlo Rainaldi
63 桑塔卡特里娜教堂 /Giacomo della Porta 等
64 耶稣会教堂 /Jacopo Barozzi da Vignola e Giacomo Della Porta
65 新耶稣教堂广场
66 马焦雷圣母巴西利卡 / Ferdinando Fuga
67 尤西比奥教堂 /Onorio Longhi
68 圣毕比亚那教堂 /Gian Lorenzo Bernini
69 塞尔西的桑塔露西亚教堂 / Francesco Borromini 等
70 圣奎卢卡斯与茱莉亚教堂 /Filippo Raguzzini
71 圣卢卡与玛蒂娜教堂 /Pietro da Cortona
72 木匠圣约瑟教堂 / Giacomo della Porta
73 安东尼与弗斯缇娜神庙 / 米兰达的圣罗洛伦佐礼拜堂 /Orazio Torriani
74 伊曼纽尔二世纪念碑 /Giuseppe Sacconi
75 卡比托市政厅广场建筑群 / 米开朗琪罗
76 马泰宫 /Carlo Maderno
77 坎比提的圣母教堂 / Carlo Rainaldi
78 圣卡罗教堂 / Giovanni Battista Soria 等
79 斯帕达宫 /Bartolomeo Baronino, Francesco Borromini
80 朝圣者的三一教堂 / Francesco De Sanctis
81 圣卡塔林纳礼拜堂 / Ottaviano Nonni
82 法尔内塞宫 / 米开朗琪罗等
83 圣骸玛利亚教堂 / Ferdinando Fuga
84 法尔内西纳别墅 /Baldassare Peruzzi 等
85 兰特别墅 /Giulio Romano
86 圣卡瑟琳礼拜堂
87 拉特朗圣格肋孟教堂 /Carlo Fontana
88 忧苦之慰礼拜堂 /Martino Longhi the Elder
89 维拉布洛圣乔治教堂 /Biagio Rossetti 等
90 圣乔瓦尼礼拜堂 /Corrado Giaquinto
91 圣克里索贡教堂 /Giovanni Battista Soria
92 坦比哀多 / 多纳托 · 伯拉孟特
93 多利亚潘菲利别墅 /Alessandro Algardi 等
94 圣赛西拉教堂 /Ferdinando Fuga
95 千禧教堂 / 理查德 · 迈耶
96 拉特兰方尖碑 /Thutmose III 等
97 圣约翰 · 拉特兰主教堂 / Alessandro Galilei 等
98 圣格里高利马格诺教堂 /Giovanni Battista Soria
99 河畔圣方济各教堂 /Mattia de Rossi Onorio Longh
100 修道院圣玛丽亚礼拜堂 /Giovanni Battista Piranesi
101 老西斯托教堂 /Filippo Raguzzini
102 罗马会展中心 /Adalberto Libera
103 罗马邮政局 /Adalberto Libera
104 城外圣保罗主教堂 /Carlo Fontana

MUNICIPIO II
Parco di Villa Ada
Villa Ada Savoia
Catacombe di Priscilla
LUISS Guido Carli
Valentino Automobili Volkswagen
Bioparco di Roma
Museo e Galleria Borghese
Villa Borghese
Musei di Villa Torlonia
Chiesa di Santa Maria della Vittoria
Sapienza Università di Roma
Basilica di San Lorenzo fuori le Mura
QUARTIERE VI TIBURTINO
CASAL BERTONE
Palazzo del Quirinale
Santa Maria Maggiore
Mercati di Traiano
QUARTIERE SAN LORENZO
MONTI
ESQUILINO
Porta Maggiore
PIGNETO
Colosseo
Palatino
Basilica di San Clemente
Basilica di Santa Croce in Gerusalemme
Circo Massimo
Basilica di San Giovanni in Laterano
Via Casilina
Terme di Caracalla
Parco Regionale Appia Antica
Garbatella
Catacombe di San Callisto
MUNICIPIO VIII
OSTIENSE
QUARTIERE XX ARDEATINO
Roma
罗马
Città del Vaticano
MUNICIPIO XV
Tor Sapienza
Torre Angela
Cinecitta
Mostacciano
Ciampino

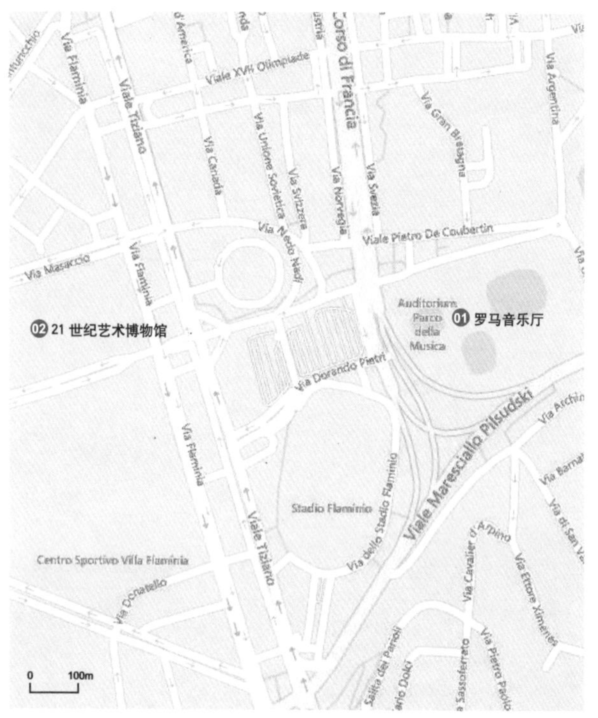

01 罗马音乐厅
Auditorium Parco Della Musica

建筑师：伦佐·皮亚诺
年代：2002 年
类型：观演建筑 / 音乐厅
地址：Via Pietro de Coubertin, 30, 00196 Roma, Italy

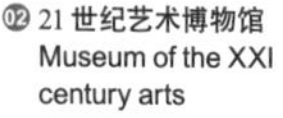

02 21 世纪艺术博物馆
Museum of the XXI century arts

建筑师：扎哈·哈迪德
年代：2010 年
类型：文化建筑 / 博物馆
地址：Via Guido Reni, 4/A, 00196 Roma, Italy

罗马音乐厅

该音乐厅是罗马城当代新建的重要公共建筑，整个基地约为半圆形，其中的建筑单体为了避开地面古建筑遗址而通过地下大厅与连廊连接 3 个呈品字形形态的单体音乐厅，每个单体音乐厅的形态母题均来自古罗马的里拉琴形态，外表由耐候铅版覆盖，其品字形建筑形态中央则围合出一个室外半圆形剧场，是对意大利地区悠久的古希腊、古罗马戏剧音乐历史的致敬。

21 世纪艺术博物馆

该建筑是意大利第一座国家级的展示当代艺术与建筑的博物馆。面积约 27000 平方米。建筑的曲线灵感来源于穿越 L 形基地的城市轴网肌理，平滑的弧墙面与周边新古典主义的城市建筑风格形成了良好对话。

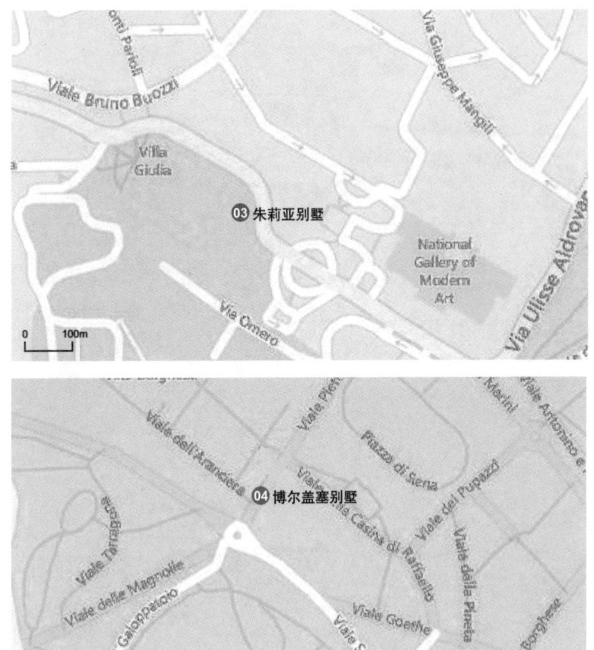

03 朱莉亚别墅
Villa Giulia

建筑师 : Giacomo Barozzi da Vignola, Bartolomeo Ammanati, Giorgio Vasari
年代 : 1551–1553 年
类型 : 景观建筑 / 园林
地址 : Piazzale di Villa Giulia, 9, 00196 Roma, Italy

04 博尔盖赛别墅
Villa Borghese

建筑师 : Giovanni Vasanzio (Jan van Santen), Flaminio Ponzio, Domenico Savini, Gianlorenzo Bernini 等
年代 : 1540 年
类型 : 景观建筑 / 园林
地址 : Via Nomentana, 70, 00161 Roma, Italy

朱莉亚别墅

朱莉亚别墅是15世纪文艺复兴晚期手法主义的代表作，其建筑群在当时位于罗马城城市中心与乡村的过渡地段，有多处葡萄园，而主体结构为系列连廊与单体建筑围合而成的三个院落空间，也是对基地及古罗马时期乡间别墅的回应，内部大量采用了古罗马遗迹装饰马赛克与多种柱式语言，充满了几何形态与历史隐喻，是手法主义初期最为精致的建筑作品之一。1870年收归意大利国有，现为意大利伊特拉鲁亚历史文化博物馆。

博尔盖赛别墅

博尔盖塞别墅是一座占地达80公顷的英式自然主义风格的园林别墅，这是罗马第三大公园，园林内部有多座新古典主义建筑，其主体建筑则为文艺复兴晚期手法主义建筑，别墅内目前收藏了贝尔尼尼、卡拉瓦乔、提香、拉斐尔的经典艺术作品。

05 人民圣母教堂
Basilica di Santa Maria del Popolo

建筑师：Lorenzo Cybo de Mari（第二礼拜堂），Bramante（唱诗席），Raffaello（基吉小堂），Gian Lorenzo Bernini（1655–1660 整修）
年代：始建于 1099 年
类型：宗教建筑 / 教堂
地址：Piazza del Popolo, 12, 00187 Roma, 意大利

06 奇迹圣母堂
Santa Maria dei Miracoli

建筑师：Carlo Rainaldi
年代：1675–1679 年
类型：宗教建筑 / 教堂
地址：Piazza del Popolo, 00187 Roma, Italy

人民圣母教堂

该教堂殿位于人民广场的北边，教堂的表面由石灰覆盖，内部为 3 个中殿，两边各有 4 间壁龛，尽头为一个宽阔的十字耳堂。建筑风格混杂，它的结构在一定程度上仍然保留了中世纪巴西利卡的典型特征，但其装饰繁复的壁龛呈现出文艺复兴和巴洛克时期艺术特征。

奇迹圣母堂

1661 年教皇亚历山大七世命令在人民广场建造一座新的教堂，以保存“圣母奇迹”这幅作品的复制品，于是有了奇迹圣母堂（Santa Maria dei Miracoli）见下图右边的建筑。该堂与圣山圣母堂（图左）通常被并称为双子圣母堂。立面是一个深长的矩形门廊，在横梁上有 10 座描绘圣徒和圣徒的雕像，顶部是一个八角形的圆顶，一侧耸立着钟楼。教堂内部呈现一个圆形的平面，有四个小壁龛和一个深长的静修室。建筑风格为巴洛克风格。

卡西纳酒店

该建筑的名字来源于其设计师罗马建筑师朱塞佩·瓦拉迪耶(Giuseppe·Valadier)，由一个立方体积组成，设计运用爱奥尼柱式，诞生时具有时尚的功能。其建筑风格为新古典主义建筑，曾经是Pincio咖啡馆。直到1990年左右，Casina·Valadier一直是罗马最著名的餐厅之一。最近的修复为新古典主义内饰的精致氛围，赋予了新的壁画和庞贝风格的画作。

⑦ 卡西纳酒店
La Casina Valadier

建筑师:Giuseppe Valadier
年代:1861–1837 年
类型:商业建筑 / 酒店
地址:Piazza Bucarest, 00187 Roma, Italy

玛利亚耶稣会教堂

该教堂是一座巴洛克式教堂，教堂正立面由石灰和砖块覆盖，4个科林斯柱支撑起三角形的山墙。1678—1690年在Giorgio·Bolognetti主教的赞助下教堂添加了内部大理石装饰。教堂内部为一个带半圆拱的中殿，两侧各有3个壁龛，主祭台的小教堂拱顶饰有Giacinto·Brandi所画的壁画，窗台边上有先知以及旧约人物的石膏像。

⑧ 玛利亚耶稣会教堂
Chiesa di Gesù e Maria

建筑师:Carlo Buzio (1633–1635), Carlo Rainaldi(1671–1674)
年代:1633–1675 年
类型:宗教建筑 / 教堂
地址:Via del Corso, 45, 00187 Roma RM, Italy

圣亚纳大教堂

教堂最初为一所拜占庭基督教神学院所在地。建筑平面为拉丁十字式平面。外墙由Martino·Longhiil·Vecchio完成，前面是一个短的楼梯，由两个由小圆顶覆盖的钟楼构成。室内拉丁十字平面由中厅和两个侧厅组成，侧厅为筒形拱结构，建筑风格为早期巴洛克风格，多立克壁柱与多层波折山花的立面组织既整饬又有节奏感。建筑为巴洛克早期建筑风格。

⑨ 圣亚纳大教堂
Chiesa di Sant'Atanasio

建筑师:Martino Longhi il Vecchio
年代:1580–1583 年
类型:宗教建筑 / 教堂
地址:Via del Corso, 45, 00186 Roma, Italy

圣贾科莫教堂

该教堂的历史可以追溯到曾经一个纪念San Giacomo的小教堂。教堂后殿两旁矗立着一对钟塔，内部呈椭圆形，每边各有3个壁龛。穹顶上是Silverio Capparoni的壁画作品。主祭台部分是Carlo Maderno的设计，用来自附近的奥古斯都陵墓的大理石建造；祭台上面的装饰屏则由Francesco Grandi绘制，体现了三圣一体，是一座巴洛克风格的教堂。

⑩ 圣贾科莫教堂
San Giacomo in Augusta

建筑师:Carlo Maderno
年代:1592–1602 年
类型:宗教建筑 / 教堂
地址:Via del Corso, 499, 00186 Roma, Italy

⑪ 美第奇别墅
Villa Medici

建筑师:Nanni di Baccio Bigio, Annibale Lippi, Bartolomeo Ammannati
年代:1564–1580 年
类型:景观建筑 / 园林
地址:Viale della Trinità dei Monti, 1, 00187 Roma, Italy

⑫ 西班牙广场
Piazza di Spagna

建筑师:Francesco de Sanctis
年代:1721–1725 年
类型:景观建筑 / 广场
地址:Piazza di Spagna, 00187 Roma, Italy

美第奇别墅

美第奇别墅是罗马的一组文艺复兴风格建筑群。主楼的内部立面朝向花园，由许多古典手法雕塑壁龛装饰，包括 Ara·Pacis 的一对花环。美第奇别墅的花园从北向南延伸超过 7 公顷，仍然保留了 16 世纪的外观。根据当时的构成原则，花园的计划分为 16 个方格和 6 个花坛，非常简单，且装饰着许多盆地和喷泉。

西班牙广场

西班牙广场是罗马是巴洛克时期城市广场的代表作。广场中的破船喷泉（La Fontana della Barcaccia）由意大利雕塑家贝尼尼的父亲彼得·贝尼尼设计和建造，为巴洛克艺术的代表作品。西班牙大台阶连接比邻的圣三一教堂与广场。诗人约翰·济慈的住所位于西班牙广场与西班牙阶梯相接的右侧。

托洛尼亚别墅

托洛尼亚别墅主体建筑风格为古典复兴中的罗马复兴式，园林风格则为英式画意派园林。最初为银行家乔瓦尼 · 托洛尼亚所有。1920 年起被墨索里尼租用作为行政机关所在地，1945 年后被废弃，后被罗马政府重新修整，并作为博物馆对外开放。在 1802–1806 年间，瓦拉迪尔将主楼变成了一座宫殿，并改造了其他建筑物。他还在公园周围布置了对称的大道。

⑬ 托洛尼亚别墅
Villa Torlonia

建筑师：Giuseppe Valadier
年代：1805 年
类型：景观建筑 / 园林
地址：Via Nomentana 7000161 Rome. Italy

希梅内斯小别墅

该建筑为意大利新艺术运动风格的建筑作品，最初建成时作为宗教学院，随后变成大学宿舍。建筑的主楼是一个两层的 L 形建筑物，材质是光亮的西西里凝灰岩。结构中使用了灰泥和白色混凝土，这些材料被精心雕刻上新艺术风格的植物图案。别墅内部保留着描绘中世纪故事的画作、精美的装饰、许多大师的雕塑作品以及自由主义风格家具。

⑭ 希梅内斯小别墅
Villino Ximenes

建筑师：Ernesto Basile, Leonardo Paterna Baldizzi, Ettore Ximenes
年代：1900–1901 年，重建于 1999 年
类型：居住建筑 / 别墅
地址：Via Bartolomeo Eustachio,2,00161 Roma,Italy

⑮ 和平祭坛博物馆
Ara Pacis Museum

建筑师：理查德・迈耶
年代：2001–2006 年
类型：文化建筑 / 博物馆
地址：Lungotevere in Augusta, 00186 Roma, Italy

⑯ 圣安博与圣卡罗教堂
Sant'Ambrogio e Carlo al Corso

建筑师：Pietro da Cortona, Onorio Martino Longhi
年代：1612–1669 年
类型：宗教建筑 / 教堂
地址：Via del Corso, 437, 00186 Roma, Italy

⑰ 博尔盖赛宫
Palazzo Borghese

建筑师：Flaminio Ponzio, Carlo Rainaldi 等
年代：1560 年
类型：文化建筑 / 博物馆
地址：Piazza Borghese, 9, 00186 Roma RM, Italy

和平祭坛博物馆

该博物馆是“二战”之后第一座在罗马历史城区进行建筑与城市干预（architectural and urban intervention）的建筑；其形似凯旋门的结构映射了罗马帝国时期的建筑风格。博物馆内有一个和平祭坛，用于供奉和平女神，公元前 13 年 7 月由罗马元老院修建，以庆祝罗马皇帝奥古斯都从西班牙和高卢凯旋。建造和保护古代祭坛是该博物馆的主要关注点。

圣安博与圣卡罗教堂

圣安博与圣卡罗教堂是一座巴洛克风格的罗马天主教宗座圣殿，教堂为巴西利卡式，立面简洁有力，立面风格为科林斯壁柱与倚柱的巨柱式手法，开窗与山花装饰则呈现出巴洛克风格与手法主义的融合。内部空间明亮，饰有大理石和壁画。

博尔盖赛宫

博尔盖赛宫是博尔盖赛家族的主要住所。梯形平面，绰号“大键琴”，其窄端面临台伯河，每两层间有一夹层，底层有装饰着立柱的门廊。建筑有着一座华美的内院，由 96 根装饰着雕像的花岗岩柱环抱。博尔盖赛宫原有许多拉斐尔、提香等人的作品，1891 年转移到博尔盖赛美术馆建筑风格为晚期文艺复兴风格。

⑱ 传信部宫
Palazzo di Propaganda Fide

建筑师：Gina Lorenzo Bernini, Francesco Borromini
年代：竣工于 1667 年
类型：宗教建筑 / 教堂
地址：Palazzo di Propaganda Fide

⑲ 祖卡里宫
Palazzetto Zuccari

建筑师：Federico Zuccari/ Girolamo Rainaldi
类型：居住建筑 / 宫殿
年代：17 世纪初
地址：Via Gregoriana, 00187 Roma, Italy

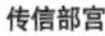

传信部宫

该建筑为一座巴洛克风格的罗马教廷建筑。自1626 年以来的万民福音部（原名传信部）所在地。其南立面正对着圣安德肋栅栏堂，其钟楼和钟是波洛米尼的作品。主立面是贝尼尼的作品（1644 年），沿街立面则是波洛米尼的作品（1646 年），有着壁柱和凹凸相错的窗户。

祖卡里宫

该建筑在Piazza Trinita di Monti 的西班牙台阶顶部，位于 Sistina 和 Via Gregoriana之间。建筑最引人注目的部分是其立面整体具有仿生外观，仿佛巨兽的脸部。设计师意图用这样的手法强调内外空间对比，制造建筑实体和庭院空间的张力，使其印象深刻，犹豫于是否要迈入门槛，并以此衬托出内部花园如天堂般的美好。建筑风格是巴洛克风格。

⑳ 西斯蒂娜剧院
Teatro Sistina

建筑师：Marcello Piacentini
年代：1946–1949 年
类型：观演建筑
地址：Via Sistina, 129, 00187 Roma, Italy

㉑ 圣安德烈教堂
San'Andrea delle Fratte

建筑师：Mattia de Rossi, Francesco Borromini
年代：1604–1826 年
类型：宗教建筑 / 教堂
地址：Via di Sant'Andrea delle Fratte, 1, 00187 Roma, Italy

西斯蒂娜剧院

该剧院建筑中有一个面宽28米、进深30米的无柱观演大厅。建筑风格为意大利现代主义风格，外观简洁。

圣安德烈教堂

该建筑为巴洛克风格建筑，是一座罗马天主教宗座圣殿。旧堂建于1192年,名为"果园之间"堂,当时此处仍是乡村地区。该堂曾是苏格兰人在罗马的国家教堂。目前的教堂建于17世纪。罗马风建筑后在巴洛克时期进行了全面改造。圣安德烈教堂特点是简化的装饰元素突出了建筑部件之间的建构关系，强调建筑内部不同形态空间的融合。

维克多利亚的圣母礼拜堂

维克多利亚的圣母礼拜堂是巴洛克风格建筑。内部在1833年遭受火灾，经过了修复。它的内部只有一个中殿，两侧各有三间相互连接的小堂，位于用巨大的镀金科林斯壁柱分隔的拱门后面。整座教堂内部到处装饰着大理石以及白色和镀金的雕塑。在祭台左侧的科尔纳洛小堂，有贝尼尼的雕塑杰作《沉思的特蕾莎》。

巴贝里尼宫

巴贝里尼宫为巴洛克风格建筑，三位伟大的建筑师为巴贝里尼宫赋予了各自的风格和特色。宫殿的周围是一个前院，围绕着贝尼尼的宏伟的两层大厅。面向街区的主立面有三层的大拱门，在最顶层，波洛米尼用透视的手法为窗口增加了深度，这一手法直至20世纪仍在被模仿。大厅的两侧有两跑楼梯，左侧的方形楼梯为贝尼尼所设计，右侧的椭圆形楼梯为波洛米尼所设计。卡罗·马德尔诺(Carlo · Maderno)当时正在扩建圣彼得教堂的中殿，他将斯福尔扎别墅(Villa Sforza)安置在沿着法尔内塞宫(Palazzo Farnese)的文艺复兴街区内。

㉒ 维克多利亚的圣母礼拜堂
Chiesa di santa Maria della Vittoria

建筑师：Carlo Maderno,Giovanni Battista Soria
年代：1605–1620 年
类型：宗教建筑 / 礼拜堂
地址：Via Venti Settembre, 17, 00187 Roma RM, Italy

㉓ 巴贝里尼宫
Palazzo Barberini

建筑师：Gian Lorenzo Bernini, Carlo Maderno, Francesco Borromini
年代：1627–1633 年
类型：居住建筑 / 宫殿
地址：Via delle Quattro Fontane, 13, 00186 Roma, Italy

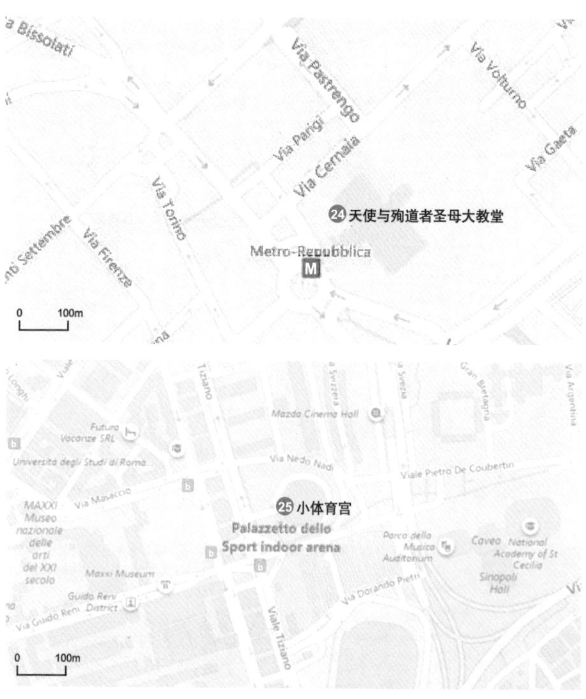

㉔ 天使与殉道者圣母大教堂
Santa Maria degli Angeli e dei Martiri

建筑师：Michelangelo Buonarroti, Luigi Vanvitelli
年代：1563–1566 年
类型：宗教建筑 / 教堂
地址：Pizza della Repubblica 00185 Roma, Italy

㉕ 小体育宫
Palazzetto dello Sport

建筑师：Annibale Vitellozzi/ Pier Luigi Nervi
年代：1956–1957 年
类型：体育建筑
地址：Piazza Apollodoro I-00199 Rome，Italy

天使与殉道者圣母大教堂

天使与殉教者圣母教堂为巴洛克风格建筑。教堂所在地原为戴克里先浴场的冷水浴室，米开朗琪罗利用其残余兴建一座教堂。之后，范维特利在18世纪进行了增补。米开朗琪罗在教堂实现了无可比拟的建筑空间序列。建筑平面整体为拉丁十字式教堂，这座教堂没有真正的立面，简单的入口设置在教堂后部的一面弧墙处。教堂呈十字形，教堂的左右两翼末端都建有小礼拜堂。

小体育宫

小体育宫是罗马的一个室内竞技场，位于Apollodoro广场。小体育宫由建筑师维泰洛齐和工程师奈尔维设计，直径61米的带肋钢筋混凝土外壳，由1620个预制混凝土构件构成和混凝土飞拱支撑。由于大部分结构都是预制的，圆顶在40天内竖立起来。该建筑是意大利结构主义美学的杰作，是奈尔维对于钢筋混凝土表现力运用的代表性作品。

㉖ 圣安东尼教堂
Sant antonio dei poroghesi

建筑师 :Martino Longhi,Cristoforo Schor
年代 :1445–1695 年
类型 :宗教建筑 / 教堂
地址 :Via dei Portoghesi, 2, 00186 Roma, Italy

㉗ 圣阿波利亚纳教堂
Chiesa di Sant'Apollinare

建筑师 :Ferdinando Fuga
年代 :1741–1748 年
类型 :宗教建筑 / 教堂
地址 :Piazza di S. Apollinare, 49, 00186 Roma, Italy

㉘ 圣萨尔瓦多教堂
San Salvatore in Lauro

建筑师 :Ottaviano Mascherino
类型 :宗教建筑 / 教堂
年代 :16–19 世纪
地址 :Piazza di S. Salvatore in Lauro, 00186 Roma, Italy

圣安东尼教堂

圣安多尼教堂为巴洛克风格建筑。教堂建于 1445 年，于 1624 年进行扩建，1873 年修复并设计了彩色玻璃窗和圆顶。虽然教堂从外部看来给人感觉并不宽敞，但内部有着富丽堂皇的巴洛克风装饰。

圣阿波利亚纳教堂

圣阿波利亚纳教堂为文艺复兴风格建筑，教堂的立面被大理石檐口划分为上下两个部分，教堂内部包括一个中殿和一座祭坛。祭坛装饰着描绘圣亚坡里纳的壁画。教堂中有 6 座壁龛，供奉有不同的圣徒。

圣萨尔瓦多教堂

圣萨尔瓦多教堂具有巴洛克风格和新古典主义风格特征入口立面，是 19 世纪简约的新古典主义风格作品，科林斯柱式的门廊之上饰有浅浮雕，以及圣母和圣子的雕像。教堂内部的装饰可追溯到 16 世纪，有着帕拉第奥风格的科林斯柱式柱廊。在教堂中保存有一个古老的木制十字架。

㉙ 萨西亚圣灵礼拜堂
chiesa di Santo Spirito in Sassia

建筑师：Antonio da Sangallo il Giovane
年代：1538–1545 年
类型：宗教建筑 / 礼拜堂
地址：Via dei Penitenzieri, 12, 00193 Roma, Italy

㉚ 圣彼得大教堂
Basilica di San Pietro in Vaticano

建筑师：米开朗琪罗，Gina Lorenzo Bernini
年代：1506–1626 年
类型：宗教建筑 / 教堂
地址：Piazza San Pietro, 00120 Città del Vaticano, Vatican

萨西亚圣灵礼拜堂

教堂目前的立面为 16 世纪重建时欧塔维奥·马斯凯里诺设计，灵感来自小桑迦洛的设计。立面有两层，科林斯壁柱将下层划分为 5 个部分，上层划分为 3 个部分。在上层的中间部分是一个圆形窗口，上面是西斯都五世的徽章。立面上方为山花墙，受到文艺复兴建筑的影响。

圣彼得大教堂

圣彼得大教堂是位于梵蒂冈的一座天主教宗座圣殿，为天主教会重要的象征之一，文艺复兴盛期的代表作，历经多位文艺复兴建筑大师的贡献，伯拉孟特是最初的方案设计者。目前看到的正立面则主要是由米开朗琪罗设计的手法主义立面。曾经是最大的天主教教堂。大教堂的外观宏伟壮丽，柱廊以中线为轴两边对称，穹顶内直径 41.9 米，轮廓饱满，是文艺复兴时期修建的最大圆形穹顶，由米开朗设计完成，而圣彼得大教堂前的广场则是巴洛克时期贝尔尼尼的杰作。整个殿堂的平面为略成拉丁十字的集中式平面。

蒙地宫

蒙地宫是一座巴洛克风格建筑，最初由贝尔尼尼为教皇 Gregory XV 的侄子 Ludovico · Ludovisi 设计，历经几次改造，现在是意大利非正式的政治中心。宫殿的名字来源于它建造的小山丘 Mons Citatorius；新建筑设有红砖和石灰包裹的四角塔楼；其中的辩论室中有许多新艺术风格的装饰：令人印象深刻的彩色玻璃罩、总统和政府的长椅侧面的青铜，以及由达维德卡兰德拉描绘萨瓦王朝荣耀的嵌板。

基吉宫

基吉宫是一座文艺复兴风格的历史建筑，俯瞰着科隆纳广场和 Via del Corso 大街。建筑最初属于阿尔多布兰蒂尼家族，1878 年成为奥匈帝国的大使馆。现为意大利总理的官邸。建筑有五层楼，通往大厅的楼梯非常宽阔，内部的庭院由 Porta 设计，其喷泉的形式后来在意大利很多其他城市被效仿。

魏德金宫

魏德金宫位于罗马圆柱广场，毗邻 Santi Bartolomeo 和 Alessandro dei Bergamaschi 教堂。此处原为古罗马马可奥勒留神庙。1659 年卢多维西家族拆除了原有的建筑，在此新建的建筑成为罗马区域的行政中心。1814 年，宫殿在教皇格雷戈里十六世的要求下完全重建，同时在主入口两侧的门廊加入两列柱子，两侧每边六根，这十二根罗马爱奥尼柱式来自 Veii 城的考古发掘。

31 蒙地宫
Palazzo Montecitorio

建筑师：Gian Lorenzo Bernini &Carlo Fontana &Ernesto Basile
年代：1653 年
类型：办公建筑 / 众议院
地址：Piazza di Monte Citorio, 00186 Roma,Italy

32 基吉宫
Palazzo Chigi

建筑师：Giacomo Della Porta, Carlo Maderno
年代：1562–1580 年
类型：办公建筑 / 大使馆
地址：Piazza Colonna, 370, 00186 Roma, Italy

33 魏德金宫
Palazzo Wedekind

建筑师：Pietro Camporese, Giuseppe Valadier
年代：1659 年
类型：办公建筑
地址：Piazza Colonna, 366, 00187 Roma, Italy

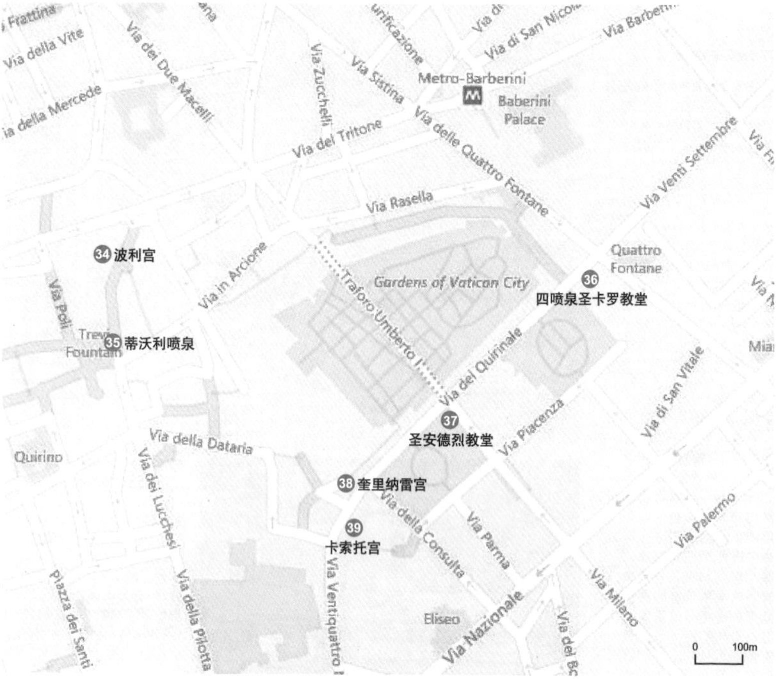

Via Frattina
Via della Vite
Via della Mercede
Via dei Due Macelli
Via Zucchelli
Via Sistina
Metro-Barberini
Baberini Palace
Via di San Nicola
Via Barberini
Via del Tritone
Via delle Quattro Fontane
Via Venti Settembre
Via Rasella
34 波利宫
Via in Arcione
Traforo Umberto I
Gardens of Vatican City
Quattro Fontane
36 四喷泉圣卡罗教堂
Via Poli
Trevi Fountain
35 蒂沃利喷泉
Via del Quirinale
Via di San Vitale
37 圣安德烈教堂
Via della Dataria
Quirino
Via Piacenza
Via dei Lucchesi
38 奎里纳雷宫
Via della Consulta
39 卡索托宫
Via Parma
Via Palermo
Piazza dei Santi
Via della Pilotta
Via Ventiquattro
Eliseo
Via Nazionale
Via Milano
0 100m

34 波利宫
Palazzo Poli

建筑师：Luigi Vanvitelli
年代：16 世纪
类型：办公建筑 / 研究所
地址：Piazza di Trevi, 00187 Roma, Italy

35 蒂沃利喷泉
Fontana di Trevi

建筑师：Nicola Salvi, Giuseppe Pannini
年代：1732–1762 年
类型：景观建筑 / 喷泉
地址：Piazza di Trevi, 00187 Roma, Italy

波利宫

波利宫是意大利罗马的一座宫殿，是著名的特雷维喷泉的背景。Luigi·Vanvitelli 赋予了它一个宏伟的立面，在其上矗立着巨大的科林斯式壁柱。1730 年宫殿的中央部分被拆除，为大喷泉腾出位置；Palazzo Poli 拥有从 16 世纪到现在的重要铜版画。波利宫现为意大利国家图形研究所。

蒂沃利喷泉

蒂沃利喷泉是罗马最大的巴洛克晚期风格喷泉，高 25.9 米，宽 19.8 米。喷泉后侧是波利宫，以及呈现神话故事并由科林斯柱式构成的大柱式墙面。喷泉中央是驾驭飞马战车的海神，左右侧则是丰裕与健康女神，海神的下方则是海之信使特里同，两侧鳕鱼和马匹在构图上对称平衡。他们在情态和姿势对比鲜明。其中央凹空间原型来自于哈德良离宫中的人工运河端部神殿样式。

四喷泉圣卡罗教堂

这座天主教教堂为巴洛克风格建筑的杰作，是巴洛克时期著名建筑波洛米尼的代表性作品。立面面轮廓为波浪形，中间隆起，基本构成方式是将文艺复兴风格的古典柱式，即柱、檐壁和额墙在平面上和外轮廓上曲线化，同时添加一些经过变形的建筑元素，例如变形的窗、壁龛和椭圆形的圆盘等。教堂的内部中厅为椭圆形平面。坐落在垂拱上的穹顶为椭圆形，顶部正中有采光窗。

圣安德烈教堂

圣安德烈教堂是一座罗马天主教教区小教堂，位于奎利那雷山。该建筑是巴洛克时期贝尔尼尼的杰作，整体平面为椭圆形，内部空间是巴洛克建筑综合运用各种视觉要素与曲线形态的典范之作，整体风格雄厚大气。而教堂内部关于“圣安德烈殉难”主题的戏剧性视觉叙事不仅在教堂的空间中向上延伸，而且采用了不同的艺术模式。贝尔尼尼把绘画、雕塑和建筑结合起来，形成一个综合体，打造了一场视觉上的盛宴。

奎里纳雷宫

奎里纳雷宫现为意大利总统府，宫殿的主楼围绕着雄伟的庭院。该宫殿的庭院以其优越的观景位置著称，这个地方与世隔绝，几乎是罗马的一个“岛屿”。几个世纪以来随着教皇法庭品味和需求的改变而改变。Quirinal花园内有著名的水风琴。

卡索托宫

卡索托宫是罗马市中心的一座晚期巴洛克式宫殿。自1955年以来一直是意大利共和国宪法法院的所在地。主要楼层有两层高的立面，窗户的低拱形头部镶嵌在面板上，地面层设有低夹层。在较低层，面板在拐角处引向了锈蚀的角落，立面的屋顶线顶部是Corsini教皇的大徽章。

㊱ 四喷泉圣卡罗教堂
Chiesa di San Carlo alle Quattro Fontane

建筑师 :Francesco Borromini
年代 :1638–1641 年
类型 :宗教建筑 / 教堂
地址 :Via del Quirinale, 23, 00187 Roma, Italy

㊲ 圣安德烈教堂
Sant ' Andeaal Quirinale

建筑师 :Gian Lorenzo Bernini
年代 :1658–1670 年
类型 :宗教建筑 / 教堂
地址 :Via del Quirinale, 30, 00187 Roma, Italy

㊳ 奎里纳雷宫
Palazzo del Quirinale

建筑师 :Domenico Fontana ,Carlo Maderno
年代 :1583 年
类型 :办公建筑 / 总统府
地址 :Piazza del Quirinale, 00187 Roma RM, Italy

㊴ 卡索托宫
Palazzo della Consulta

建筑师 :Ferdinando Fuga
年代 :1732–1735 年
类型 :办公建筑 / 法院
地址 :Piazza del Quirinale, 41, 00187 Roma, Italy

40 圣使徒教堂
Santi Dodici Apostoli

建筑师：Baccio Pontelli, Carlo Rainaldi, Carlo Fontana
年代：1660–1674 年
类型：宗教建筑 / 教堂
地址：Piazza Santi Apostoli, 51, 00187 Roma, Italy

41 圣马切罗教堂
Façade of the church of San Marcello al Corso

建筑师：Carlo Fontana
年代：1682 年
类型：宗教建筑 / 教堂
地址：Piazza di S. Marcello, 5, 00187 Roma, Italy

42 卡罗利斯宫
Palazzo De Carolis

建筑师：Alessandro Specchi
年代：1714–1728 年
类型：办公建筑
地址：via del Corso 307 Roma，Italy

圣使徒教堂

圣使徒教堂是一座文艺复兴—巴洛克样式的建筑，供奉十二圣使徒。卡罗・封丹那完成了整个建筑作品。教堂开始被用作安置圣使徒詹姆斯和菲利普的遗物，后供所有使徒使用。最初的壁画是由 Melozzo · daForlì 创作的，其壁画以创新的透视技术而闻名。教堂中的两排支撑着顶面的科林斯柱将整个大殿分成中厅与侧厅三部分。

圣马切罗教堂

圣马切罗教堂是一个罗马天主教领衔堂区。该堂供奉教宗马尔切洛一世，位于科尔索路，拉塔路圣母堂对面，属于巴洛克式的晚期巴洛克(tardobarocco)风格。立面改造于1682－1686年，由卡罗・封丹那设计。

卡罗利斯宫

卡罗利斯宫曾为豪华的住宅建筑，属于文艺复兴—巴洛克建筑风格。多次更换业主，现为银行办公室。建筑外立面十分规整，由壁柱分隔。建筑有 4 层，一楼有 16 扇窗户，包括窗台，窗檐和桁架,对应着地下室的窗户。在中央位置，四个多立克柱支撑着建筑主层的阳台，Banco · di · Roma 雕像位于中央。主层有 16 个窗口，均有贝壳装饰，其中有 3 个窗口对应着凸出的阳台。三层的小窗户带有框架，顶层公寓设有带阳台的简约落地窗。一层的中部开间入口由带有曲线元素的壁柱组成。整体风格简约而不失优雅。

㊸ 拉塔路圣母堂
Santa Maria in Via Lata

建筑师 :Pietro da Cortona
年代 :17 世纪
类型 :宗教建筑 / 教堂
地址 :Via del Corso, 306, 00186 Roma, Italy

拉塔路圣母堂

现有的拉塔路圣母堂是自 11 世纪以来在古老的建筑基础上经历三次重建而成的建筑。建筑立面属于巴洛克风格。建筑立面顶部中央有一个金属十字架。建筑入口处的门廊占据着整个垂直空间，由四个雕刻精美的科林斯柱围合，这些柱子与壁柱一同支撑着楼板，将楼层隔开。教堂布局十分巧妙，平面布局为经典的矩形，由一个连通七个走廊的正殿和一个半圆形的后殿构成。

㊹ 奥代斯卡尔基宫
Odescalchi Palace

建筑师 :Gian Lorenzo Bernini, Nicola Salvi, Luigi Vanvitelli
年代 :1622–1754 年
类型 :文化建筑 / 文化馆
地址 : Piazza Santi Apostoli, 80, 00187 Roma, Italy

奥代斯卡尔基宫

该建筑始建于 15 世纪，归属几经转手后归属于奥代斯卡尔基家族，现存外观是 1664 年在卡罗 · 封丹那的协助下由贝尔尼尼所作的科林斯巨柱式外立面，其手法明显受到了米开朗琪罗在卡比托市政广场两侧的手法主义巨柱式手法的影响，该建筑整体为巴洛克风格，目前该建筑为私人所有，不定期开放。

㊺ 圣依纳爵殉道士教堂
Chiesa di Sant' Ignazio di Loyola

建筑师 :Giovanni Tristano, Collegio Romano
年代 :1551–1626 年
类型 :宗教建筑 / 教堂
地址 :Via del Caravita, 8a, 00186 Roma, Italy

圣依纳爵殉道士教堂

圣依纳爵殉道士教堂是一座罗马天主教教堂，该教堂最初是作为宗教大学的一部分使用，后期改为教堂使用。平面为巴西利卡式，巨大的科林斯壁柱、倚柱与富于起伏感的线条与山花造成了强烈的张力与光影效果，是巴洛克盛期的教堂代表作之一。

㊻ 圣马德莱德教堂
The façade of S. Maria Maddalena

建筑师 :Carlo Quadri, Carlo Fontana, Giovanni Antonio de Rossi
年代 :1735 年
类型 :宗教建筑 / 教堂
地址 : Piazza della Maddalena, 53, 00186 Roma,Italy

圣马德莱德教堂

圣马德莱德教堂立面为巴洛克一洛可可建筑风格，弯曲的主立面大约在 1735 年完成，是极少的有洛可可风格的外立面之一。建筑主体为罗马风风格，18 世纪改造过后的主立面呈现出一种不同寻常的风格，它让人联想起巴洛克建筑大师波洛米尼的设计手法。内部结构复杂，有一个 Borrominesque 细长的八角形中殿，每个侧面有两个教堂。洛可可式圣器收藏室精心绘制、粉刷，并饰以彩色大理石。

Vicolo Valdina
Via dell'Orso
Via della Scrofa
Via dell'Impresa
Via del Corso
Largo Chigi
Via Poli
Palazzo Madama
Sant'Agnese in Agone
Via Giustiniani
Via del Pastini
Quirino
47 朱斯蒂尼亚尼宫
Via del Seminario
Piazza Navona
Piazza Navona
Corso del Rinascimento
48 圣奥古斯丁巴西利卡
49 万神庙
Pontifical Gregorian University
Sant'Ivo alla Sapienza
50 神庙遗址圣母玛利亚巴西利卡
Piazza dei Santi Apostoli
Via Monterone
Via del Gesù
Vicolo Doria
Piazza Venezia
0 100m
Via del Sudario
Chiesa del
Palazzo

---

47 朱斯蒂尼亚尼宫
palazzo Giustiniani

建筑师：Giovanni Fontana，Domenico Fontana，Francesco Borromini
年代：1650–1652 年
类型：办公建筑 / 参议院
地址：Via della Dogana Vecchia, 29, 00186 Roma, Italy

朱斯蒂尼亚尼宫始建于 17 世纪中期，属于文艺复兴—巴洛克建筑风格。1590 年由朱塞佩·吉斯蒂尼尼买下来了，朱斯蒂尼亚尼宫进行了多次修改，直到 1650 年波洛米尼加入，在建筑外部设计了分散的门和悬挑的阳台。在宫殿内部，有一个雅致的庭院，而中庭的特点是有低拱门，这是波洛米尼的建筑设计特色。建筑大厅被称为“Palazzo Giustiniani 大画廊”，由艺术家 Federico Zuccari 绘制顶面壁画，这里是建造以来唯一保持不变的房间，墙壁和天花板上的壁画充满了壁画，顶面上描绘了所罗门的故事，墙壁上描绘了各种女性的美德，内部由 16 世纪的挂毯而加以丰富。

㊽ 圣奥古斯丁巴西利卡 Basilica di Sant'Agostino in Campo Marzio

建筑师：Luigi Vanvitelli
年代：1483 年
类型：宗教建筑 / 巴西利卡
地址：Via di Sant'Eustachio, 19, 00186 Roma, Italy

圣奥古斯丁巴西利卡

圣奥古斯丁巴西利卡是文艺复兴时期罗马兴建的教堂之一。立面由贾科莫·迪·彼得拉桑塔建于 1483 年，使用了取自古罗马斗兽场的石材。教堂由路易吉·万维泰利修复。教堂的内部的 3 个中堂由柱子分隔，1616 年巴洛克艺术家乔瓦尼·兰弗兰科用 3 幅画布和天花板壁画装饰了礼拜堂的左侧横断面。

㊾ 万神庙 Pantheon

建筑师：Trajan, Hadrian
年代：公元 126 年
类型：宗教建筑 / 神庙
地址：Piazza della Rotonda, 00186 Roma,Italy

万神庙

万神庙是古罗马时期哈德良皇帝在原有阿格里帕时期烧毁的万神庙残余门廊后部改建的。是古典建筑集中空间的杰出代表。其穹顶是工业革命之前跨度最大的穹顶。万神庙采用了穹顶覆盖的集中式形制，平面呈圆形，穹顶直径达 43.3 米，顶端高度也是 43.3 米。其结构体系为古罗马天然混凝土的杰作，22 道围绕圆形平面的纵券支撑起逐层变轻薄的穹顶结构；穹顶顶部中央有一直径 8.9 米的采光口，其设计意图是为了建立神之间的沟通，采光口对纯净的古典空间造成了戏剧化的光影效果，充分体现了古典主义建筑中的静谧与永恒的纪念性特征。

㊿ 神庙遗址圣母玛利亚巴西利卡 Basilica di Santa Maria sopra Minerva

建筑师：Fra Sisto Fiorentino, Fra Ristoro da Campi, Carlo Maderno
年代：1370 年
类型：宗教建筑 / 巴西利卡
地址：Piazza della Minerva, 42, 00186 Roma, Italy

神庙遗址圣母玛利亚巴西利卡

神庙遗址圣母玛利亚巴西利卡是罗马一座重要的天主教多明我会教堂。教堂因直接建造在罗马时期埃及女神伊西丝女神崇拜神庙的基础上而得名。该教堂是罗马城内哥特式教堂建筑的唯一现存实例。教堂立面呈现出文艺复兴风格，而内部的哥特式教堂设有拱顶，漆成蓝色有镀金的星星，并在 19 世纪的哥特复兴中添加了明亮的红色图案。

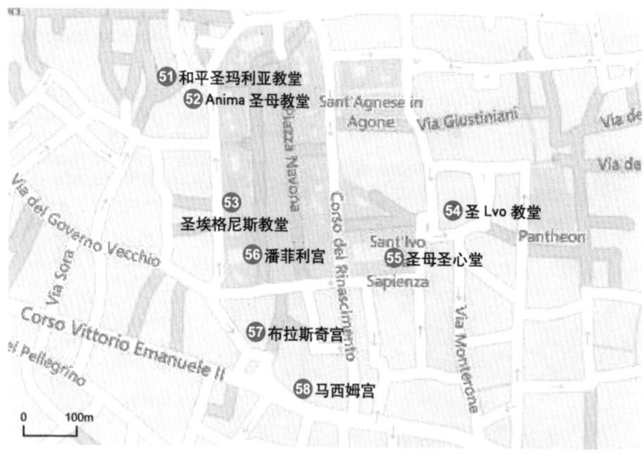

51 **和平圣玛利亚教堂**
Santa Maria della Pace

建筑师：Pietro da Cortona
年代：1487–1657 年
类型：宗教建筑 / 教堂
地址：Arco della Pace, 5, 00186 Roma, Italy

52 **Anima 圣母教堂**
Santa Mariadell'Anima

建筑师：Andrea Sansovino, Giuliano da Sangallo
年代：1522 年
类型：宗教建筑 / 教堂
地址：Via di Santa Maria dell'Anima, 64, 00186 Roma, Italy

53 **圣埃格尼斯教堂**
Chiesa di Sant'Agnese in Agon

建 筑 师：Carlo Rainaldi, Francesco Borromini
年代：1652–1672 年
类型：宗教建筑 / 教堂
地址：Via di Santa Maria dell'Anima, 30/A, 00186 Roma, Italy

和平圣玛利亚教堂

和平圣玛利亚教堂是17世纪中期巴洛克的代表性建筑物，穹顶为八边形，整个立面使用了两种柱式的组合手法设计，正立面的入口为典型的巴洛克设计手法，钟楼是白色的亭子，位于 Cortona 外墙左侧的屋顶线上。

Anima 圣母教堂

Anima 圣母教堂是罗马市中心的一座罗马天主教教堂。该教堂为文艺复兴晚期建筑风格。其立面风格简洁克制，充满了理性与秩序性，外墙为黄砖，建筑细节为白色石灰石。三层长方形入口外墙相当简洁，入口山墙顶部为了改善比例增加了一层高度，教堂内部空间为单中厅样式教堂，这是欧洲北部常见的建筑类型，具有北欧大型的大厅式教堂的特征。然而，这里每个侧墙被分成四个封闭的小教堂，这对于大厅教堂来说是不寻常的。1598 年台伯河发生了洪水，造成严重破坏。内部在 17 世纪重新装修，赋予它现在拥有的壮观的巴洛克式面貌。

圣埃格尼斯教堂

圣埃格尼斯教堂是罗马巴洛克时期的代表性建筑作品。该教堂面对古罗马时期杜米善赛马车场遗址之上纳沃纳广场的旁侧，是巴洛克时期著名建筑师波洛米尼的代表性作品。在纳沃纳广场的外墙，波洛米尼设计了弧形的台阶，下降到广场，其凸曲率与立面的凹曲面发挥作用，在主入口前形成一个椭圆形的区域。 立面上有八个柱子，入口处有一个断折的山花。

圣 Ivo 教堂

圣 Ivo 教堂被认为是巴洛克时期建筑大师波洛米尼的代表性作品之一。教堂处于一个庭院的尽端，其立面内凹构成了庭院边界。其穹顶有一个非常新颖的螺旋形顶塔。内部令人眼花缭乱的几何体构成复杂的韵律。平面重叠着一圈圈两两叠加的等边三角形，但这仍是一座理性的建筑，内部的凹凸起伏，充满了变化与张力，其内部穹顶对于透视法的运用具有让人目眩的魅力。

54 圣 Ivo 教堂
Sant' Ivo alla Sapienza

建筑师：Francesco Borromini
年代：1642–1660 年
类型：宗教建筑 / 教堂
地址：Corso del Rinascimento, 40, 00186 Roma RM, Italy

圣母圣心堂

圣母圣心堂是罗马的一座罗马天主教教堂，敬礼圣母玛利亚，位于纳沃纳广场。该教堂为文艺复兴建筑风格建筑。立面顶部有哥特式风格的玫瑰窗。

55 圣母圣心堂
Nostra Signora della Chiesa del Sacro Cuore

建筑师：Bernardo Rossellino
年代：1506 年
类型：宗教建筑 / 教堂
地址：Corso del Rinascimento, 27, 00187 Roma RM, Italy

潘菲利宫

潘菲利宫是一座宫殿，形体长而低矮，面对罗马纳沃纳广场。设计者以更稳健的风格在与波洛米尼的竞赛中取得了胜利。后者只负责设计了画廊和房间装饰。1651 年至 1654 年间，画家彼得罗达科尔托纳受委托装修画廊保险库。他描绘了维吉尔的传奇创始人埃涅阿斯的生活场景。

56 潘菲利宫
Palazzo Pamphilj

建筑师：Girolamo Rainaldi
年代：1644–1650 年
类型：居住建筑 / 宫殿
地址：00186 Roma, Italy

布拉斯奇宫

布拉斯奇宫是由罗马布拉斯奇宫改建而来，为巴洛克—新古典主义建筑风格的梯形建筑，建筑主要立面在纳沃纳广场上。建筑中有一个方形的院落正对入口，周围是会议室、图书馆。建筑有两层，内部有精美雕塑装饰着的巴洛克式楼梯，其灵感来自阿基里斯的神话。布拉斯奇宫现在是罗马博物馆，展品主要反映罗马从中世纪以来的历史，展品种类非常丰富，包括画作、家具、照片等多种形式。

57 布拉斯奇宫
Palazzo Braschi

建筑师：Cosimo Morelli
年代：1435–1516 年（重建于 1791–1804 年）
类型：文化建筑 / 博物馆
地址：Piazza di S. Pantaleo, 10, 00186 Roma, Italy

马西姆宫

马西姆宫虽然属于文艺复兴建筑，但却是另类。在文艺复兴时期，古罗马多立克柱式少见。因为使用了这种立柱，将无法与券柱式圆拱搭配。但佩鲁齐大胆使用了这种立柱作为宫殿的正面。显示出古罗马家族对古典建筑的偏爱，特别是有男性特征的多立克柱。这座宫殿也被视为手法主义（Mannerism）的代表作之一。

58 马西姆宫
Palazzo Massimo alle Colonne

建筑师：Baldassare Peruzzi
年代：1532–1536 年
类型：宗教建筑 / 教堂
地址：Corso Vittorio Emanuele II, 141, 00186 Roma, Italy

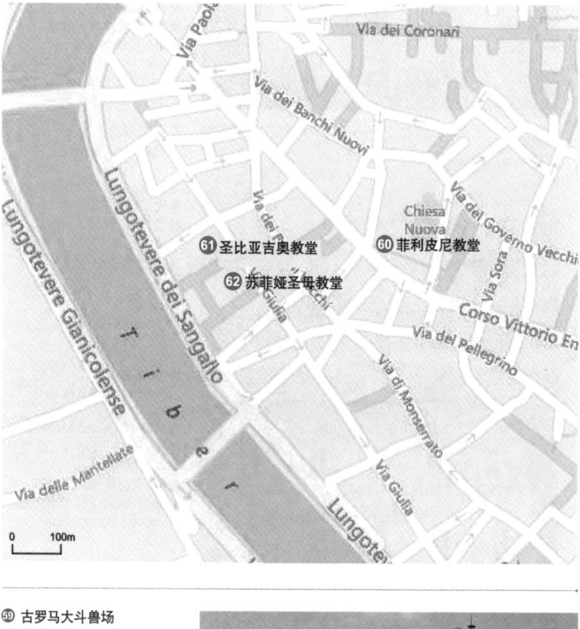

(59) **古罗马大斗兽场**
Colosseum

年代：公元 72–80 年
类型：其他
地址：Piazza del Colosseo, 1, 00184 Roma RM, Italy

古罗马大斗兽场

古罗马大斗兽场又称 Flavian Amphitheatre，建于公元 72 年，由罗马皇帝韦斯巴芗授命修建并由其继任者提图斯于公元 80 年完成，是古罗马结构技术、施工组织的杰出范例，整个建筑由 88 道由石灰华石灰石，凝灰岩（火山岩）和砖面混凝土建成高低跨拱券作为结构主体，平面呈长圆形，长轴 188 米，短轴 156 米，整个建筑流线组织合理，分区明确，其外立面则是罗马叠柱式的代表作性作品，是同类古罗马斗兽场建筑中最大的一座，可容纳 5 万—8 万名观众，甚至可以表演海战。

⑥⓪ **菲利皮尼教堂**
Oratorio dei Filippini

建筑师：Francesco Borromini
年代：1637–1650 年
类型：宗教建筑 / 教堂
地址：Via della Chiesa Nuova, 18, 00186 Roma, Italy

⑥① **圣比亚吉奥教堂**
Chiesa di San Biagio degli Armeni

建筑师：Giovanni Antonio Perfetti
年代：18 世纪
类型：宗教建筑 / 教堂
地址：Via Giulia, 63, 00186 Roma, Italy

⑥② **苏菲娅圣母教堂**
carlo rainaldi santa maria del suffragio

建筑师：Carlo Rainaldi
年代：1662–1685 年
类型：宗教建筑 / 教堂
地址：Via Giulia, 59, 00186 Roma, Italy

菲利皮尼教堂

菲利皮尼教堂是波洛米尼著名的巴洛克风格宗教建筑之一。建筑立面体现了波洛米尼的创新风格，严谨并技艺精湛。曲面的主体立面，按壁柱分为五个部分，中心部分下层向外突出作为建筑入口，建筑内部由半圆柱和壁柱交替组成，楼梯上有亚历山德罗 · 阿尔加尔迪制作的浮雕模型。

圣比亚吉奥教堂

圣比亚吉奥教堂，位于 Ponte 区，靠近 Palazzo Sacchetti。该教堂建筑风格为巴洛克元素与古典巨柱式的折中主义建筑风格。教堂起源于 10 世纪之前，18 世纪由 Giovanni · Antonio · Perfetti 重建，并设计了其主要立面，顶部是“圣布莱斯奇迹”壁画。内部在 19 世纪上半叶设计建造。

苏菲娅圣母教堂

苏菲娅圣母教堂是罗马的一座 17 世纪的教堂，为巴洛克建筑风格。建筑主要立面据有 4 个壁柱，底层有 3 个门以及两个小窗户，上层中央位置具有一个较大的窗口。教堂内部有一个带礼拜堂的中殿，顶部为透光材料的柱形拱顶。

63 桑塔卡特里娜教堂
Santa Caterina a MagnanapoliSan Giuseppe dei Falegnami

建筑师：Giacomo della Porta, Giovanni Battista Montano,Giovanni Battista Soria e Antonio Del Grande
年代：1574 年
类型：宗教建筑 / 教堂
地址：Clivo Argentario, 1, 00186 Roma RM, Italy

桑塔卡特里娜教堂是多米尼加女修道院的礼拜场所，为巴洛克晚期建筑风格。20 世纪，因教堂所在地区的街道空间发生变化，教堂前的广场不复存在，迫使教堂建造了通往门廊的双层楼梯，并建成了地下室入口。教堂入口处有刻着在最后一场战争中牺牲的罗马人的名字。建筑立面有 3 个拱形门廊，以及上层的中央窗口，门廊下有灰泥雕像，丰富的大理石装饰用来纪念曾经的战争。教堂内部有一个中殿，每侧各有 3 个教堂，有 Melchiorre · Cafà 创作的壁画。

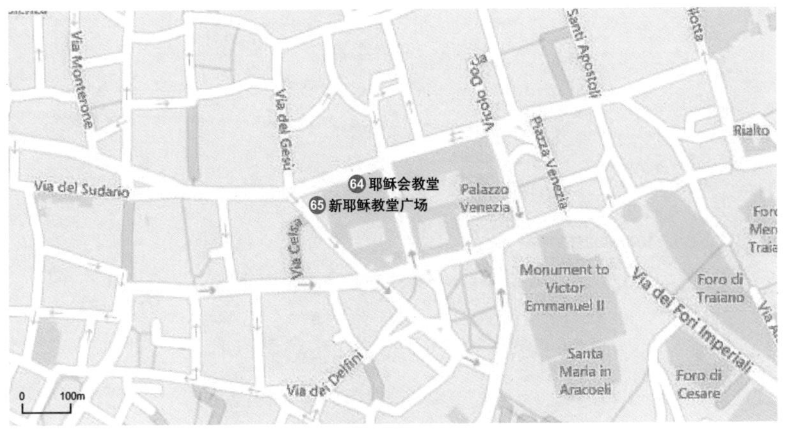

64 耶稣会教堂
Chiesa del Gesù

建筑师：Jacopo Barozzi da Vignola e Giacomo Della Porta
年代：1568 年
类型：宗教建筑 / 教堂
地址：Via degli Astalli, 16, 00186 Roma, Italy

65 新耶稣教堂广场
Piazza del Gesù

年代：1730 年
类型：景观建筑 / 广场
地址：Chiesa del Gesù, 4600186 Roma，Italy

耶稣会教堂

该教堂立面被认为是第一个真正的巴洛克建筑立面，是由手法主义向巴洛克风格过渡的代表作。平面为长方形，端部突出一个圣龛，由哥特式教堂惯用的拉丁十字形演变而来，中厅宽阔，拱顶满布雕像和装饰。两侧用两排小祈祷室代替原来的侧廊。教堂的圣坛上面的山花突破了古典法式，正门上面分层檐部和山花做成重叠的弧形和三角形，大门两侧采用了倚柱和扁壁柱。立面上部两侧作了两对大涡卷。这些处理手法别开生面，后来被广泛仿效。

新耶稣教堂广场

耶稣广场得名于广场上的耶稣会教堂。在其一侧有 Palazzo Cenci Bolognetti，在 1994 年以前设有基督教民主党全国总部。在其周边有威尼斯广场、卡比托利欧山、万神庙等。

(66) 马焦雷圣母巴西利卡
Basilica Papale di
Santa Maria Maggiore

建筑师：Ferdinando Fuga
年代：1743 年
类型：宗教建筑 / 巴西利卡
地址：Piazza di S. Maria Maggiore, 42, 00100 Roma,Italy

(67) 尤西比奥教堂
Sant'Eusebio

建筑师：Onorio Longhi
年代：公元 4 世纪–1757 年
类型：宗教建筑 / 教堂
地址：Piazza Vittorio Emanuele II, 11/a, 00185 Roma

(68) 圣毕比亚那教堂
Santa Bibiana

建筑师：Gian Lorenzo Bernini
年代：363 年
类型：宗教建筑 / 教堂
地址：Via Giovanni Giolitti, 154, 00185 Roma

马焦雷圣母巴西利卡

圣母巴西利卡或称马杰奥尔圣母玛丽亚大教堂。罗马时期，教堂是典型的罗马风风格教堂，表达了对圣母玛丽亚的崇敬。12 世纪教堂的立面被重建，这个立面是 Ferdinand · Fuga 的杰出作品。在立面的东面，门廊的下部有五个拱券，上部凉廊有三个拱券，它们涵盖了镶嵌有 13 世纪的马赛克旧立面。就像镶嵌在外立面上的珍贵宝石一样，马赛克展示了大教堂的起源。重建之后，教堂为巴洛克式风格。

尤西比奥教堂

尤西比奥教堂是早期基督教建筑，几经损毁后现存主体为罗马风建筑；其外立面在 18 世纪时期改造，为巴洛克风格；室内风格则为折中主义风格，是罗马历史建筑风格变迁的典型作品。

圣毕比亚那教堂

圣毕比亚那教堂是巴洛克风格的小型罗马天主教堂，专门为圣比西亚娜 (Saint Bibiana) 设计。教堂正面由 Gian · Lorenzo Bernini 设计建造，教堂里有一尊名人圣像，是贝尼尼 (1626 年)，它显示 St.Bibiana 手持棕榈叶的殉道者形象，站在她将要殉难的柱子旁边；墙壁上的壁画由 Pietro da Cortona (左) 和 Agostino Ciampelli (右) 组成。

69 塞尔西的桑塔露西亚教堂
Santa lucia in Selci

建筑师：Francesco Borromini, Carlo maderno
年代：1638 年
类型：宗教建筑 / 教堂
地址：Via in Selci, 82, 00184 Roma,Italy

圣塔露西亚教堂是巴洛克风格建筑，该教堂在17 世纪开始重建。 教堂平面呈矩形，具有一个拱券穹顶，拱券顶部拥有 19 世纪的 Giovanni·Antonio·Lelli 壁画，描绘了圣露西的荣耀。它有一个中殿，每侧有 3 个浅梯。

(70) 圣奎卢卡斯与茱莉亚教堂
Santi Quirico e Giulitta

建筑师 :Filippo Raguzzini
年代 :6 世纪–1733 年
类型 :宗教建筑 / 教堂
地址 :Via Tor de' Conti, 31/A, 00184 Roma RM,Italy

圣奎卢卡斯与茱莉亚教堂

该教堂始建于公元 6 世纪，其后在 14 世纪以哥特式的风格重建。而今天的教堂建于 1733 年，是巴洛克式风格的教堂。18 世纪教堂的外观特别纤细。它由高檐口分成两个部分，正面的下部饰板装饰有三个圆形拱门，由简单的托斯卡纳壁柱支撑。教堂右侧是 12 世纪的罗马式钟楼。教堂的内部有一个单一的教堂中殿，以四角形的圣坛结束。

(71) 圣卢卡与玛蒂娜教堂
Santi Luca e Martina

建筑师 :Pietro da Cortona
年代 :1664 年
类型 :宗教建筑 / 教堂
地址 : Via della Curia, 2, 00184 Roma， Italy

圣卢卡与玛蒂娜教堂

教堂始建于 625 年，肇建时为罗马风风格建筑，于 1256 年重建，现状建筑为 17 世纪建筑师 Pietro · da · Cortona 重建的巴洛克风格建筑。教堂立面的柔和曲线效果由双层壁柱组成。地面层的柱子嵌入墙壁而不是像一般教堂门廊常见的投射出空间实体。其他建筑语言的使用让人联想到手法主义的影响，教堂分为两层，上层的两个楼梯通向下层教堂，下面有一条走廊，连接到上层教堂圆顶正下方的八角形教堂和高坛下方的圣玛蒂娜圣坛。八角形小教堂拱顶的圆形采光亭可以俯瞰教堂的穹顶。下层教堂，特别是圣玛蒂娜圣坛，装饰着大理石，镀金青铜，其拱顶相对较低。整体设计让人联想到米开朗琪罗在圣玛利亚马焦雷的斯福尔扎教堂的设计。

(72) 木匠圣约瑟教堂
Chiesa di San Giuseppe dei Falegnami

建筑师 : Giacomo della Porta
年代 :1663 年
类型 :宗教建筑 / 教堂
地址 : Clivo Argentario, 1, 00186 Roma, Italy

木匠圣约瑟教堂

这座教堂由木匠行会众献给圣约瑟夫，教堂内部有一个中殿，主教堂保留了“西游记伯利恒”等壁画，在后殿有圣彼得和圣保罗的雕像，顶棚则由鎏金嵌板与雕塑构成。

(73) 安东尼与弗斯缇娜神庙 / 米兰达的圣罗洛伦佐礼拜堂
Collegio dei Nobili/Temple of Antoninus and Faustina

建筑师 :Orazio Torriani (改造)
年代 :141 年
类型 :宗教建筑 / 神庙
地址 :Foro Romano, 00186 Roma RM, Italy

安东尼与弗斯缇娜神庙 / 米兰达的圣罗洛伦佐礼拜堂

该建筑原为古罗马神庙建筑，17 世纪早期在原有神庙中厅改造，形成了今天的基督教教堂，其立面是古罗马科林斯柱式手法与早期巴洛克风格的融合。该建筑位于由凝灰岩组成的高台上。该建筑的正面有 6 个科林斯柱，朝向南方。

74 伊曼纽尔二世纪念碑
Vittoriano

建筑师:Giuseppe Sacconi
年代:1911–1935 年
类型:其他建筑 / 纪念碑
地址: Piazza Venezia, 00186 Roma, Italy

75 卡比托市政厅广场建筑群
Musei Capitolini

建筑师:米开朗琪罗
年代:1536 年
类型:文化建筑 / 博物馆
地址:piazza del Campidoglio, 1, 00186 Roma, Italy

伊曼纽尔二世纪念碑

该建筑是为了纪念统一意大利的维克托·伊曼纽尔而建的。建筑师朱塞佩·萨科尼在设计中融合了古希腊祭坛、古罗马柯林斯柱式与雕塑风格。该建筑是折中主义代表作。纪念碑由一系列为了适应陡峭坡度而建成的台阶与平台组成，纪念碑中央矗立着伊曼纽尔二世骑马青铜像。

卡比托市政厅广场建筑群

该广场建筑群是由一系列连接不同高差的台阶、梯形广场、老市政厅与周边图书馆博物馆的建筑改造工程组成的，是米开朗琪罗手法主义设计在城市广场的杰出范例，展示了其对于对柱式语言、透视学、雕塑、比例与尺度等方面的娴熟技巧，广场上椭圆形涟漪状的折线铺地图案布满整个广场，在提供引导性的同时又巧妙地烘托出广场中央古罗马皇帝、哲学家马库斯．奥勒留的骑马雕像，建筑师此处的做法是在暗喻精神对于物质世界的影响。

马泰宫

这是一座巴洛克式风格的居住建筑。Carlo·Maderno 在 17 世纪初为 Asdrubale · Mattei 设计了这座宫殿。在庭院的墙壁上放置了八个描绘古罗马皇帝的现代半身像，以及八个半身像，在凉廊的栏杆上描绘了哈布斯堡王朝的皇帝。八个带有现代浮雕的奖章描绘了庭院墙壁上的拜占庭皇帝，在两组半身像之间建立了一种象征性的联系。

坎比提的圣母教堂

该建筑是一座巴洛克风格的教堂，是为了纪念据说在 1656 年大瘟疫中显迹的“门廊圣母”，入口立面具有典型的巴洛克建筑风格，强调垂直线。教堂内部的圣坛由贝尔尼尼的学生设计，仿照了圣彼得大教堂圣坛的设计。内部有多处当时著名雕刻家的圣母绘画与雕塑作品。

76 马泰宫
Palazzo Mattei

建筑师 :Carlo Maderno
年代 :1618 年
类型 :居住建筑 / 宫殿
地址 :Via Michelangelo Caetani, 32, 00186 Roma, Italy

77 坎比提的圣母教堂
Santa Maria in Campitelli

建筑师 : Carlo Rainaldi
年代 :1659–1667 年
类型 :宗教建筑 / 教堂
地址 : Piazza di Campitelli, 9, 00186 Roma

78 圣卡罗教堂
San Carlo ai Catinari

建筑师：Giovanni Battista Soria, Rosato Rosati
年代：1722 年
类型：宗教建筑 / 教堂
地址：Piazza Benedetto Cairoli, 117, 00186 Roma, Italy

该建筑是意大利罗马的晚期巴洛克风格的教堂。它位于Benedetto Cairoli 广场。主要的设计是 Rosato · Rosati 在 1612–1620 年之间完成的。教堂的石灰华外墙由Giovanni · Battista · Soria 设计，发生于 1635 年至 1938 年。建筑的圆顶是该市最大的圆顶之一；内部有黄色scagliola 壁柱；圆屋顶的笔架上饰有 Domenichino 的Cardinal Virtues（1627 – 1630 年）壁画；教堂内有一些著名的遗迹，包括尼斯比的圣菲布洛尼亚的头骨。

79 斯帕达宫
Palazzo Spada

建筑师：Bartolomeo Baronino, Francesco Borromini
年代：1540 年
类型：居住建筑 / 宫殿
地址：Piazza Capo di Ferro, 13, 00186 Roma, Italy

80 朝圣者的三一教堂
Santissima Trinità dei Pellegrini, Rome

建筑师：Francesco De Sanctis
年代：1540–1722 年
类型：宗教建筑 / 教堂
地址：Piazza della Trinità dei Pellegrini, 1, 00186 Roma,Italy

斯帕达宫

这座宫殿于1632年由Cardinal Spada购买。他委托巴洛克式建筑师Francesco · Borromini为他改建，而Borromini则在拱廊庭院中创造了强制透视错觉的杰作。

朝圣者的三一教堂

教堂为拉丁十字架设计，有8个圣室：Crocifisso圣室、San Filippo Neri圣室、Giovanni Battista de'Rossi圣室、圣马太圣室、圣格雷戈里圣室、圣徒奥古斯丁圣室和阿西西的弗朗西斯圣室、圣查尔斯博罗梅奥圣室。中殿壁画最初由Raffaele · Ferrara于1853年绘制。圆屋顶由Giovanni · Battista · Contini设计，并由Valadier以彩色大理石装饰。

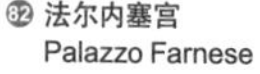

81 圣卡塔林纳礼拜堂
Santa Caterina della Rota

建筑师：Ottaviano Nonni
年代：12 世纪
类型：宗教建筑 / 礼拜堂
地址：Via di S. Girolamo della Carità, 80, 00186 Roma,Italy

82 法尔内塞宫
Palazzo Farnese

建筑师：米开朗琪罗等
年代：1541 年
类型：办公建筑 / 大使馆
地址：Piazza Farnese, 67, 00100 Roma，Italy.

83 圣骸玛利亚教堂
Santa Maria dell'Orazione e Morte

建筑师：Ferdinando Fuga
年代：1575 年
类型：宗教建筑 / 教堂
地址：Via Giulia, 262, 00186 Roma, Italy.

圣卡塔林纳礼拜堂

该礼拜堂是罗马风风格马天主教堂，后期改造为巴洛克建筑。在 16 世纪末教堂被重建，由 Ottaviano · Mascherino 设计，并正式重新奉献给圣凯瑟琳。它继续作为一个教区教堂，在下个世纪为大约一百个家庭服务。1730 年 Luigi · Poletti 改造了外立面。该教堂是有一个单中厅的小礼拜教堂，建筑构造采用砖块制成。街道右侧的墙壁比左侧的墙壁厚得多；这是因为一系列的圣器和辅助房间在左手边与教堂相邻。教堂虽然从外面设计为两层，但实际只有一层。

法尔内塞宫

法尔内塞宫是一座杰出的文艺复兴建筑，目前为法国驻意大利大使馆。这座建筑在 1517 年为法尔内塞家族而设计，1534 年亚历山德罗 · 法尔内塞当选为教皇保罗三世，宫殿又加以扩建。立面的建筑特征包括交替的三角形和分段的山形墙；中部开间主入口的门户和米开朗琪罗的檐口，在立面顶部投下深深的阴影。米开朗琪罗在 1541 年对中央窗户进行了修改，增加了一个楣梁。

圣骸玛利亚教堂

圣骸玛利亚教堂为巴洛克风格建筑。1733 年由 Ferdinando · Fuga 在完全重建，教堂基于纵向椭圆而设计，在其末端有一个横向矩形侧厅，但没有入口前庭。立面设计中值得注意的是丰富的山花形态层叠而上。第一层有 4 个壁柱，两个位于大型中央入口的两侧，另外两个位于外侧。中央门框上方是一个分段的山形墙，有支撑在支柱上的支柱，这些支柱采用镂空的头骨形状，饰有橄榄花环和散布其中的老鼠图样。此外，山形墙的鼓室有一个 klepsydra（希腊语："水窃取者"）的过渡，这是一个水钟，象征着最后的死亡时间。教堂里有一间用人骨装饰的房间。

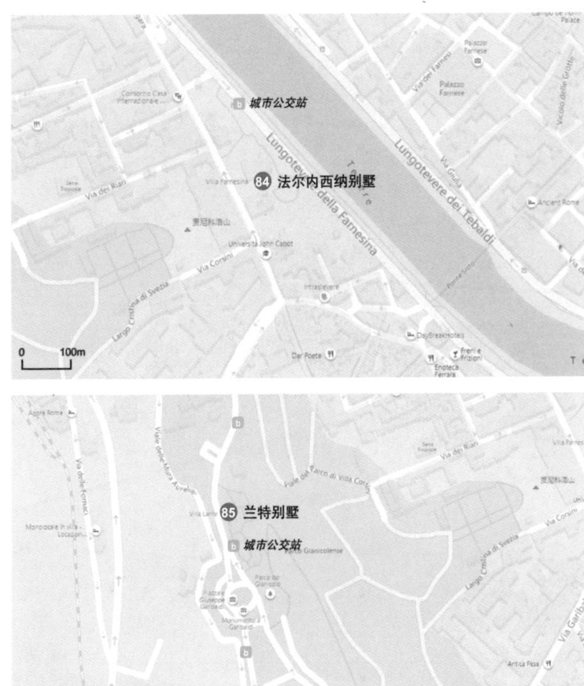

84 **法尔内西纳别墅**
Villa Farnesina

建筑师：Baldassare Peruzzi, giuliano da sangallo
年代：1510 年
类型：办公建筑
地址：Via della Lungara, 230, 00165 Roma，Italy

85 **兰特别墅**
Villa Lante al Gianicolo

建筑师：Giulio Romano
年代：1521 年
类型：景观建筑 / 园林
地址：Passeggiata del Gianicolo, 10, 00165 Roma，Italy

法尔内西纳别墅

这个郊区别墅设计的新颖性可以从它与典型的城市宫殿的差异中辨别出来。文艺复兴时期的宫殿通常面向一条街道，这栋别墅旨在成为一个通风的夏季凉亭。朝向街道的一侧设计为U形，主体建筑两臂之间有5个凉廊。

兰特别墅

兰特别墅的园林布局中轴对称、均衡稳定。由4个层次分明的台地组成：花园巧妙地利用地形，华丽的链式水系穿越绿色坡地，使得渐行渐高的园林中轴终点落在了整个庄园的至高点上，并在此修筑景亭方便俯瞰庄园全景。

86 **圣卡瑟琳礼拜堂**
Chiesa di Santa Caterina Martire

年代：2009年
类型：宗教建筑 / 礼拜堂
地址：Via del Lago Terrione, 77/79, 00165 Roma, Italy

87 **拉特朗圣格肋孟教堂**
Basilica di San Clemente

建筑师：Carlo Fontana
年代：1084年
类型：宗教建筑 / 教堂
地址：Via Labicana, 95, 00184 Roma, Italy

圣卡瑟琳礼拜堂

该教堂位于 Abamelek 公园内，是新拜占庭式教堂。教堂高29米，总面积为698平方米。教堂有一个通往教堂的楼梯，包括著名的圆形圆顶。

拉特朗圣格肋孟教堂

该教堂位于意大利罗马的圣若望拉特朗街，属于罗马风格建筑，它的入口原本为列柱走廊，但这些列柱走廊现今用为回廊。后面的教堂被拱廊分为一个中厅和两个侧厅。而12世纪建成的诗班席就结合了旧建筑的大理石元素。此外，在圣殿的长老会里有一座有盖祭坛。

88 忧苦之慰圣母堂
Santa Maria della Consolazione

建筑师：Martino Longhi the Elder
年代：1470–1660 年
类型：宗教建筑 / 教堂
地址：Piazza della Consolazione, 00186 Roma,Italy

89 维拉布洛圣乔治教堂
Basilica of San Giorgio

建筑师：Biagio Rossetti，Alberto Schiatti
年代：1581 年
类型：宗教建筑 / 教堂
地址：Via del Velabro, 19, 00186 Roma，Italy

忧苦之慰圣母堂

忧苦之慰圣母堂是一座罗马天主教堂，位于Palatine 山脚下。教堂以圣母玛利亚的图标命名。教堂最初建于 1470 年，那个时候是风格主义的外观。但是在 1583–1600 年间由长 Martino · Longhi 重建。立面风格属于手法主义风格，祭台上的壁画"忧苦之慰圣母"为罗马诺(Antoniazzo Romano) 重绘的作品。

维拉布洛圣乔治教堂

维拉布洛圣乔治圣殿是罗马天主教堂。它被称为 San Giorgio fuori le mura，意为圣乔治的"外墙"，因为它建在城墙外，而圣乔治大教堂位于城墙内。教堂的历史与费拉拉的起源密切相关。建筑的总体外观主要呈现文艺复兴风格，而外立面属于典型的巴洛克风格。教堂左侧升起一座文艺复兴时期的钟楼，钟楼的 4 个外侧各开一个大理石柱，中间有一个双孔。

90 **圣乔瓦尼礼拜堂**
San Giovanni Calibita

建筑师:Corrado Giaquinto
年代:1584 年
类型:宗教建筑 / 礼拜堂
地址:Ponte Fabricio, 00186 Roma, Italy

圣乔瓦尼礼拜堂

圣乔瓦尼礼拜堂是一座16世纪的医院和修道院教堂，位于台伯岛。教堂的平面图为长方形，它的两侧是医院建筑，右侧的翼比教堂高。建筑是晚期文艺复兴风格，教堂左侧的医院建筑有拱券回廊与教堂主体隔开，整个建筑群另有一座11世纪的防御性钟楼。建筑内部很小，但装饰非常丰富，有许多彩色大理石作品。壁画装饰于1742年完工，主要由Corrado·Giaquinto设计。

91 **圣克里索贡教堂**
San Crisogon

建筑师:Giovanni Battista Soria
年代:公元 4 世纪–1626 年
类型:宗教建筑 / 教堂
地址:Piazza Sidney Sonnino, 44, 00153 Roma RM, Italy

圣克里索贡教堂

圣克里索贡教堂进门有一个外部券廊，跨穹顶和平面顶棚，然后来到一个有侧过道的中央教堂，接着钟楼靠近右侧通道的底部，而钟楼另一侧的右侧墙中间是侧入口，钟楼的历史可以追溯到12世纪。建筑内部巴洛克式天花板中间的画作是由Guercino绘制的，描绘了圣Chrysogonus的荣耀。

坦比哀多

坦比哀多是罗马教廷梵蒂冈内部的一座小礼拜堂，是建立在位于地下的圣彼得衣冠冢之上的纪念性建筑，是文艺复兴盛期伯拉孟特的代表作。16 根罗马多立克柱式完美体现了古典柱式语言的优雅并有所发展，是文艺复兴盛期第一个集中式教堂的杰作。

多利亚潘菲利别墅

该别墅曾是 16–17 世纪潘菲利家族的财产，历经扩建后总面积达到 1.8 平方公里，是罗马城内最大的园林公园，其主体建筑为巴洛克—手法主义风格，别墅周边的园林是意大利文艺复兴园林风格，整个别墅区内的园林则受到法国画家普桑、克劳德等人在自然风景中的古罗马遗迹绘画题材的影响，在 18 世纪逐步改造为今日所见的英国自然主义园林风格。其中受英国人 Stowe 在斯托海德园中展示的创作手法影响尤重。1971 年以后成为公共公园。是罗马式的重要公共风景地。

92 坦比哀多
Tempiettoof San Pietro

建筑师：Donato Bramante
年代：1500 年
类型：宗教建筑 / 教堂
地址：Piazza di S. Pietro in Montorio, 2, 00153 Roma, Italy

93 多利亚潘菲利别墅
Villa Doria Pamphili

建筑师：Alessandro Algardi, Giovanni Francesco Grimaldi
年代：1630–1850 年
类型：文化建筑 / 博物馆
地址：Via di S. Pancrazio, 00152 Roma, Italy

94 **圣赛西拉教堂**
Facciata di Santa Cecilia in Trastevere

建筑师：Ferdinando Fuga
年代：5–17 世纪
类型：宗教建筑 / 教堂
地址：Piazza di Santa Cecilia, 22, 00153 Roma, Italy

95 **千禧教堂**
Jubilee Church

建筑师：理查德・迈耶
年代：2003 年
类型：宗教建筑 / 教堂
地址：Piazza Largo Terzo Millennio, 8, 00155 Roma, Italy

圣赛西拉教堂

圣赛西拉教堂是一座建于 5 世纪的主教教堂，位于特拉斯提弗列区。该教堂的现存立面建于 1725 年，建筑现存立面为巴洛克风格，堂前有庭院，装饰有古老的镶嵌画、柱子以及枢机徽章。教堂内部空间为早期基督教堂样式，中厅两侧有连续 12 跨拱廊，木制桁架顶棚，半圆形后殿，小的地下墓穴与主祭坛相对应，与教堂中殿的高度没有差别。

千禧教堂

这是普利兹克建筑奖得主，美国建筑师理查德·迈耶在罗马的宗教建筑，教堂南面的大型弧形预制混凝土墙喻义三位一体。这三个预制混凝土墙主要为教堂减少建筑物内的温度变化，具有良好的建筑热工性能；而在墙上含有的二氧化钛涂层搪瓷钢板具有迈耶作品典型的白色外观。教堂内部的北面采用石、木为原材料，直线墙身和南面弧形墙身为场内音量产生相互作用；西面利用玻璃钢架坡屋面形成一个半透明的屋顶，让光线射进教堂之内。

拉特兰方尖碑

拉特兰方尖碑是世界上现存最大的古埃及方尖碑，也是意大利境内最高的方尖碑，原高 37.2 米，重 455 吨，拉特兰方尖碑原为古埃及法老 Thutmose Ⅲ 世时期立于埃及阿蒙卡纳克神庙中，4 世纪初被通过尼罗河与另一座法老方尖碑一起运到了亚历山大港，公元 357 年时被君士坦丁二世运到罗马，1588 年 9 月被建筑师 Domenico · Fontana 重新树立于拉特兰主教堂广场前，方尖碑顶部有一个十字架，底座上装饰着铭文，解释了埃及的历史以及方尖碑在前往亚历山大和罗马的经历，铭文中也记载了君士坦丁大帝的洗礼。

圣约翰 · 拉特兰主教堂

圣约翰 · 拉特兰主教堂的历史可以一致追溯到古罗马帝国晚期，其基址是君士坦丁大帝米尔潘桥战役旧址，后经一系列的重建与损毁，1588 年起建筑师 Domenico · Fontana 主持了教堂的重建工作，而随后 Francesco · Borromini 完成了其室内装饰，现存的立面则在 18 世纪初通过教皇克莱门特 12 世举办的竞赛，由获胜者 Alessandro · Galilei 于 1735 年完成最终的立面营造，他的设计摒弃了巴洛克及之前的建筑风格，取而代之以规则整饬的新古典主义风格，三段式的科林斯巨柱式手法使得整个立面充满了宏大的仪式感。

96 **拉特兰方尖碑**
Lateran Obelisk

建筑师：Thutmose III, Domenico Fontana
年代：公元前 15 世纪
类型：其他建筑 / 纪念碑
地址：Piazza di S. Giovanni in Laterano, 00184 Roma, Italy

97 **圣约翰 · 拉特兰主教堂**
Saint John Lateran

建筑师：Alessandro Galilei,Domenico Fontana,Francesco Borromini
年代：4–1735 年
类型：宗教建筑 / 教堂
地址：Piazza di S. Giovanni in Laterano, 4, 00184 Roma, Italy

98 **圣格里高利马格诺教堂**
San Gregorio Magnoal Celio

建筑师：Giovanni Battista Soria
年代：1629–1642 年
类型：宗教建筑 / 教堂
地址：Padri Camaldolesi, Piazza di San Gregorio al Celio, 1, 00184 Roma,Italy

99 **河畔圣方济各教堂**
san francesco a ripa

建筑师：Mattia de Rossi Onorio Longh
年代：1701 年
类型：宗教建筑 / 教堂
地址：Piazza di S. Francesco d'Assisi, 88, 00153 Roma, Italy

圣格里高利马格诺教堂

该教堂是一座巴洛克式的天主教教堂，其中大型门廊占据着圣格雷戈里奥·塞利奥广场，后面是一座中庭，两侧是修道院的两翼。教堂的中殿正面朝前，由两个横向过道分开；在另一翼后面，可以通过右边的修道院门进入。

河畔圣方济各教堂

该教堂始建于 1603 年，立面完成于 1681 – 1701 年。在左侧的帕鲁奇 – 艾伯托尼小堂内，有济安·贝尼尼的杰作，雕塑《真福卢多维卡 – 亚伯托尼》。教堂前面的广场上有一根爱奥尼亚柱，为庇护九世所立，取自 Veii 的废墟。

修道院圣玛丽亚礼拜堂

修道院圣玛丽亚礼拜堂是马耳他骑士团修道院的教堂，最初建于公元10世纪上半叶，根据乔瓦尼·巴蒂斯塔·皮拉内西的设计，教堂在1764－1766年间进行了大幅翻新，正立面模仿法国路易十四时期的古典主义风格，走进后俯瞰内部庭院会看到教堂门廊第二个主立面。并在教堂前面建造了马耳他广场。教堂立面上壁柱有与边缘平行的凹槽。这个立面上的浮雕包括标志和其他参考马耳他骑士团的军事、海军协会以及Rezzonico家族的纹章。它们表明了皮拉内西对罗马古代历史的迷恋，因为它们的图案提到了古罗马、伊特鲁里亚文明。这也是这位著名的画家、考古学家唯一的建筑作品。

老西斯托教堂

教堂是罗马教堂中的60个小教堂之一。教堂长40.25米，宽13.41米，高20.73米，是依照列王纪第6章所描述的所罗门王神殿比例（60:20:30）所建。教堂平面为长方形，有一个带侧面过道的中殿和一个半圆形的后殿，拱廊的两边各有12个灰色花岗岩柱，中殿的侧墙上有12个圆头窗。

100 修道院圣玛丽亚礼拜堂
Chiesa di Santa Maria del Priorato

建筑师：Giovanni Battista Piranesi
年代：1766年
类型：宗教建筑 / 礼拜堂
地址：Piazza dei Cavalieri di Malta, 4, 00153 Roma, Italy

101 老西斯托教堂
Basilica of San Sisto Vecchio

建筑师：Filippo Raguzzini
年代：13世纪
类型：宗教建筑 / 教堂
地址：Piazzale Numa Pompilio, 00153 Roma，Italy

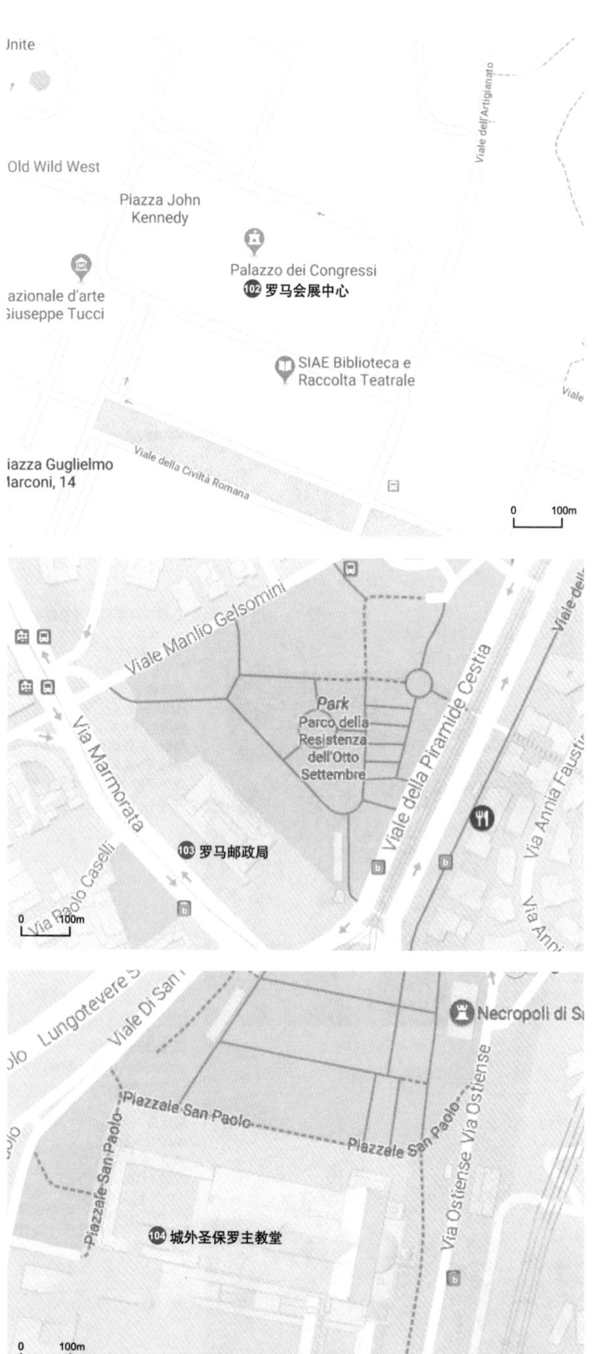
Old Wild West
Piazza John Kennedy
Palazzo dei Congressi
102 罗马会展中心
SIAE Biblioteca e Raccolta Teatrale
Viale della Civiltà Romana
Viale dell'Artigianato
0 100m
Viale Manlio Gelsomini
Park
Parco della Resistenza dell'Otto Settembre
Via Marmorata
Viale della Piramide Cestia
Via Annia Faustina
Via Paolo Caselli
103 罗马邮政局
0 100m
Viale Di San
Necropoli di S
Piazzale San Paolo
Via Ostiense
104 城外圣保罗主教堂
0 100m

⑩ 罗马会展中心
Palazzo dei Congressi

建筑师：Adalberto Libera
年代：1953 年
类型：博览建筑
地址：Piazza John Kennedy, 1, 00144 Roma, Italy

该建筑是 20 世纪早期的新古典主义风格和精致的理性主义风格的有效融合。其丰富多样的展览区，总面积达 2500 平方米，为交易会、会议、展览和晚会提供足够的自由。其中文化厅可容纳多达 1700 人，形状是边长 38 米的立方体。门厅和艺术大厅是主要房间旁边的两个空间，装饰有精美艺术品。

⑩ 罗马邮政局
Post office in via Marmorata in Roma

建筑师：Adalberto Libera
年代：1933–1935 年
类型：市政建筑
地址：Via Marmorata, 4, 00153 Roma, Italy

罗马邮政局具有一个 U 形平面的巨大体量。它一方面具有象征性的全新的动态元素，一方面也具有抽象、静态、经典的表现形式，是现代与传统的完美结合。它重新塑造了一个新的阅读空间。

⑩ 城外圣保罗主教堂
San Sebastiano fuorile mura

建筑师：Carlo Fontana
年代：1825–1854 年
类型：宗教建筑 / 教堂
地址：Via Appia Antica, 136, 00179 Roma, Italy

城外圣保罗大教堂是罗马四座宗教级大教堂之一，规格仅次于圣彼得大教堂。大教堂建在传说中使徒保罗的葬身之地。最早的基督徒在此建起葬礼小堂，后来君士坦丁皇帝下令建成大教堂。城外圣保罗主教堂属于早期基督教时期的代表作，教堂平面为拉丁十字样式，而教堂中殿的 80 根柱子及精致的天花板建于 19 世纪。该教堂是朝圣者们罗马之行的重要一站。

贝尔尼尼 四河神雕塑（作者自摄）

坎帕尼亚大区
Campania
23 那不勒斯 / Napoli
24 埃尔科拉诺 / Ercolano
23
24

23 · 那不勒斯

建筑数量：31

01 卡波迪蒙特国家博物馆
02 西班牙宫 / Ferdinando Sanfelice 等
03 圣母玛利亚圣米歇尔教堂 / Ferdinando Sanfelice
04 教区博物馆 / 阿尔瓦罗·西扎
05 那不勒斯国家考古博物馆 / Pedro Fernandez de Castro
06 那不勒斯大教堂 / Giacomo da Viterbo
07 圣真纳罗的方尖碑 / Deputazione del Tesoro
08 乔洛拉米尼图书馆 / Arcangelo Guglielmelli 等
09 基洛拉米库修道院 / Giovanni Antonio Dosio 等
10 那不勒斯古罗马剧场
11 圣洛伦佐马焦雷巴西利卡 / Sanfelice 等
12 阿尔巴门 / Pompeo Lauria
13 圣塞维诺小堂 / Antonio Corradini 等
14 圣米歇尔礼拜堂 / Domenico Antonio Vaccaro 等
15 新耶稣教堂 / Novello da San Lucano 等
16 Filomarino 宫 / Giovanni Francesco di Palma 等
17 圣玛蒂诺修道院 / Giovanni Antonio Dosio 等
18 圣埃莫堡 / Francesco de Vico 等
19 翁贝托长廊 / Emmanuele Rocco 等
20 圣卡尔洛剧院 / Giovanni Antonio Medrano 等
21 新堡城堡 / Pierre de Chaulnes
22 普雷比席特广场 / Ferdinando Manlio 等
23 圣玛丽亚大教堂 / Cosimo Fanzago 等
24 塞拉迪卡萨诺宫 / Ferdinando Sanfelice
25 报喜礼拜堂 / Ferdinando Sanfelice
26 圣徒约翰和特雷莎教堂 /Gennaro Campanile 等
27 安东杜尔恩生物研究所
28 唐安娜宫 / Dragonetto Bonifacio 等
29 庞贝遗址
30 那不勒斯阿夫拉戈拉火车站 / 扎哈·哈迪德
31 那不勒斯 Neapolitana 古罗马隧道 / Lucius Cocceius Auctus

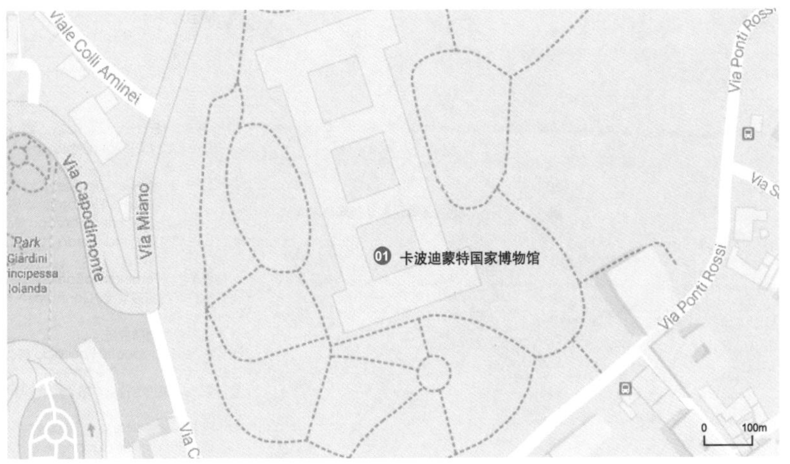

01 卡波迪蒙特国家博物馆 Museo nazionale di Capodimonte

年代：1840年
类型：文化建筑 / 博物馆
地址：Via Miano, 2, 80131 Napoli NA, Italy

卡波迪蒙特国家博物馆是一座坐落在那不勒斯的艺术博物馆。该博物馆主要收藏那不勒斯绘画、装饰艺术，以及一些重要的古罗马雕塑。宫殿始建于1738年，其后几经扩建，并于1840年最终完成。该建筑由3个院落组成，这样的设计满足了各个房间的采光需求。该建筑是巴洛克风格和那不勒斯本土设计完美融合的典范。

02 西班牙宫
Palazzo dello Spagnolo

建筑师:Ferdinando Sanfelice, Francesco Attanasio
年代:1738 年
类型:居住建筑 / 宫殿
地址:Via Vergini, 19, 80137 Napoli NA, Italy

03 圣母玛利亚圣米歇尔教堂
Chiesa di Santa Maria Succurre Miseris ai Vergini

建筑师:Ferdinando Sanfelice
年代:18 世纪
类型:宗教建筑 / 教堂
地址:Via Vergini, 2, 80137 Napoli, Italy

西班牙宫

西班牙宫是一座晚期巴洛克风格的宫殿，位于那不勒斯市中心的Sanità区。虽然其立面不起眼，但内部八角形庭院建造了一个令人惊叹的双坡道楼梯间。建筑内部装饰丰富，在18世纪末增加了顶楼。该建筑是那不勒斯巴洛克风格民居建筑中最有价值的例子之一，这主要归功于其双坡道楼梯间，它构成了建筑宏伟的立面，以及那不勒斯巴洛克建筑的主要特征。

圣母玛利亚圣米歇尔教堂

圣母玛利亚圣米歇尔教堂是巴洛克风格建筑，始建于14世纪，立面特点为利用雕塑突出建筑物的中心轴线。在建筑后殿区域，仍然可见14世纪和15世纪的一些壁画。

教区博物馆

教区博物馆是那不勒斯第一个位于城市历史中心的当代艺术博物馆。葡萄牙建筑师阿尔瓦罗·西扎将古老的Donnaregina宫殿改造成了一个辉煌而实用的现代艺术空间。博物馆具有7200平方米的展览空间，具有特定的装置，以及用作永久收藏和临时展览的作品。在建筑的改造中，维持老立面与周边环境融合，保持内部庭院大空间为开展各种现代艺术展示提供弹性空间；同时充分发掘屋顶为观众提供别样的观察角度和作品展示场地。

04 教区博物馆
Museo Madre

建筑师：阿尔瓦罗·西扎
年代：2007年
类型：文化建筑 / 博物馆
地址：Via Luigi Settembrini, 79, 80139 Napoli NA, Italy

那不勒斯国家考古博物馆

那不勒斯国家考古博物馆是座罗马风意大利考古博物馆。该博物馆是巴洛克风格与那不勒斯本土设计结合的典型。于18世纪晚期由波旁国王查尔斯七世建立，以收藏他从母亲继承下来的古物，以及从庞培和赫库兰尼姆掠夺的珍宝，故而称作真正的Museo Borbonico博物馆（“皇家波旁博物馆”）。

05 那不勒斯国家考古博物馆
Museo archeologico nazi onale

建筑师：Pedro Fernandez de Castro
年代：1777年
类型：文化建筑 / 博物馆
地址：Piazza Museo, 19, 80135 Napoli NA, Italy

06 那不勒斯大教堂
08 乔洛拉米尼图书馆
10 那不勒斯古罗马剧场
09 基洛拉米库修道院
07 圣真纳罗的方尖碑
11 圣洛伦佐马焦雷巴西利卡
0　100m

⑥ 那不勒斯大教堂
Duomo di Napoli

建筑师：Giacomo da Viterbo
年代：13–19 世纪
类型：宗教建筑 / 教堂
地址：Via Duomo, 147, 80138 Napoli NA, Italy

⑦ 圣真纳罗的方尖碑
Obelisco di San Gennaro

建筑师：Deputazione del Tesoro
年代：1636 年
类型：其他建筑 / 纪念碑
地址：Piazza Cardinale Sisto Riario Sforza, 80139 Napoli, Italy

那不勒斯大教堂

那不勒斯大教堂是一座纪念性大教堂，大教堂位于同名街道的东侧，在一个被门廊环绕的小广场上，并且还包括另外两座独立于大教堂建造的建筑作为一个小教堂：Santa Restituta大教堂，里面有最古老的洗礼堂。从艺术的角度来看，它实际上是多种风格的叠加，从14世纪的纯哥特式到19世纪的新哥特式，还包含文艺复兴式、巴洛克式。建筑内部最引人注目的是圣热内罗宝藏皇家礼拜堂，其内的壁画、祭坛、马赛克、铜质栏杆等都十分精美。

圣真纳罗的方尖碑

圣真纳罗的方尖碑是一个巴洛克式的方尖碑，该结构是由装饰华丽的大型卷轴置于四角柱上构成。在纪念碑的顶部矗立着San Gennaro的青铜雕像，是Tommaso · Montani的作品。在那不勒斯的3个大尖顶中，San Gennaro是该市最古老的尖塔。

乔洛拉米尼图书馆

乔洛拉米尼图书馆是那不勒斯最古老的图书馆。该图书馆拥有重要的书籍和歌剧音乐档案，自 1586 年开放给公众。从建筑的角度来看，该建筑是巴洛克风格与那不勒斯本土设计的完美融合，同时它是 Girolamini 教堂建筑群的一部分。Girolamini 建筑群于 1866 年成为国家纪念地。今天，包括纪念教堂、图片库和乔洛拉米尼图书馆，是城市最重要的文化聚集区之一。

基洛拉米库修道院

该教堂建于早期建筑物 Palazzo Seripando 的遗址上。教堂立面手法采用了晚期巴洛克的柱式语言与早期文艺复兴开窗方式的糅合，拉丁十字平面有一个中厅和两个侧厅，并由弧形柱廊和侧廊支撑。其内的圣保罗的立面雕像由朱塞佩 · 萨马尔蒂诺雕刻而成。修道院以彩色马赛克装饰而闻名。在 1944 年 2 月的空中轰炸中，豪华的镀金天花板严重受损，但已部分恢复。

那不勒斯古罗马剧场

剧场在 Flavian 时代（1 世纪）和 2 世纪进行了翻新。大多数痕迹可以追溯到这个时期和随后的修复。直到最近，其内部被用作马厩、酒窖和商店。剧院呈现为典型罗马式剧场的半圆形形态，该剧院有 3 个入口，两个位于侧面（东西方）的演员入口，以及一个位于北面的观众入口。

圣洛伦佐马焦雷巴西利卡

圣洛伦佐马焦雷巴西利卡是该市最古老的教堂之一。随着时代变迁，建筑融合了多种风格，主体风格为罗马风风格，主入口立面为巴洛克风格。修道院于 1270 年由法国建筑师重建，在意大利被认为是独一无二的法国哥特式的典型例子；主立面于 1742 年被完全重建为巴洛克风格，直到 20 世纪下半叶，逐渐取消了巴洛克式的增加。教堂正面有 14 世纪的木门，每个木门分为 48 个正方形，保存状态相当好；在教堂正面的右侧有修道院和 15 世纪方形四层楼的钟楼。

⑧ 乔洛拉米尼图书馆
Biblioteca dei Girolamini

建筑师：Arcangelo Guglielmelli,Pietro Bardellino
年代：1586 年
类型：文化建筑 / 图书馆
地址：Via Duomo, 114, 80138 Napoli, Italy

⑨ 基洛拉米库修道院
Chiesa dei Girolamini

建筑师：Giovanni Antonio Dosio,Nencioni
年代：1592–1619 年
类型：宗教建筑 / 修道院
地址：Piazza Gerolomini, 84090 Napoli NA, Italy

⑩ 那不勒斯古罗马剧场
Teatro romano di Neapolis

年代：公元前 1 世纪
类型：观演建筑
地址：Vico inquesanti, 80138 Napoli, Italy

⑪ 圣洛伦佐马焦雷巴西利卡
Basilica di San Lorenzo Maggiore

建筑师：Sanfelice, Ferdinando Sanfelice
年代：1742 年
类型：宗教建筑 / 巴西利卡
地址：Piazza San Gaetano, 80138 Napoli NA, Italy

Via Avvocata
Via Enrico Pes
Vincenzo Bellini
Sole
Bagnara
⑫ 阿尔巴门
⑬ 圣塞维诺小堂
Piazzetta Casanova
Via S. Sebastiano
⑭ 圣米歇尔礼拜堂
0 50m

Via S. Sebastiano
Filomarino 宫 ⑯
⑮ 新耶稣教堂
Via Benedetto Croce
Via Santa Chiara
Vico Pallonetto Santa Chiara
0 50m

⑫ 阿尔巴门
Port'Alba

建筑师：Pompeo Lauria
年代：1656 年
类型：其他建筑 / 城门
地址：Via Port'Alba,80134 Napoli NA,Italy

阿尔巴门

阿尔巴门的名字源于阿尔巴公爵，他是西班牙总督。城门位于丹特广场的西北边缘，在万维泰利的柱廊北面。门上的装饰壁画由画家马舍·普雷蒂于1656 年完成，描绘着圣母同圣真纳罗和圣加埃塔诺以及瘟疫受害者垂死的场景，而圣加埃塔诺的雕像来自于1781 年被拆毁的圣灵门中。

圣塞维诺小堂

圣塞维诺小堂(Cappella Sansevero)又名圣母怜子小堂(Chiesa di Santa Maria della Pietà),其建筑内部为洛可可装饰风格,陈列有多座著名的巴洛克－洛可可时期的雕塑,这座博物馆建于1590年,圣多梅尼科马焦雷教堂西北侧。堂内收藏一些18世纪的意大利著名艺术家的艺术品。堂内的雕像"被覆盖的基督"十分出名,雕像成功地用大理石雕刻出纱布般的纹理。教堂的地下墓室内有多件美丽的大理石雕像。该堂今天已经不用做宗教用途,它是那不勒斯最为重要的博物馆之一。

圣米歇尔礼拜堂

圣米歇尔礼拜堂的建造可以追溯到1620年左右,建筑为洛可可风格,建筑的内部是18世纪艺术家最伟大的杰作之一。具有细长植物形态的内部装饰;拱顶由Lucio·Stabile设计为19世纪的壁画;其洛可可风格的建筑立面也是值得关注的:第二层的柱子底部隆起形成隔膜状结构。

新耶稣教堂

建筑为文艺复兴和巴洛克风格。建筑立面上使用了一种威尼斯文艺复兴时期流行的小型山花设计,它成为建筑的一大特点。建筑师设计的大窗户和较小的门与其呼应。这两个元素的组合决定了双重的建筑效果:不平衡的纯粹形式,原始的艺术成果。该教堂还收藏了不少那不勒斯学派颇具影响力的艺术家集中创作的绘画和巴洛克式雕塑。

Filomarino 宫

Filomarino 宫由当地重要的贵族家庭居住了几百年,它成为哲学家克罗齐的住所,直到1952年他去世。今天,部分客房为意大利历史研究所和Benedetto Croce图书馆基金会。建筑以多样化的风格闻名于世。例如建筑的入口是巴洛克式,但建筑二层的阳台却是明显的新古典主义风格。20世纪对建筑的楼梯进行了修复,增加了两个拱门。

⑬ 圣塞维诺小堂
Cappella Sansevero

建筑师:Antonio Corradini, Francesco Celebrano, Raimondo di Sangro
年代:1593–1766年
类型:宗教建筑 / 教堂
地址:Via Francesco De Sanctis, 19/21, 80134 Napoli, Italy

⑭ 圣米歇尔礼拜堂
Chiesa di San Michele Arcangelo a Port'Alba

建筑师:Domenico Antonio Vaccaro, Giuseppe Astarita
年代:18世纪上半叶
类型:宗教建筑 / 礼拜堂
地址:Piazza Dante, 68, 80135 Napoli NA, Italy

⑮ 新耶稣教堂
Chiesa del Gesù Nuovo

建筑师:Novello da San Lucano, Pietro, Bartolomeo Ghetti
年代:1584–1725年
类型:宗教建筑 / 教堂
地址:Piazza del Gesù Nuovo, 2, 80134 Napoli NA, Italy

⑯ Filomarino 宫
Palazzo Filomarino

建筑师:Giovanni Francesco di Palma, Giovanni Donadio
年代:16世纪
类型:居住建筑 / 宫殿
地址:Via Benedetto Croce, 8, 80134 Napoli NA, Italy

17 圣玛蒂诺修道院
Certosa di San Martino

建筑师：Giovanni Antonio Dosio, Giovan Giacomo di Conforto, Nicola Tagliacozzi , Domenico Antonio Vaccaro
年代：1325–1368 年
类型：宗教建筑 / 修道院
地址：Via Largo S. Martino, 5, 80129 Napoli NA, Italy

18 圣埃莫堡
Castel Sant'Elmo

建筑师：Francesco de Vico, Tino di Camaino, Gian Giacomo dell'Acaya
年代：1200–1537 年
类型：其他建筑 / 城堡
地址：Via Tito ngelini, 22, 80129 Napoli, Italy

圣玛蒂诺修道院

圣玛蒂诺修道院是城市中最重要的纪念性建筑之一，也是巴洛克式建筑和艺术最成功的例子之一，同时也是17世纪那不勒斯的绘画中心。自1866年以来，它成为圣马蒂诺国家博物馆，讲述城市的艺术和文化历史。它包括大约100间房间，2个教堂，4个小礼堂，3个回廊和空中花园。

圣埃莫堡

圣埃莫堡是一座中世纪城堡，用作博物馆。这座建筑部分由化石（那不勒斯的黄色凝灰岩）制成，起源于一座名为Belforte的罗马风观景塔。这座城堡是16世纪军事建筑最重要的例子之一，它与圣玛蒂诺修道院相邻，位于沃梅洛山顶，俯瞰着整个海湾。直到20世纪70年代初，它被用作军事监狱。经过多年的努力恢复，它于1988年5月15日向公众开放，用作博物馆。

⑲ 翁贝托长廊
Galleria Umberto I

建筑师：Emmanuele Rocco, Antonio Curri, Ernesto di Mauro
年代：1887–1890 年
类型：商业建筑
地址：Via San Carlo, 80132 Napoli, Italy

⑳ 圣卡尔洛剧院
Real Teatro di San Carlo

建筑师：Giovanni Antonio Medrano, Antonio Niccolini
年代：1737 年
类型：观演建筑 / 剧院
地址：Via San Carlo,98, 80132 Napoli NA,Italy

翁贝托长廊

长廊底部有一个拱形门廊，其内有列柱和两个拱门。右侧拱门从左到右显示冬、春、夏、秋；左侧拱门显示了欧洲、亚洲、非洲和美洲四大洲。建筑立面上各层的窗户样式和柱式都是精美而富有变化的。后来长廊加建了一个由 16 根金属肋骨支撑的玻璃圆顶。

圣卡尔洛剧院

圣卡洛歌剧院是世界上最古老的持续活跃表演歌剧的剧场之一，1737 年在当时波旁王朝的命令下竣工并开业，其座位数量历史上变动较大，现状为可容纳 1386 名观众，观众厅宽 33.5 米，高 30 米，舞台进深 34.5 米，其马蹄形的观众厅是历史上最古老的同类厅堂。1816 年大火与“二战”中的轰炸都使其受到了部分损毁。最新的翻修工程完成于 2010 年 1 月，其立面保持了建成时的新古典主义风格。

㉑ 新堡城堡
Maschio Angioino

建筑师：Pierre de Chaulnes
年代：1279 年
类型：其他建筑 / 城堡
地址：Via Vittorio Emanuele III, 80133 Napoli, Italy

新堡城堡是一座历史悠久的中世纪和文艺复兴时期的城堡，也是那不勒斯市的象征之一。城堡位于风景秀丽的 Piazza Municipio 广场。建筑风格为罗马风风格。城堡有 5 个大的圆柱形塔楼，侧面的 3 个塔楼朝向陆地，那里是入口。建筑最引人注意的是建于城堡的两个西部塔之间的白色大理石凯旋门。凯旋门高 35 米，由上下两个堆叠的拱门构成，入口两边为科林斯柱式。

㉒ **普雷比席特广场**
Piazza del Plebiscito

建筑师：Ferdinando Manlio, Giovanni Benincasa
年代：1543–1809 年
类型：景观建筑 / 广场
地址：Piazza del Plebiscito, 80132 Napoli NA,Italy

普雷比席特广场由半圆形和矩形两部分组成，位置非常靠近那不勒斯海湾，东边是皇宫，西边是圣弗朗西斯科·保拉教堂，教堂的外形与罗马的万神殿相似。主体建筑风格为折中主义（巴洛克与古罗马万神庙的融合），正面是一个由 8 根爱奥尼柱式的柱子组成的门廊。在教堂两侧，柱子向两边延展形成半圆形柱廊，围合形成广场半圆形部分。

㉓ 圣玛丽亚大教堂
Basilica di Santa Maria Egiziaca a Pizzofalcone

建筑师：Cosimo Fanzago, Francesco Antonio Picchiatti, Antonio Galluccio, Arcangelo Guglielmelli
年代：1616–1716 年
类型：宗教建筑 / 教堂
地址：Via Egiziaca a Pizzofalcone, 80132 Napoli, Italy

㉔ 塞拉迪卡萨诺宫
Palazzo Serra di Cassano

建筑师：Ferdinando Sanfelice
年代：1730 年
类型：居住建筑 / 宫殿
地址：Via Monte di Dio, 14, 80132 Napoli NA, Italy

㉕ 报喜礼拜堂
Chiesa della Nunziatella

建筑师：Ferdinando Sanfelice
年代：1588 年
类型：宗教建筑 / 礼拜堂
地址：Via Generale Parisi, 16, 80132 Napoli, Italy

圣玛丽亚大教堂

圣玛丽亚大教堂是那不勒斯的贵族教堂之一。建筑风格为巴洛克风格。建筑入口前有一个精美的楼梯，由古格利尔梅利设计；内部装饰有灰泥装饰和 maiolica 瓷砖；建筑正面中部向外突出显示了入口和中庭的双重弯曲形状。教堂里有 Paolo · De · Matteis 画的圣母和圣徒；内部有精美的彩色大理石材质的圣坛，以及 3 座由 Nicola · Fumo 绘制的 18 世纪的木制雕像。

塞拉迪卡萨诺宫

塞拉迪卡萨诺宫建筑内的装饰为洛可可风格，同时含有新古典主义的家具。宫殿内有一个八角形的内院，院子外围是拱廊。建筑最具有代表性的是其内巨大的楼梯，不同于桑费利切的其他设计，楼梯不是开放交叉的，而是封闭双坡道的，气势非常雄伟。

报喜礼拜堂

建筑风格为巴洛克风格，由 1 个内殿和 4 个耳室组成。教堂拱顶完全被弗朗西斯 · 德穆拉圣母升天的壁画所覆盖，主要的祭坛由经典的那不勒斯巴洛克风格的多色大理石装饰。

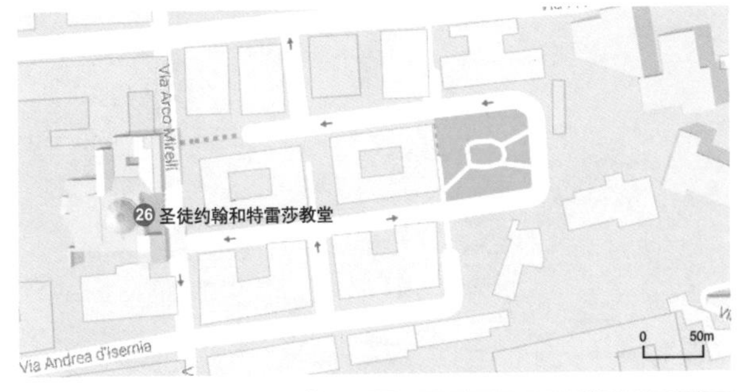

26 圣徒约翰和特雷莎教堂
Saint Giovanni and Teresa

建筑师 :Gennaro Campanile, Raffaele Barletta, Luigi e Carlo Vanvitelli
年代 :1746–1757 年
类型 :宗教建筑 / 教堂
地址 :Via Arco Mirelli, 23,80122 Napoli NA,Italy

27 安东杜尔恩生物研究所
Stazione zoologica Anton Dohrn

年代 :1872 年
类型 :科教建筑 / 研究所
地址 :80122 Naples, Metropolitan City of Naples,Italy

圣徒约翰和特雷莎教堂

圣徒约翰和特雷莎教堂为巴洛克风格建筑。建筑的外立面是和谐的，而室内有 8 个巨大的支柱支持着穹顶，形成其内部的主要特点。建筑过去曾有洛可可风格的回廊。雕刻家曼努埃尔帕切科雕刻了侧面的祭坛。

安东杜尔恩生物研究所

建筑包含水族馆、标本馆、历史档案图书馆和动物园，是该类型建筑在欧洲最早的实例之一。

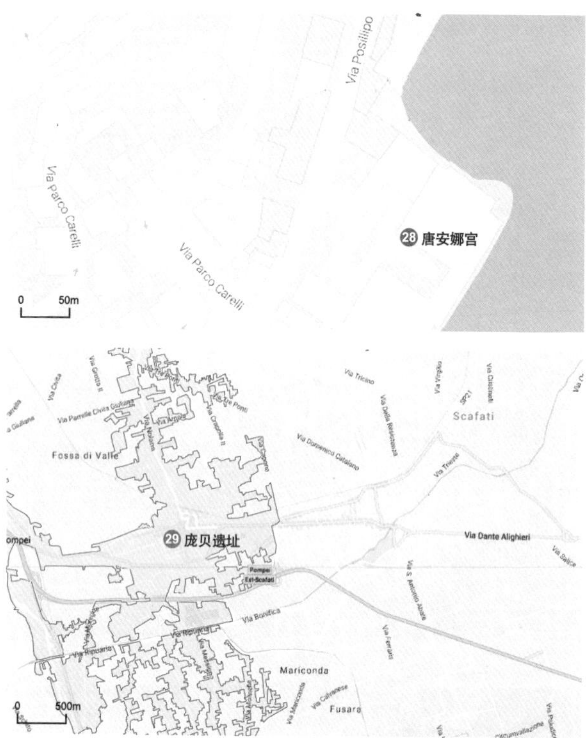

28 **唐安娜宫**
Palazzo Donn'Anna

建筑师：Dragonetto Bonifacio,Cosimo Fanzago
年代：1640–1648 年
类型：居住建筑 / 宫殿
地址：Largo Donn'Anna, 80123 Napoli, Italy

29 **庞贝遗址**
Pompeii

年代：公元前 6 世纪
类型：其他 / 城市遗址
地址：Pompei, Province of Naples, Campania, Italy

唐安娜宫

唐安娜宫是那不勒斯最著名的宫殿之一。建筑风格为那不勒斯巴洛克风格。建筑有两个入口，一个在海上，另一个从Posillipo 海岸延伸通往大楼的内部庭院。建筑内部非常有趣，向大海开放，在那里可以欣赏到那不勒斯市的美丽景色。

庞贝遗址

庞贝城是世界遗产，是研究公元 1 世纪左右古罗马城市建筑与规划的重要遗址，其中网络状的道路系统为典型的古罗马城市布局。这座被挖掘的城市大部分保存在火山灰之下，提供了罗马生活的独特快照，并提供了对其居民日常生活非常详细的了解。墙壁和室内雕刻的大量涂鸦提供了大量关于俗语拉丁语口语的信息。

30 **那不勒斯阿夫拉戈拉火车站**
Napoli Afragola railway station

建筑师：扎哈 · 哈迪德
年代：2017 年
类型：交通建筑 / 火车站
地址：Via 80021 Afragola NA, Napoli, Italy

31 **那不勒斯 Neapolitana 古罗马隧道**
Crypta Neapolitana

建筑师：Lucius Cocceius Auctus
年代：公元前 37 年
类型：交通建筑 / 隧道
地址：Salita della Grotta, 80122 Napoli NA, Italy

那不勒斯阿夫拉戈拉火车站

该车站是一个意大利高速火车站，该站被称为"通往南方的门户"，被认为是那不勒斯的主要交通枢纽和区域门户。是扎哈 · 哈迪德在意大利的代表性建筑作品之一。

那不勒斯 Neapolitana 古罗马隧道

那不勒斯公路隧道是那不勒斯附近的古罗马公路隧道，长 700 多米。该隧道是古罗马时期的人工道路，供古罗马时期货车和行人使用，反映了古罗马时期的市政工程技术；仍被用作道路，直到 20 世纪初由两条现代隧道取代。值得一提的是类似的隧道在那不勒斯罗马老城还有 3 条。

庞贝城市广场遗迹（Elf Qrin 摄影）

24 · 埃尔科拉诺

建筑数量：03

01 坎波列托别墅 / Luigi Vanvitelli
02 费乌瑞别墅 / Ferdinando Fuga
03 赫库兰尼姆古城

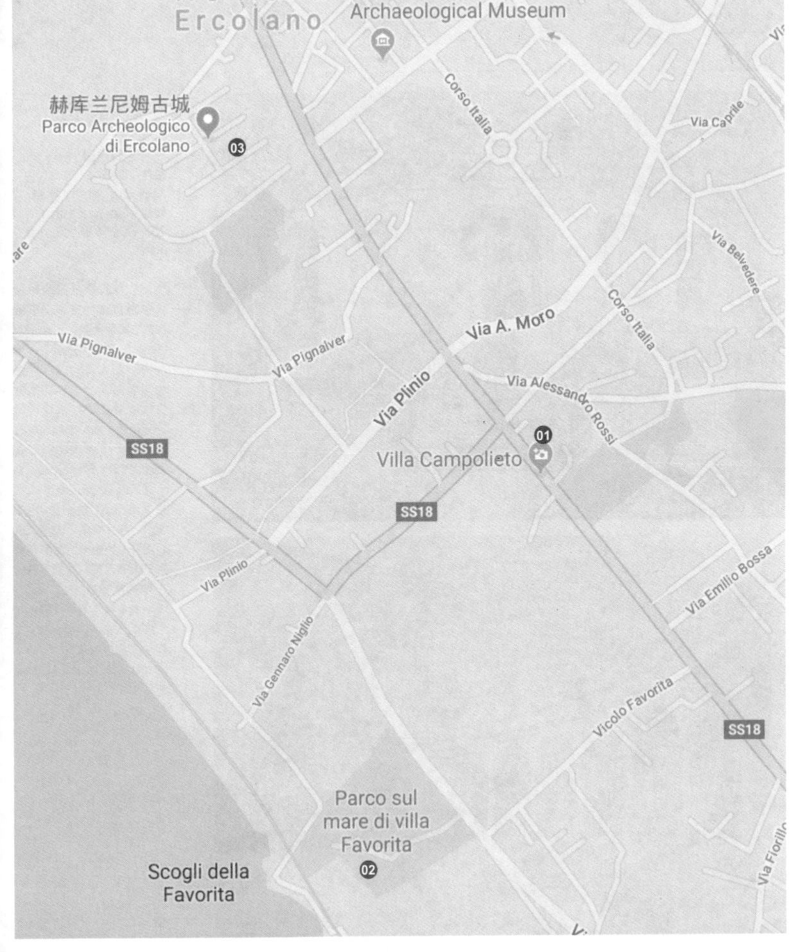

01 坎波列托别墅
Villa Campolieto

建筑师：Luigi Vanvitelli
年代：1755–1775 年
类型：居住建筑 / 别墅
地址：Corso Resina 283, 80056 Ercolano, Italy

坎波列托别墅是波旁时期埃尔科拉诺贵族别墅群所在的"黄金大道"上最引人注目的一座，该建筑平面由一个面朝大海的圆形环廊与平面略成凸字形的别墅主体体量组成。该建筑设计师几经更换，最后由建筑师 Luigi · Vanvitelli 及其子于 1775 年最终完成。整个建筑外观为简洁的新古典主义风格，手法克制，色彩明快，与海岸线风光形成良好对峙；拱廊与别墅前花园则是波旁王朝时期撒丁岛的典型贵族庭院方式，而市内则为多种艺术手段融合的巴洛克风格。该别墅在"二战"之后由建筑师 Paolo · Romanello 全面修复，目前是当地的文化与社交场所。

费乌瑞别墅

费乌瑞别墅，也被称为 Real Villa della Favorita，是一座位于皇家乡村别墅，别墅比邻景观优美的海岸线，目前现存的综合体由入口前广场附属建筑，有巨大的临海平台的矩形平面别墅主体通往海边小码头广场建筑 3 部分组成，其风格为新古典主义与巴洛克元素的融合，是当地波旁王朝时期的地域性特点，室内则以洛可可风格为主，同时兼有多种异国风格装饰的房间。

赫库兰尼姆古城

赫库兰尼姆古城是一座于 79 年经历南意大利维苏威火山爆发所造成的火山碎屑流所摧毁的古城。火山爆发令此城与附近的庞贝城、斯塔比亚等古城同时受到摧毁。与庞贝有别的是，赫库兰尼姆由于被火山灰掩埋得够深（其火山灰层达 20 多米），城内的建筑（包括顶部）均保存良好。另外，火山灰亦保护着食物、木制家具，如床、门等。加上赫库兰尼姆是个比庞贝富裕的城镇，因此镇上有着不少粉饰更精致的房屋，这些房屋使用了更多的彩色大理石作为外层。

02 费乌瑞别墅
Villa Favorita

建筑师：Ferdinando Fuga
年代：1762 年
类型：居住建筑 / 别墅
地址：Via Gabriele D' Annunzio, 36, 80056 Ercolano NA, Italy

03 赫库兰尼姆古城
Herculaneum

年代：公元前 6–7 世纪
类型：其他 / 古城
地址：Via Giardino degli scavi di Ercolano, 80056 Ercolano NA

Herculaneum 全景（*Etreambar* 摄影）

巴西利卡塔大区 Basilicata

25 · 波坦察

建筑数量：05

01 梅尔菲城堡
02 卡斯泰拉戈波斯城堡 / Frederick II of Swabia
03 阿切伦萨主教座堂 / Pietro di Muro Lucano
04 波坦察省考古博物馆 / Giovanni De Franciscis
05 圣杰拉德大教堂 / Antonio Magri

01 **梅尔菲城堡**
Castello di Melfi

年代：11 世纪
类型：其他建筑 / 城堡
地址：Via Normanni, 85025 Melfi PZ, Italy

梅尔菲城堡是该地区重要的中世纪城堡。城堡建设在山顶上，采用石料建成的城堡凸显了该军事建筑的坚不可摧。城堡具有 4 个入口，目前只有通向城市方向的入口可以使用，通过建设在护城河上的桥梁连接城堡。环绕高耸的城墙建有 10 座高塔，其中 7 座呈矩形，3 座呈五边形。城堡内部的教堂、宫殿等建筑与庭院、马厩空间形成复杂严密的布局。1976 年改造城堡部分建筑落成的梅尔菲国家考古博物馆（National Museum of Melfi Country）展示着考古发掘遗迹。

02 卡斯泰拉戈波斯城堡
Castle of Lagopesole

建筑师：Frederick II of Swabia
年代：1242–1250 年
类型：其他建筑 / 城堡
地址：Via Sotto Il Castello, 85021 Lagopesole, Avigliano PZ, Italy

03 阿切伦萨主教座堂
Cattedrale di Santa Maria Assunta e San Canio vescovo

建筑师：Pietro di Muro Lucano
年代：1059–1281 年
类型：宗教建筑 / 教堂
地址：Largo Duomo, 85011 Acerenza PZ, Italy

卡斯泰拉戈波斯城堡

该城堡建筑风格为罗马风风格，使其整体外观简洁大方，突出了该军事建筑庄重严谨的性格表达。城堡呈矩形布局，四角建有凸出的矩形塔楼，其内部空间包含两个以墙隔开的庭院，增添了城堡的趣味性。

阿切伦萨主教座堂

该建筑是这一地区的天主教主教教堂，平面为拉丁十字式平面，长 69 米，宽 23 米，其中中厅和侧厅被两列柱子分割开来，后部的圣坛和两个小礼拜室用环廊隔开。主入口立面简洁朴素而又克制有条理，大门上方的哥特式玫瑰窗则显示出 12 世纪对于教堂改造的痕迹。

波坦察省考古博物馆

该建筑始建于1901年，经历多次损毁，目前所看到的建筑物是于1947年修建的，具有典型的现代主义风格；该建筑的矩形平面布局中间有一个精巧的中心庭院，使建筑内部空间明亮有序；建筑外立面使用重复的落地窗与混凝土墙组合方式，使其外观简单而现代，具有轻盈之感。

圣杰拉德大教堂

该建筑是波坦察历史中心主要的天主教教堂，平面为拉丁十字式平面，长50米，宽7.5米的中厅和两侧8个小礼拜室被两列柱子分割开，其他两个小礼拜室分别位于入口处以及圣坛后部，中厅的拱券支撑起半球形的圆顶在建筑外部呈现八角形形态；建筑风格为新古典主义风格，主入口立面壁柱的运用，使建筑外观简洁明了；建筑右侧的方形钟楼采用金字塔形制，增加了建筑整体造型的变化感。

04 波坦察省考古博物馆
Museum Provinciale Potenza

建筑师：Giovanni De Franciscis
年代：1947年
类型：文化建筑 / 博物馆
地址：Via Lazio, 18, 85100 Potenza, Italy

05 圣杰拉德大教堂
Cattedrale di San Gerardo

建筑师：Antonio Magri
年代：1100–1799年
类型：宗教建筑 / 教堂
地址：Largo Duomo, 85100 Potenza, Italy

巴西利卡塔大区世界遗产 萨西穴居小镇（Lanfranchi 摄）

阿普利亚大区 Apulia

26 · 巴里

建筑数量：03

01 圣尼古拉巴西利卡
02 圣撒比诺主教座堂 / Archbishop Rainaldo
03 斯韦沃城堡 / Norman King Roger II

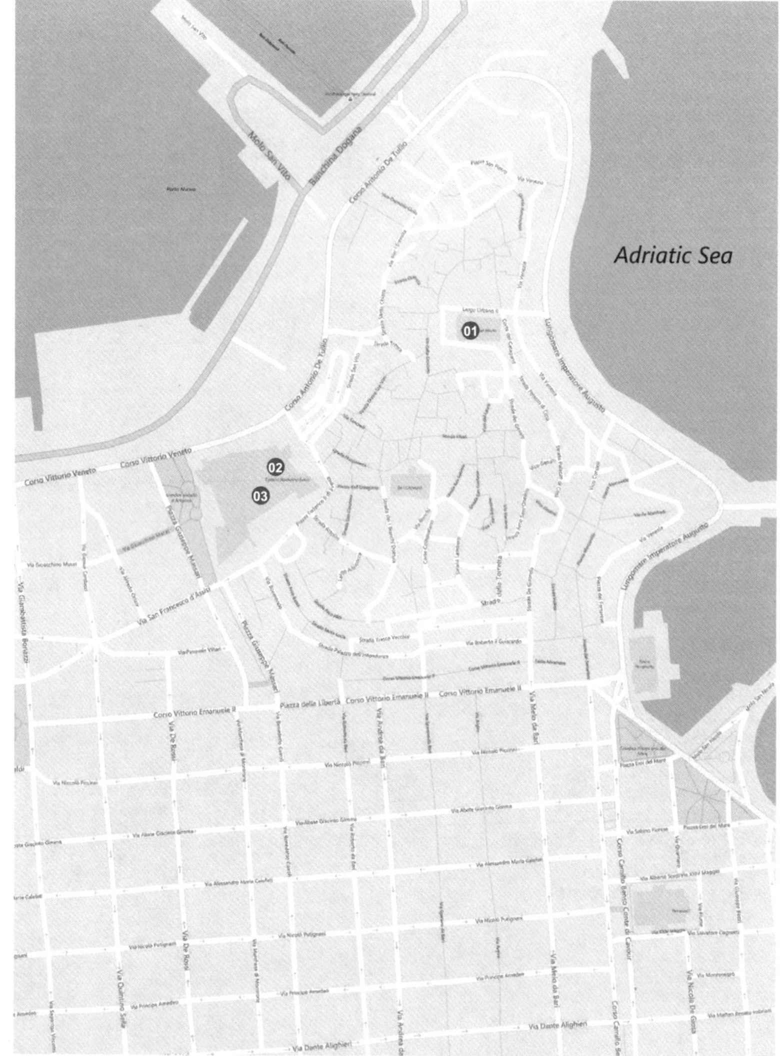

圣尼古拉巴西利卡

圣尼古拉巴西利卡是这一地区的著名教堂，在整个欧洲和基督教世界都具有重要的宗教意义。教堂始建于1087年，是这一地区早期罗马风风格建筑的典型代表；该建筑内部为拉丁十字式平面，中厅与两侧的侧廊被两列花岗岩柱子分割开来，后部的3个圣坛和中厅由受拜占庭风格影响的3个拱门分隔，其空间结构被该地区后来的许多建筑所模仿运用；主立面的壁柱以及3个入口门户将其外观分为3部分，反映出建筑内部中厅的结构。主立面壁柱的运用强调了该建筑的理性，两侧的塔楼使得教堂更像城堡一般方正有序，中央入口上方雕塑精美，具有强烈的基督教象征元素。

圣撒比诺主教座堂

圣撒比诺主教座堂曾经是巴里早期的大主教教堂，其灵感来自于圣尼古拉巴西利卡，18世纪的翻新和增建形成今天所见的面貌，是阿普利亚罗马风风格建筑的重要实例；建筑内部空间被两列柱子支撑起的拱廊分为中厅和侧廊，后部为18世纪重建的圣坛；主立面简洁明了，壁柱、3个入口门户和玫瑰窗的设计显示出教堂内部空间的结构，入口门户上方的雕刻元素则显示出18世纪巴洛克风格的痕迹。

斯韦沃城堡

斯韦沃城堡位于巴里旧城区的外围，代表了皇权的象征，为中世纪罗马风军事城堡的代表性建筑。四面环绕着三条护城河，其中北侧护城河曾直接与大海相接，南侧护城河上的大桥通向装饰有波旁徽章的入口大门；由石料建成的城堡具有阿拉贡时期的防御城墙，城墙上大型矛形装饰，显示出整体外观的简洁而坚不可摧；雄伟的城墙上设有大型堡垒，四角各建有一个塔楼，而西侧塔楼旁精美的门户上雕刻有猎鹰的拱形装饰，象征了城堡主人的皇权。

01 圣尼古拉巴西利卡
Basilica San Nicola

年代：1087–1197年
类型：宗教建筑 / 巴西利卡
地址：Basilica Largo Abate Elia, 13, 70122 Bari, Italy

02 圣撒比诺主教座堂
Cattedrale di San Sabino

建筑师：Archbishop Rainaldo
年代：1292年
类型：宗教建筑 / 教堂
地址：Piazza dell'Odegitria, 170122 Bari, Italy

03 斯韦沃城堡
Castello Normanno-Svevo

建筑师：Norman King Roger II
年代：1132年
类型：其他建筑 / 城堡
地址：Piazza Federico II di Svevia, 4, 70122 Bari BA, Italy

27・塔兰托

建筑数量：02

01 上帝之母教堂 / Giovanni Ponti
02 塔兰托主教堂 / Mauro Manieri

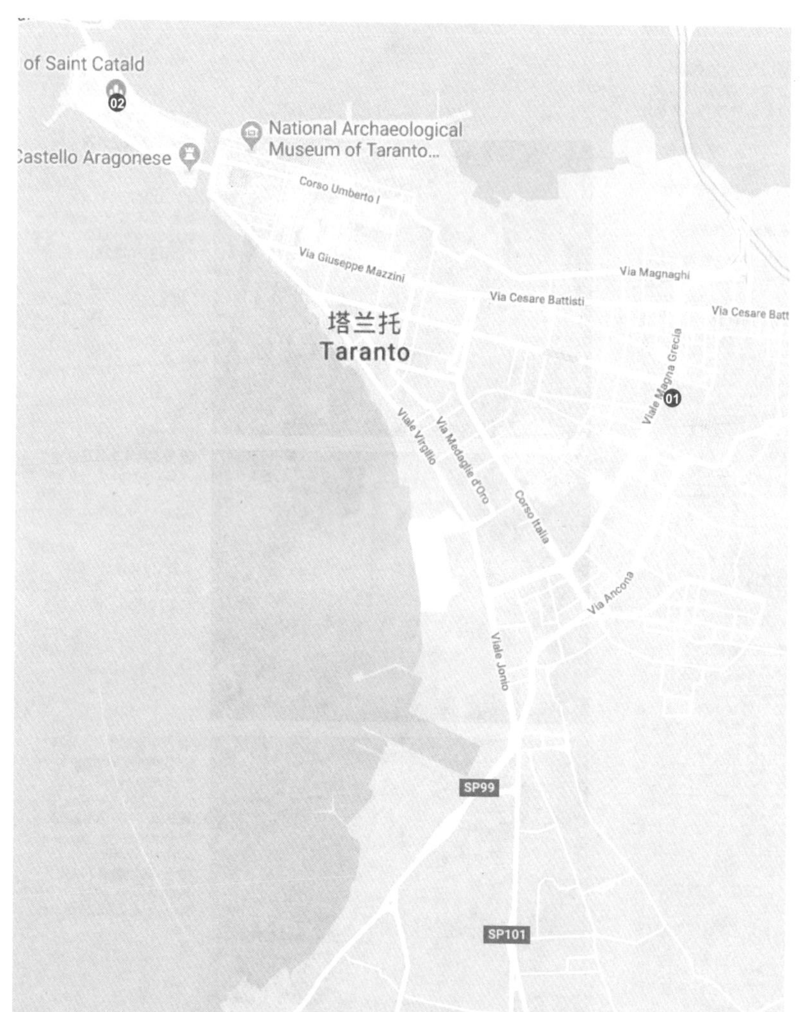

上帝之母教堂

教堂由塔兰托大主教 Guglielmo · Motolese 委托著名建筑师 Gio · Ponti 在城市新区设计。该教堂外部参考城市的海洋传统宗教被设计成一个“帆”的形象，使得建筑整体具有神秘的宗教色彩。而内墙则根据阿普利亚房屋的传统覆盖着白色的抹灰石膏，教堂内部空间设计巧妙，上层可容纳三千人，而底层地下室则可从侧面进入。

塔兰托主教堂

塔兰托主教堂是该地区一座罗马天主教教堂，如今所见的面貌是于 11 世纪的最后几年进行改造，并于 1713 年增建巴洛克立面而形成，整个建筑在罗马风风格的基础上融合了巴洛克风格。大教堂长 84 米，宽 24 米，中厅和侧廊被两列柱廊分割开来，并有楼梯连接中厅与地下室，后部的圣坛于 13 世纪重建而成；主立面上壁柱、巴洛克式门楣以及 4 个壁龛中精美雕塑的运用，使得建筑外观充满张力，是该地区建筑装饰手法的重要实例。

01 上帝之母教堂
Concattedrale Gran Madre di Dio

建筑师：Giovanni Ponti
年代：1967–1970 年
类型：宗教建筑 / 教堂
地址：Via Cesare Battisti, 259, 47100 Taranto TA, Italy

02 塔兰托主教堂
Cattedrale di San Cataldo

建筑师：Mauro Manieri
年代：10 世纪下半叶
类型：宗教建筑 / 教堂
地址：Piazza Duomo, 74100 Taranto TA, Italy

Cattedrale di san cataldo Livioan（dronico 摄）

撒丁岛大区 Sardinia

28・卡利亚里

建筑数量：06

01 古迦太基人墓地
02 卡利亚里的罗马露天剧场
03 圣萨图里诺教堂
04 圣潘克拉齐塔 / Giovanni Capula
05 大象之塔 / Giovanni Capula
06 博纳里亚圣母圣殿 / Mercedarian Order 等

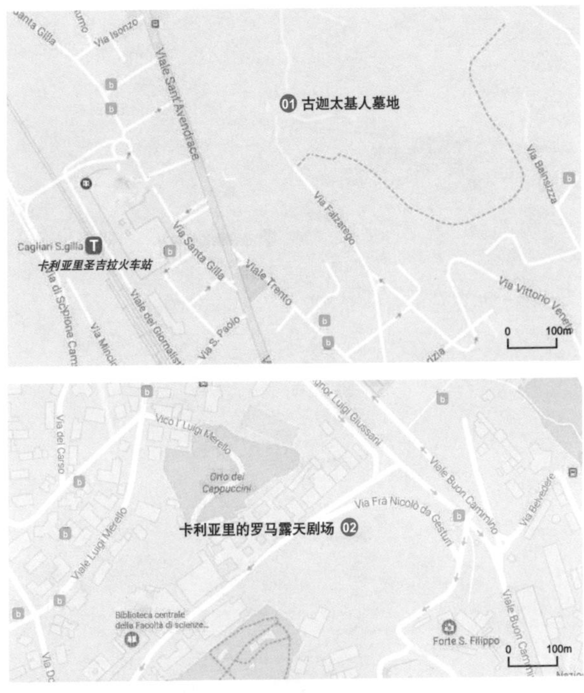

01 **古迦太基人墓地**
Tuvixeddu necropolis

年代：公元前 6 世纪
类型：其他建筑 / 墓地
地址：Via Falzarego, 09123 Cagliari, Italy

02 **卡利亚里的罗马露天剧场**
Roman Amphitheatre of Cagliari

年代：公元 2 世纪
类型：观演建筑
地址：Via Sant' Ignazio da Laconi, 09123 Cagliari, Italy

古迦太基人墓地

该墓地形成于公元前 6 世纪和 3 世纪之间，迦太基人通过挖石灰石和岩石，从而形成一个通向墓室的小洞。墓室装饰精美，尚存有保存良好的双耳瓶和安瓿瓶。最具特点的是以“棕榈树”和“面具”装饰的“乌雷斯墓”和“战士墓”。

卡利亚里的罗马露天剧场

该圆形剧场是古罗马时期所营造的，自公元 5 世纪停止使用，后来演变为拜占庭帝国、比萨共和国以及阿拉贡王朝历代统治者的采石场。剧场始建于公元 2 世纪，一半在岩石中雕刻，其余部分用当地白色石灰石建造，立面高 20 米。其规模庞大，可容纳 10000 名观众现在作为市政音乐厅使用。

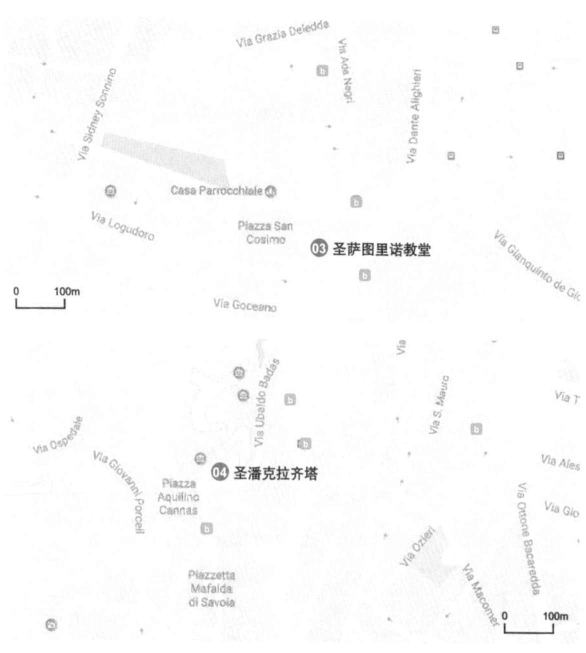

03 圣萨图里诺教堂
Basilica di San Saturnino

年代：早期建设于 5 世纪，完成于 21 世纪
类型：宗教建筑 / 教堂
地址：Piazza S. Cosimo, 09127 Cagliari, Italy

04 圣潘克拉齐塔
Torre di San Pancrazio

建筑师：Giovanni Capula
年代：1305 年
类型：其他建筑 / 塔楼
地址：Piazza dell' Indipendenza, 09124 Cagliari, Italy

圣萨图里诺教堂

该教堂是卡利亚里最古老的教堂，是撒丁岛最重要和古老的早期基督教教堂之一。教堂几经被毁与重建，于 2004 年重新对外开放。建筑风格为拜占庭式、早期罗马式。教堂由围墙围起，包括了一个仍在挖掘的基督教墓地。教堂内部中厅与侧廊由两列柱子分隔开来，结构体系采用桶形拱，交叉拱的组合方式，后部圣坛部位则由一个半球形穹顶覆盖。

圣潘克拉齐塔

该建筑是卡利亚里的一座中世纪塔楼，位于该市古老的城堡区，为中世纪军事堡垒的代表性建筑，建筑风格为罗马风风格；塔楼是该地区最高的建筑，整体采用白色石灰石建造，厚达 3 米的墙壁坚固有力，塔楼顶部具有梯形石雕装饰，显示出该防御塔的严谨有序；值得一提的是，塔楼三面密不透风，只有其中一面打开，面对城堡区开放，并显示出塔楼的四层内部结构。

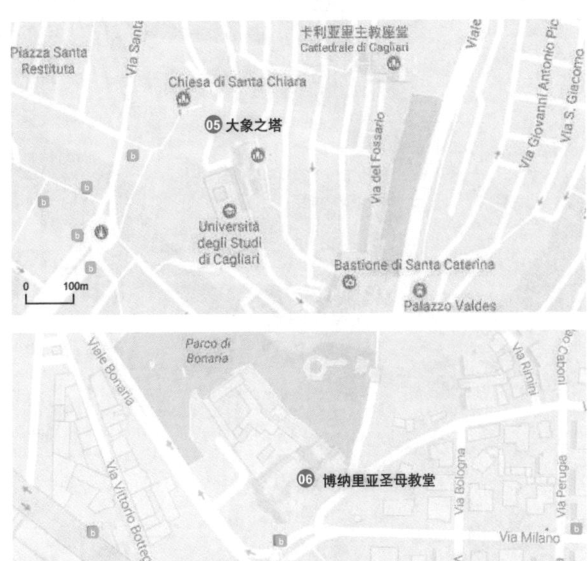

大象之塔

大象塔是卡利亚里古城堡区的一座中世纪塔楼，其占据了城堡的西南角，与圣潘克拉齐塔同作为该城堡的主要入口，为罗马风风格建筑；塔楼高 31 米，在这一地区内其高度位居第二，城堡用白色石灰岩建造，墙壁上仅有几处狭窄的缝隙，其中一面墙壁面对中心庭院开敞；城堡保留了曾作为防御工程的大门，具有厚重的历史感，在大象塔南侧的离地几米的墙壁上，仍可以看到大象的雕塑，大象塔也因此得名。

博纳里亚圣母教堂

博纳里亚圣母教堂是罗马天主教的圣母朝圣地，饱含着卡利亚里的宗教情节。整个朝圣地建筑群包括博纳里亚圣母圣殿、博纳里亚圣母朝圣所和修道院。该建筑融合了巴洛克式风格与新古典主义风格；教堂平面为拉丁十字式平面，中厅被两侧石灰石柱子支撑起的 4 个拱门分隔成一个中厅和两侧侧廊，中厅上部由高 50 米的半球形八角圆顶覆盖；外立面运用新古典主义风格技法，使建筑整体逻辑清晰，入口门廊的设计手法增加了立面的深度感，通往教堂的白色阶梯与建筑外立面融为一体，增加建筑整体的导向性。

05 大象之塔
Torre dell'Elefante

建筑师：Giovanni Capula
年代：1307 年
类型：其他建筑 / 塔楼
地址：Via Santa Croce, 09124 Cagliari, Italy

06 博纳里亚圣母教堂
Shrine of Our Lady of Bonaria

建筑师：Mercedarian Order, Gina Baldracchini
年代：1335 年
类型：宗教建筑 / 教堂
地址：Piazza Bonaria, 2, 09125 Cagliari, Italy

costituzione 广场（Francais 摄影）

卡拉布里亚大区
Calabria

29 · 卡坦扎罗

建筑数量：09

01 凯维托雕像 / Giuseppe Rito
02 圣乔瓦尼·巴蒂斯塔教堂 / Roberto il Guiscardo
03 玛利亚巴西利卡
04 圣骸与慈悲教堂
05 卡坦扎罗主教堂 / Franco Domestico 等
06 波利缇玛剧院 / Paolo Portoghesi
07 卡梅尔圣母玛丽亚教堂
08 仓库港圣玛丽亚教堂 / Madonna Del Porto
09 金枪鱼塔

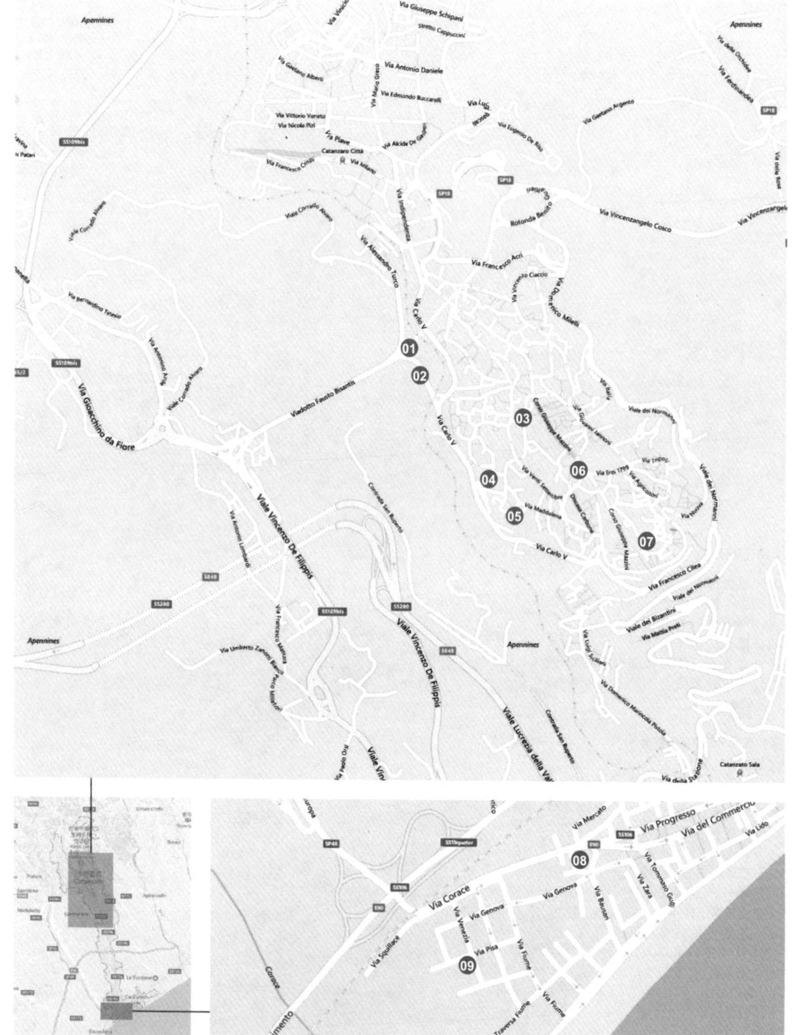

① 凯维托雕像
Statua del Cavatore

建筑师 :Giuseppe Rito
年代 :20 世纪 60 年代
类型 :景观建筑 / 雕像
地址 :Piazza Matteotti, 88100, Catanzaro, Italy

② 圣乔瓦尼 · 巴蒂斯塔教堂
Chiesa di S. Giovanni Battista

建筑师 :Roberto il Guiscardo
年代 :1532 年–17 世纪
类型 :宗教建筑 / 教堂
地址 : 88100 Catanzaro, Province of Catanzaro, Italy

凯维托雕像

雕像被放置在 17 世纪的墙壁中，整个雕塑运用青铜与石材呼应了古代喷泉雕塑的传统母题而有别有新意，是现代雕塑与传统建筑结合的优秀实例。

圣乔瓦尼 · 巴蒂斯塔教堂

该建筑位于 Triavonà 山上，最初是一个军事城堡，并于 16 世纪初被改建为教堂，整个建筑平面为拉丁十字式的，外立面风格为文艺复兴式的，科林斯壁柱叠柱式运用使得整个立面充满了秩序性，是这一地区少见的文艺复兴建筑实例。入口大门的营造是在 17 世纪完成的，断折的山花与绿色的大理石倚柱显示出巴洛克风格的做法。

Via Vincenzo de Grazia
Piazza Luigi Rossi
03 玛利亚巴西利卡
Corso G Mazzini
Via Giuseppe Sensales
Via Montecorvino
Via Marincola Politi
ANSA
Banca D'Italia
0 50m

Via Monte
04 圣骸与慈悲教堂
06 波利缇玛剧院
Viale de
Via Giovanni Jannoni
公园
Villa Trie
Circolo Di Catanzaro
05 卡坦扎罗主教堂
Polizia di Stato Questura Catanzaro
City of Catanzaro
Via Tripoli
Via Eroi 1799
Via XX Settem
0 50m

市政府机关办公室
Comune di Catanzaro
Via Tripoli
Via Nuova
Via Eroi 1799
Vicolo Agrigolton
Agenzia Delle Entrate - Ufficio Del Territorio
Corso G Mazzini
07 卡梅尔圣母玛丽亚教堂
Viale dei Normanni
Rampa Carbonai
Via Nuova
0 50m

03 玛利亚巴西利卡
Basilica Minore di Maria SS. Immacolata

年代：1254 年–18 世纪
类型：宗教建筑 / 巴西利卡
地址：Piazza Giuseppe Rossi, 88100 Catanzaro, Italy

该教堂始建于1254年，是当时的卡坦扎罗城市中心。该建筑平面为巴西利卡式，18世纪西立面与穹顶改造为新古典主义风格。整个立面融合了巴洛克的手法并有所节制，强调了竖向的秩序性，西立面左侧塔楼于20世纪维修后形成今天的面貌。

04 圣骸与慈悲教堂
Chiesa Del Monte Dei Morti e Della Misericordia

年代：1715–1739 年
类型：宗教建筑 / 教堂
地址：Via Educandato, 88100 Catanzaro, Italy

05 卡坦扎罗主教堂
Cattedrale Di Santa Maria Assunta

建筑师：Franco Domestico, Vincenzo Fasolo
年代：1121–1956 年
类型：宗教建筑 / 教堂
地址：Piazza Duomo, 88100, Catanzaro, Italy

06 波利缇玛剧院
Teatro Politeama

建筑师：Paolo Portoghesi
年代：2002 年
类型：观演建筑
地址：Via Giovanni Jannoni, 1, 88100 Catanzaro CZ, Italy

07 卡梅尔圣母玛丽亚教堂
Chiesa di Santa Maria del Carmine

年代：1602–1740 年
类型：宗教建筑 / 教堂
地址：Via Carmine Lidonnici, 88100 Catanzaro CZ, Italy

圣骸与慈悲教堂

建筑风格为少见的晚期巴洛克风格，原建筑平面类型为希腊十字式平面，4 个 1/4 小穹顶支撑起中央大穹顶，结构体系可以回溯到 16 世纪晚期，穹顶内部装修与外立面改造则完成于 18 世纪最后 10 年，整个立面风格虚实对比强烈，入口及正立面窗户细节丰富，教堂内部楼梯于 19 世纪改造完成，是少见的晚期巴洛克手法实例。

卡坦扎罗主教堂

该教堂最初于 1121 年建立。于 1511 年改建，建筑整体为罗马风格。文艺复兴时期的改造的西立面因 1638 年的地震而倒塌。“二战”期间 1943 年 8 月被轰炸击中，左侧侧厅与钟楼遭到损毁，“二战”之后建筑师 Franco · Domestico、Vincenzo · Fasolo 进行了修复工作，但修复效果存在争议。

波利缇玛剧院

整个建筑体现了意大利传统歌剧院与现代建筑的结合，马蹄形的中央大厅重现了传统意大利古典歌剧院的传统，而外部造型现代，大面积使用玻璃幕墙与曲线形体，造型活泼。

卡梅尔圣母玛丽亚教堂

教堂始建于 17 世纪，平面形制为巴西利卡长方形平面，内部由 1 个带有 4 个礼拜室的中厅形成主要空间，整体内部风格为巴洛克式的，祭坛则是 20 世纪 50–60 年代改造完成，教堂的正立面处理简洁，是 20 世纪改造的结果。

⑧ 仓库港圣玛丽亚教堂
Chiesa Santa Maria Di Porto Salvo

建筑师：Madonna Del Porto
年代：1832 年–20 世纪
类型：宗教建筑 / 教堂
地址：Piazza Anita Garibaldi, 43, 88100 Catanzaro CZ, Italy

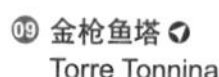

⑨ 金枪鱼塔
Torre Tonnina

年代：1924 年
类型：其他建筑 / 塔楼
地址：Via Fiume, Catanzaro Lido, Catanzaro, Italy

仓库港圣玛丽亚教堂

该建筑是卡坦扎罗滨海地区最古老的宗教建筑，18 世纪建成，历经 19 世纪改造及因地震及战争损毁，在“二战”之后进行了恢复重建，在平面体型维持不变的情况下，运用了许多现代主义手法。

金枪鱼塔

该塔是过去海滨金枪鱼加工厂的烟囱，整个塔高约 30 米，是卡坦扎罗地标性构筑物，几乎所有的海滨区都可以看见它，是当地传统渔业加工业的重要历史记忆。

西西里岛大区
Sicily
30 巴勒莫 / Palermo
31 卡塔尼亚 / Catania
32 诺托 / Noto
30
31
32

30 · 巴勒莫

建筑数量：15

01 中国宫 / Giuseppe Venanzio Marvuglia
02 Favaloro 别墅 / Ernesto Basile
03 西西里储蓄银行 / Salvatore Caronia Roberti
04 弗洛里奥独立屋 / Ernesto Basile 等
05 马西莫剧院 / Giovan Battista 等
06 巴勒莫主教堂
07 圣弗朗西斯科塞韦里奥教堂 / Angelo
08 卡梅尔马焦雷教堂 / Mariano Smiriglio
09 加里波第花园 / Giovan Battista
10 巴勒莫植物园 / Léon Dufourny
11 圣奥索拉公共陵园及圣灵巴西利卡 / Ernesto Basile
12 兰扎二斯卡利亚礼拜堂 / Ernesto Basile
13 阿西西的圣弗朗西斯大教堂 / Cristofaro de Benedetto
14 布泰拉宫 / Giacomo Amato
15 帕拉戈尼亚别墅 / Tomasso Napoli

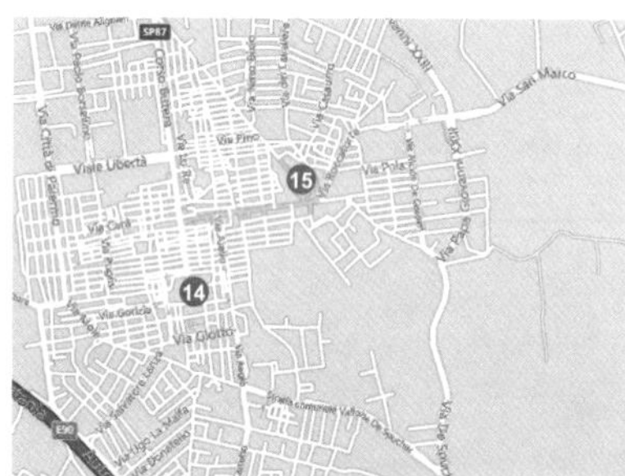

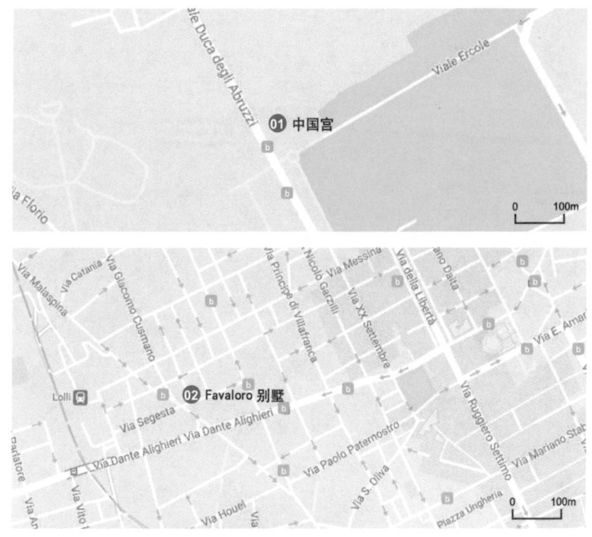

01 中国宫
Palazzina Cinese

建筑师 :Giuseppe Venanzio Marvuglia
年代 :1799 年
类型 :居住建筑 / 宫殿
地址 :Viale Duca degli Abruzzi, 90146 Palermo, Italy.

02 Favaloro 别墅
Villino Favaloro

建筑师 :Ernesto Basile
年代 :1889–1914 年
类型 :居住建筑 / 别墅
地址 :Piazza Virgilio, 90141 Palermo, Italy.

中国宫

中国宫又称皇家宫殿，是1799年波旁王朝的西西里国王下令修建并作为皇宫中招待宾客的客房使用的居所，于1800–1806年建成，具有典型的浪漫主义风格，其中融入了不少那一时期典型的中国风设计手法。其入口和多处细节采用了坡屋顶、中式传统元素，室内则是巴洛克风格的绘画与雕塑，整个建筑分3层，按由公共到私密的方式布置，其中顶层为传统中国宝塔样式的结构，反映了那一时期西西里地区对异国风情的想象。

Favaloro 别墅

建筑标志性的入口和塔楼采用了大量的本土装饰符号与自然主义题材，室内精美的植物藤蔓题材装饰画马赛克则是由Salvatore · Gregorietti制作完成，与铁结构玻璃温室类型的内部私人图书馆相映成趣，目前是西西里地区的一家档案馆与摄影博物馆，2015年经修缮后重新开放。它通常被认为是巴勒莫现代主义的第一个作品。

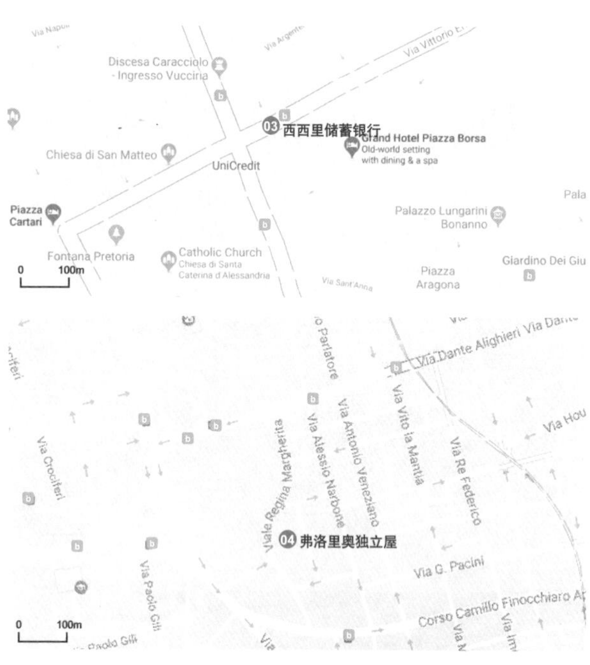

03 西西里储蓄银行
Banco di Sicilia

建筑师：Salvatore Caronia Roberti
年代：1936–1938 年
类型：办公建筑
地址：Via Roma, 183, 90133 Palermo PA, Italy

西西里储蓄银行

西西里储蓄银行是该地区最早的银行建筑，该作品由意大利理性主义建筑师 Salvatore · Caronia · Roberti 在 1936 年完成设计，该建筑采用了简化的巨柱式古典语言与克制的几何形态建筑装饰处理细腻，是这一地区 20 世纪早期理性主义建筑的代表作。

04 弗洛里奥独立屋
Villino Florio

建筑师：Ernesto Basile、
工程师：Carlo（卡罗）
年代：1899–1902 年
类型：居住建筑 / 别墅
地址：Viale Regina Margherita, 38, 90138 Palermo PA, Italy

弗洛里奥独立屋

这座历史悠久的别墅建筑是由 Florio 家族兴建的，其造型风格是巴洛克风格、北欧木桁架屋顶、古罗马柱式、法国城堡塔楼与文艺复兴—自然主义装饰的优雅融合，是一座充满原创性的折中主义—新艺术运动建筑的杰作，同时也是意大利新艺术运动的早期代表作。

⑤ **马西莫剧院**
Teatro Massimo

建筑师：Giovan Battista，Filippo Basile
年代：1897 年
类型：观演建筑
地址：Piazza Verdi, 90138 Palermo, Italy.

建筑位于巴勒莫的威尔第广场（Piazza Verdi），是意大利最大的歌剧院，也是欧洲第三大歌剧院，仅次于巴黎歌剧院和维也纳国家歌剧院，以完美的音响效果著称。马西莫剧院耗时 20 多年建造，是古典复兴风格杰作，占地近 8000 平方米，是巴勒莫的标志性建筑之一。建筑的灵感来自西西里古典建筑，外部为新古典主义柱式语言与罗马神庙立面的融合。原计划容纳 3000 人，目前座位数为 1350 个，7 层高的包厢层环绕马蹄形舞台。

06 巴勒莫主教堂
Cattedrale di Palermo

年代：1185 年
类型：宗教建筑 / 教堂
地址：Corso Vittorio Emanuele, 90040 Palermo, Italy.

07 圣弗朗西斯科塞韦里奥教堂
Chiesa di San Francesco Saverio

建筑师：Angelo
年代：1685–1710 年
类型：宗教建筑 / 教堂
地址：Piazza San Francesco Saverio, Palermo, Sicily, Italy

08 卡梅尔马焦雷教堂
Chiesa del Carmine Maggiore

建筑师：Mariano Smiriglio
年代：1627–1693 年
类型：宗教建筑 / 教堂
地址：Via Giovanni Grasso, 13a, 90134 Palermo PA, Italy

巴勒莫主教堂

巴勒莫主教堂历史上经过多次改造与改建，现存面貌形成于1781—1801年，是多重风格融合的产物；建筑主体风格为拉丁十字平面的罗马风风格。南面侧廊入口的连续三跨马蹄尖券与塔柱则是阿拉伯风格元素与哥特风格的融合，侧廊顶部样式由多开间连续小穹顶组成，显示出该地区受到拜占庭风格影响下为平衡侧推力而采用的连续穹顶式结构体系的作用；位于平面中央的教堂主要穹顶结构则是造型简洁的科林斯壁柱手法，为新古典主义风格；18—19世纪初的改造将原本位于建筑外立面的许多雕塑都拆下后转移到了教堂内部的不同空间内。

圣弗朗西斯科塞韦里奥教堂

该建筑在17世纪多次重建，现在看到的外观是典型的西西里岛晚期巴洛克风格的。因为地处街道转角处，所以设计师别出心裁的才用了希腊十字式的平面，1大4小共5个穹顶形成教堂的整体结构体系，并创造出了丰富的室内空间效果；外立面的巴洛克风格的立面利用两种颜色的石材与入口山花、塔楼细节之间形成既有条理又富于变化的效果。

卡梅尔马焦雷教堂

教堂位于一座古老的市场之中，最早建于12世纪早期，其平面为拉丁十字平面，整体风格为罗马风样式，而17—19世纪的一系列的改造形成今天复杂而又独具特色的外观效果。其中最具特色的珐琅彩马赛克穹顶形成于1680年左右，堪称是整个西西里岛地区独特做法，具有典型的北非风格元素，这与起源于古代北非加利利地区的圣卡梅尔马焦雷崇拜有一定的关系。穹顶下部的12根六组组合柱式的运用与间隔其间的窗户样式则充满了巴洛克风格的想象力，形成与17世纪早期，内部中厅与侧厅两侧有多处著名的宗教绘画与雕塑。

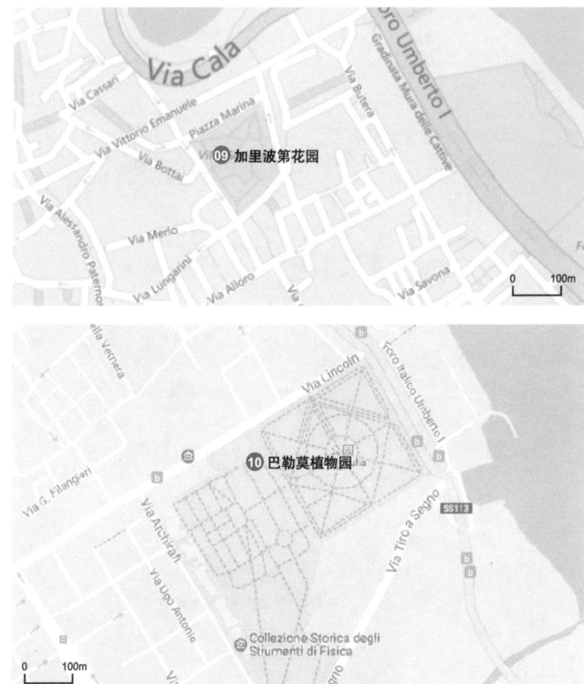

加里波第花园

加尔波地花园也被称为 Villa Garibaldi，是巴勒莫的一个公共花园，以民族英雄 Giuseppe · Garibaldi 的名字命名，以庆祝意大利国家的诞生，是西西里地区最早的公共园林之一。园内植物配置以典型的地中海—南欧品种为主，小品建筑与装饰则是西西里地区传统民居风格。

巴勒莫植物园

巴勒莫植物园既是植物园，也是巴勒莫大学植物学系的研究和教育机构。它占地约 0.12 平方公里，位于石灰石凝灰岩底层演变而成的红壤之上。花园最可追溯到 1779 年，花园行政大楼的主体部分是折中主义的；融合了古代埃及元素与多立克柱式手法其中最早的区域物种按林奈系统分类系统进行分类。新花园于 1795 年开放。在随后的几年里，陆续建成了水生植物区（1798 年）、玛丽亚卡罗来纳冬季玻璃温室花园（1823 年）目前是南欧重要的植物园与植物基因库。该植物园是多种亚洲、北非植物品种在欧洲最早的种植园地之一。

09 加里波第花园
Giardino Garibaldi

建筑师：Giovan Battista, Filippo Basile
年代：1861–1864 年
类型：景观建筑 / 园林
地址：Piazza Marina, 53, 90133 Palermo PA, 意大利

10 巴勒莫植物园
Orto botanico di Palermo

建筑师：Léon Dufourny（利昂 · 迪富尔尼）
年代：1779 年
类型：景观建筑 / 园林
地址：Via Lincoln, 2, 90133 Palermo, Italy.

⑪ 圣奥索拉公共陵园及圣灵巴西利卡
Church of the Holy Spirit, Palermo

建筑师：Ernesto Basile
年代：1178–1782 年
类型：其他建筑 / 陵园
地址：Piazza Sant'Orsola, 2, 90127 Palermo, Italy.

⑫ 兰扎二斯卡利亚礼拜堂
Cappella Lanza di Scalea

建筑师：Ernesto Basile
年代：1900 年
类型：宗教建筑 / 礼拜堂
地址：Piazza Sant'Orsola, 2, 90127 Palermo, Italy

圣奥索拉公共陵园及圣灵巴西利卡

圣灵巴西利卡是西西里地区保存最好的罗马风教堂之一，巴西利卡式样的平面在外部为凝灰岩与火山熔岩交替使用，其手法融合了阿拉伯—罗马风拱券样式与早期哥特建筑的装饰特点，建筑内部石砌拱券质朴无装饰顶部木屋架结构则重建于15世纪，1782年成为西西里贵族墓地并改名为圣奥索拉陵园，内部多座陵墓构筑物为不同时期建筑艺术的特征的代表。

兰扎二斯卡利亚礼拜堂

该礼拜堂为当时新艺术运动的代表作，其手法融合了科林斯柱式与自然装饰题材，多处重点位置采用了马赛克镶嵌画。

阿西西的圣弗朗西斯大教堂

该建筑最早可以回溯到13世纪早期，目前的建筑外观主体为罗马风样式，西立面主入口则融合了哥特式风格与文艺复兴细部，是西西里地区最有代表性的巴西利卡平面样式的教堂。入口大门样式由连续三跨装饰拱门与多层凹入的哥特式风格组成，西立面顶部的精美玫瑰窗则是20世纪修复的；内部侧厅保留了14世纪哥特风格的结构与开窗样式，而圣坛主要风格完成于18世纪晚期西西里巴洛克时期，由Vito · D'Anna和Ignazio · Marabitti于1792年共同完成的巴洛克风格圣坛装饰精美，室内侧厅两侧有多处历史悠久的历史壁画与雕塑作品。

布泰拉宫

布泰拉宫平面呈折线状，其主入口位于背对海湾的布泰拉道上，该建筑现存外观是在18世纪历经火灾之后重建的，保持了17世纪下半叶手法主义特征，而室内风格则主要由18世纪巴洛克和19世纪新古典主义风格主导。

帕拉戈尼亚别墅

帕拉戈尼亚别墅是一座位于巴勒莫以东15公里左右Bagheria小镇的贵族别墅，是这一地区最早的巴洛克建筑风格之一，其平面呈较为少见的扇形平面。立面上有多处装饰有人形怪兽的主题雕塑，因而又有“怪物别墅”的别称。

⑬ **阿西西的圣弗朗西斯大教堂**
Chiesa di San Francesco d'Assisi Palermo

建筑师：Cristofaro de Benedetto（主体建筑部分）
年代：1235–1934年
类型：宗教建筑 / 教堂
地址：Piazza S. Francesco D'Assisi, 90133 Palermo PA, Italy

⑭ **布泰拉宫**
Palazzo Butera

建筑师：Giacomo Amato（建筑），Ferdinando Fuga（室内设计）
年代：17世纪下半叶–19世纪
类型：居住建筑 / 宫殿
地址：Via Butera, 18, 90133 Palermo PA, Italy

⑮ **帕拉戈尼亚别墅**
Villa Palagonia

建筑师：Tomasso Napoli
年代：1715–1737年
类型：居住建筑 / 别墅
地址：Piazza Garibaldi, 3, 90011 Bagheria PA, Italy.

Pretoria 喷泉广场（Marcello Troisi 摄）

31 · 卡塔尼亚

建筑数量：10

01 托斯卡诺宫 / Errico Alvino 等
02 圣尼古拉 · 安德烈本笃会修道院图书馆 / Giovanni Battista Vaccarini
03 Collegiata 的巴西利卡 / Angelo Italia 等
04 卡塔尼亚大学 / Francesco 等
05 大象宫（市政厅）/ Giovanni Battista Vaccarini
06 巴迪亚的圣阿加塔教堂 / Giovanni Battista Vaccarini 等
07 圣阿加塔主教堂 / Giovanni Battista Vaccarini
08 卡塔尼亚古罗马剧场 / Porta Garibaldi 等
09 山谷宫 / Giovanni Battista Vaccarini
10 Cutelli 寄宿学校 / Giovanni Battista Vaccarini 等

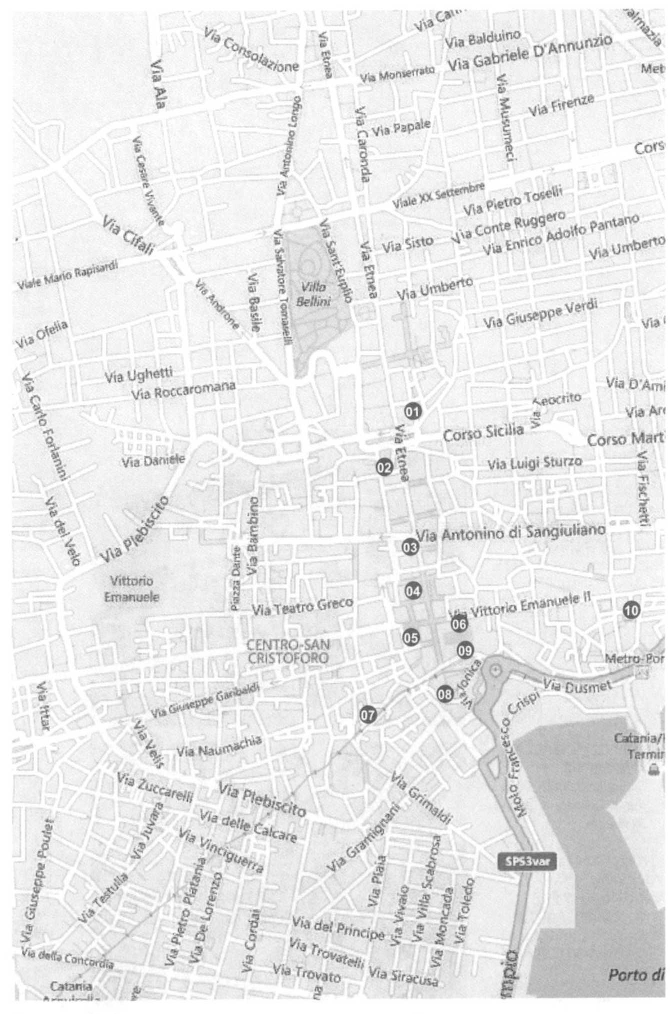

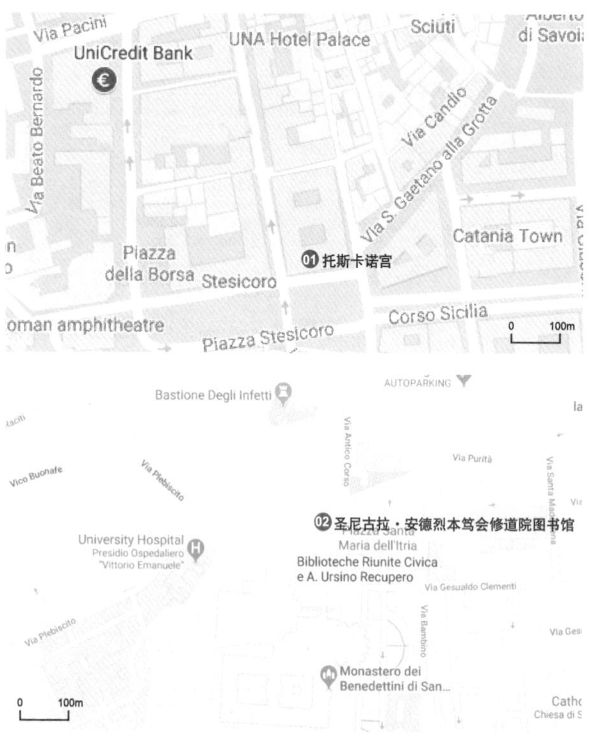

01 托斯卡诺宫
Palazzo Del Toscano

建筑师：Errico Alvino, Gian Battista Vaccarini
年代：18 世纪–19 世纪晚期
类型：居住建筑 / 宫殿
地址：Piazza Stesicoro, 38, 95131 Catania CT, Italy

02 圣尼古拉 · 安德烈本笃会修道院图书馆
Bibliotecha riunBiblioteca riunite Civica e A. Ursino Recupero

建筑师：Giovanni Battista Vaccarini
年代：1115 年–19 世纪
类型：文化建筑 / 图书馆
地址：Via Biblioteca, 13, 95124 Catania CT, Italy

托斯卡诺宫

建筑最早建于 18 世纪早期，由当 GianBattista · Vaccarini 完成设计，该建筑是巴洛克风格，但施工到二层时停工，直到 1870 年由活跃在那不勒斯的米兰籍建筑师 Errico · Alvino 完成后续设计与建造，他在保留原有空间结构的基础之上，采用了折中主义的设计手法，立面上将巴洛克风格与新文艺复兴风格壁柱柱式相结合。

圣尼古拉 · 安德烈本笃会修道院图书馆

该建筑原为圣尼古拉 · 安德烈本笃会修道院建筑群的北翼始建于 1115 年，为罗马风样式，1578 年正式成为修道院图书馆，18 世纪由建筑师 Giovanni · Battista · Vaccarini 改造形成今天见到的主要建筑空间，19 世纪完成室内设计并成为公共图书馆。室内风格为晚期巴洛克式及以新古典式，室内布局与拱券空间的运用是 19 世纪图书馆藏阅合一空间的典型代表作；现馆内收藏珍贵手稿、文物、图书达 27 万件，是卡塔尼亚的历史文化中心，与圣尼古拉 · 安德烈本笃会修道院一起成为世界文化遗产。

03 Collegiata 的巴西利卡
The Basilica della Collegiata

建筑师：Angelo Italia, Stefano Ittar
年代：1768 年
类型：宗教建筑 / 巴西利卡
地址：Via Etnea, 3, 95124 Catania CT, Italy

Collegiata 的巴西利卡

该教堂是在 1693 年大地震之后重建的，该教堂于 1768 年建成，其主入口则为建筑师 Stefano · Ittar 设计，该立面利用科林斯柱式与科林斯壁柱形成了非常具有跳跃感与张力的入口效果。同时二层内凹空间与顶层钟塔的丰富造型给整个立面营造了丰富的光影变化，立面上多处圣使徒雕塑造型雄浑刚劲，与建筑形象相得益彰。

04 **卡塔尼亚大学**
Palazzo dell'Università

建筑师：Francesco, Giovanni Battista, Vaccarini 等
年代：1696–1819 年
类型：科教建筑
地址：Via Roccaforte, 95124 Catania CT, Italy

05 **大象宫（市政厅）**
Palazzo degli Elefanti

建筑师：Giovanni Battista Vaccarini 等
年代：17–18 世纪
类型：办公建筑 / 市政厅
地址：Piazza Duomo, 1, 95125 Catania CT, Italy

06 **巴迪亚的圣阿加塔教堂**
Chiesa della Badia di Sant'Agata

建筑师：Giovanni Battista Vaccarini, Nicolò Daniele
年代：18 世纪下半叶
类型：宗教建筑 / 教堂
地址：Via Vittorio Emanuele II, 182, 95131 Catania CT, Italy

卡塔尼亚大学

该建筑物最早始于 1434 年，在意大利大学成立先后时间上排名第 13 位，1693 年地震后于 1696 年开始新大学的重建，1818 年的地震之后，由建筑师 Antonino · Battaglia 主持修复工作。其建筑风格为折中主义的，主立面为文艺复兴而入口塔楼则主要呈现装饰细腻的巴洛克风格，体现了那一时期高校建筑的典型风貌。

大象宫（市政厅）

该建筑位于大教堂广场北侧，宫殿始建 1693 年的大地震发生后，东、南、西立面是由 Giovan · Battista · Vaccarini 设计的，而北边的是由 Carmelo · Battaglia 设计。Stefano · Ittar 在 18 世纪后期增加了 4 个门廊向内院开放的楼梯。它为城市的市政厅该建筑利用巴洛克建筑语言打破了简单方正形体的单调感，立面材料的粗细变化则沿袭了文艺复兴府邸建筑的一贯做法，同时手法主义的窗户与巨柱式的运用使得建筑造型克制而不乏新意。该建筑前广场前由建筑师所做的大象喷泉雕塑是卡塔尼亚城市的标志物。

巴迪亚的圣阿加塔教堂

该教堂是城市中的主要巴洛克式纪念碑之一，内部有由卡拉拉与 Castronovo 大理石营造的琥珀色祭坛，其穹顶上可以饱览周围壮丽的景色与远眺北部的埃特纳火山。

圣阿加塔主教堂

该教堂为的罗马天主教主教堂，最早于1078年建于古罗马浴场遗址之上，1693年大地震中遭到损毁，后经建筑师重建于18世纪，是该地区主教堂建筑巴洛克风格的典型代表；该建筑为拉丁十字式平面，立面上科林斯倚柱、壁柱并用，曲线窗户与巨大的雕塑，整体富于变化又条理清晰显示出巴洛克建筑特有的张力与起伏感。

卡塔尼亚古罗马剧场

该剧场历史一直可以追溯到公元前4世纪古希腊时期，舞台形状为矩形；在公元1世纪左右古罗马时期恢复了古希腊剧场，并在公元2世纪左右扩建了该剧场，成为典型的半圆形古罗马剧场样式。该剧场在中世纪至18世纪作为采石场，大量建筑部件被移作他用，并逐步在剧场上新建其他居住建筑。19世纪开始逐步清理恢复；该剧场观众席为5层，规模宏大，交通组织有序，其结构为古希腊—古罗马混合结构。

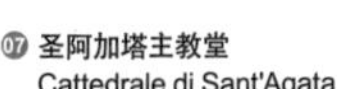

07 圣阿加塔主教堂
Cattedrale di Sant'Agata

建筑师：Giovanni Battista Vaccarin
年代：1078年–18世纪
类型：宗教建筑 / 教堂
地址：Via Vittorio Emanuele II, 163, 95100 Catania CT, Italy

08 卡塔尼亚古罗马剧场
Anfiteatro romano di Catania

建筑师：Porta Garibaldi, Stefano Itta
年代：公元前4世纪–公元2世纪
类型：观演建筑
地址：Via Vittorio Emanuele II, 266, 95124 Catania CT, Italy

⑨ 山谷宫
Palazzo Valle

建筑师：Giovanni Battista Vaccarini
年代：18 世纪上半叶
类型：居住建筑 / 宫殿
地址：Via Leonardi 12, 95100 Catania CT, Italy

⑩ Cutelli 寄宿学校
Convitto Cutelli

建筑师：Giovanni Battista Vaccarini, Francesco Battaglia
年代：1761 年
类型：科教建筑
地址：Via Vittorio Emanuele II, 56, 95131 Catania CT, Italy

山谷宫

该建筑被誉巴洛克建筑师 Giovanni · Battista · Vaccarini 设计的最美丽的巴洛克式居住建筑。其山墙是 ValleGravina 家族的盾牌为母题，浅色石灰石与深色粉刷形成鲜明对比，入口大厅，两个曲线楼梯通过庭院升到一楼。

Cutelli 寄宿学校

该建筑为巴洛克风格，为梯形平面，其圆形内院别出心裁而又优雅，连续 16 跨券柱式使得整个结构显得轻巧而富于秩序铺地采用黑白两色石材、图案生动内院正面钟楼是典型的巴洛克风格的折断山花造型；内部楼梯间由 4 根券柱式组合而成，空间富于变化，现仍作为学校使用。

贝里尼歌剧院内景（Superbizzu 摄影）

32 · 诺托

建筑数量：03

01 蒙太维晋礼拜堂 / Vincenzo Sinatra
02 诺托大教堂
03 杜泽尔宫 / Vincenzo Sinatra

蒙太维晋礼拜堂

该教堂是诺托在遭遇1693年大地震后系统一系列新建的巴洛克风格的建筑之一，西立面两座塔楼由中间富于起伏与张力的中厅立面连接，立面采用的柱式语言是科林斯壁柱，是典型的西西里地区的巴洛克教区教堂风格。这座教堂与其他这一时期的重建的一批教堂被共同列为世界文化遗产。

诺托大教堂

诺托大教堂是该地区作为世界遗产的重要组成部分，立面采用了科林斯柱式与科林斯壁柱的柱式语言，充满空间张力又不失条理，是这一地区代表性的巴洛克宗教建筑之一，而室内主要色调采用白色，表现得十分克制。值得一提的是该建筑位于诺托老城的中心位置，整个老城以此教堂为中心呈现放射状布置，是巴洛克时期城市规划的代表风格。

杜泽尔宫

该建筑是老诺托市政厅，以城市创始人杜泽尔(Ducezio)命名。设计融合了17世纪法国绝对君权古典主义时期的柱式语言与巴洛克手法，整个建筑属于西西里地区晚期巴洛克建筑风格。对柱、倚柱与壁柱的运用以及底层券柱式与上层手法主义窗户样式的对比都使得建筑造型既有条理又富于变化，半圆形包厢式的主入口手法增加了立面的深度感与导向性。

01 **蒙太维晋礼拜堂**
Chiesa di Montevergine

建筑师：Vincenzo Sinatra
年代：1748年
类型：宗教建筑 / 礼拜堂
地址：Via Camillo Benso Conte di Cavour, 46, 96017 Noto,Italy

02 **诺托大教堂**
Cattedrale di Noto

年代：1703年
类型：宗教建筑 / 教堂
地址：Piazza del Municipio, 96017 Noto，Italy

03 **杜泽尔宫**
Palazzo Ducezio

建筑师：Vincenzo Sinatra
年代：1746年
类型：办公建筑 / 市政厅
地址：Piazza Municipio, 1, 96017 Noto，Italy

圣 Domenico 礼拜堂（trolvag 摄影）

索引·附录

Index / Appendix

按建筑师索引 Index by Architects

注：建筑师姓名顺序按照意大利文字母顺序排序。

A

■ A Danuo Bohm
斯卡拉 DEI Giganti 166

■ Adalberto Libera
罗马会展中心 267
罗马邮政局 267

■ Agnolo di Ventura
图费门 193

■ Agostino di Duccio
迪圣贝纳迪诺小礼拜室 203
圣彼得门 208

■ Aldo Morbelli
伊拉礼堂 84

■ Aldo Rossi / 阿尔多 • 罗西
卡洛 • 菲利斯剧院 69
圣加泰罗德公墓 117

■ Alessandro Algardi
多利亚潘菲利别墅 261

■ Alessandro Antonelli
安托内利塔 84

■ Alessandro Arienti
Turreno 剧院 206

■ Alessandro Galilei
圣约翰 • 拉特兰主教堂 263

■ Alessandro Menghini
佩鲁贾植物园 209

■ Alessandro Vittoria
巴尔比宫 130

■ Alessio Lorenzini Gulielmo Calderini
莫拉基剧院 205

■ Alex Cepernich
Ettore Fico 博物馆 93

■ Alfredo d'Andrade
哥伦布故居 70

■ Alvaro Siza / 阿尔瓦罗 • 西扎
教区博物馆 273

■ Amedeo de Francisco di Settignano
都灵主教堂 79

■ Amedeo di Castellamonte
瓦伦蒂诺城堡 88

■ Arnolfo di Cambio
韦奇奥宫 187

■ Andrea Memmo
天使宫 152

■ Andrea Ceresola
热那亚总督府 69

■ Andrea Costaguta
圣特雷莎教堂 86

■ Andrea Moroni
德尔博宫 150

■ Andrea Palladio / 安德烈亚 • 帕拉第奥
威尼斯总督府 134
圣乔治马焦雷教堂 137
威尼斯救主礼拜堂 138
康塔利尼别墅 153
戈迪别墅 155
皮奥韦内别墅 155
福尼赛拉图别墅 156
卡尔多尼奥别墅 156
蒂内别墅 157
瓦尔马拉纳布雷桑别墅 157
加佐蒂格里马尼别墅 158
特西里诺别墅 158
奇耶里卡提宫 159
维琴察的巴西利卡 159
基埃里卡提别墅 161
瓦尔马拉纳艾纳尼别墅 161
圆厅别墅 161

■ Andrea Sansovino
Anima 圣母教堂 242

■ Angelo Italia
Collegiata 的巴西利卡 327

■ Angelo Savoldi
埃尔巴会展中心 ◐ 47

■ Angelo
圣弗朗西斯科塞韦里奥教堂 320

■ Annibale Vitellozzi
小体育宫 232

■ Antoni Contino
叹息桥 134

■ Antonio Bibiena
比别纳剧院 57

■ Antonio Colonna
达尔科宫 55

■ Antonio Corradini
圣塞维诺小堂 277

■ Antonio da Ponte
里阿尔托桥 129

■ Antonio da Sangallo il Giovane
萨西亚圣灵礼拜堂 234

■ Antonio da Sangallo
罗卡堡垒 207

■ Antonio di Vincenzo
圣佩特罗尼奥巴西利卡 103

■ Antonio Gambello
圣约伯教堂 126

■ Antonio Magri
圣杰拉德大教堂 295

■ Antonio Morandi
阿奇吉纳索厅 105

■ Arcangelo Guglielmelli
乔洛拉米尼图书馆 275

■ Archbishop
圣撒比诺主教座堂 299

■ Arduino Berlam
胜利灯塔 169

■ Aristotile Fioravanti
波德斯塔宫 100

■ Armando Melis De Villa
丽托亚塔 82

■ Arnolfo di cambio
圣母百花大教堂 179

■ Ascanio Vitozzi
都灵皇宫 79
多米尼圣骸巴西利卡 81
雷吉纳别墅 87

■ Attilio Muggia
犹太教堂 103

■ Aulus Terentius
奥古斯都拱门 17

B

■ Baldassare Longhena
拿撒勒圣母玛利亚教堂 127
佩萨罗宫 128
伯德雷奥斯佩达雷托教堂 129
雷佐尼科宫 131
安康圣母大教堂 136

■ Baldassare Peruzzi
马西姆宫 243
法尔内西纳别墅 257

■ Bartolomeo Bon
黄金宫 129

■ Bartolomeo Triachini
本蒂沃利奥宫 97

■ Bartolomeo
斯帕达宫 255

■ Battista Bartoli
拉斐尔学院 213

■ BBPR 工作室
建贝拉斯加塔楼 78

■ Benedetto da Maiano
斯特罗齐宫 184

■ Benedetto Alfieri
都灵剧院 82
卡里尼亚诺剧院 83

■ Bernardo Antonio Vittone
圣玛利礼拜堂 81

■ Bernardo Buontalenti
圣迈克尔与盖塔诺教堂 182

■ Bernardo Rossellino
皮克罗米尼宫 196

■ Berto Cavalletto
公证人宫 103

■ Biagio Rossetti
维拉布洛圣乔治圣殿 259

■ Bishop Ecclesius
圣维塔莱教堂 111

■ Bonvicino
圣 Becignate 礼拜堂 204

■ Buonaccorsi Giovanni Ponziello
普林西比宫 63

C

■ Camillo Boito
圣安东尼巴西利卡 152

■ Camillo-Guarino Guarini
复兴运动博物馆 83

■ Carl Maciachini
米兰纪念公墓 23

■ Carlo Barabino
斯塔列诺公墓 73

■ Carlo Buzio
玛利亚耶稣会教堂 225

■ Carlo di Castellamonte
圣克里斯蒂娜礼拜堂 86

■ Carlo Fontana
王宫博物馆 63
圣马切罗教堂 238
城外圣保罗主教堂 267

■ Carlo Francesco Dotti
马尔西格利宫 97
圣路加的圣母朝圣教堂 107

■ Carlo Maciachini
米兰圣马可巴西利卡 25
圣斯皮里第奥尼堂 165

■ Carlo Maderno
圣贾科莫教堂 225

维克多利亚的圣母礼拜堂 231
马泰宫 253

■ Carlo Marochetti
伊曼纽尔·菲利普骑马像 86

■ Carlo Mollino
Camera di Commercio di Torino......87

■ Carlo Scarpa / 卡罗·斯卡帕
威尼斯文学与哲学学院大门 138
卡斯特维奇博物馆 145

■ Carlo Quadri
圣马德莱德教堂 239

■ Carlo Rainaldi
奇迹圣母堂 224
苏菲娅圣母教堂 245
坎比提的圣母教堂 253

■ Cino Zucchi
都灵汽车博物馆 90
Architetti Lavazza 中心 92

■ Cosimo Fanzago
圣玛丽亚大教堂 282

■ Cosimo Morelli
布拉斯奇宫 243

■ Cristofaro de Benedetto
阿西西的圣弗朗西斯大教堂 323

D

■ Daniel Libeskind / 丹尼尔・里勃斯金
电之生命雕塑 48

■ Daniele Barbaro
帕多瓦植物园 152

■ Deputazione del Tesoro
圣真纳罗的方尖碑 274

■ Domenico Antonio Vaccaro
圣米歇尔礼拜堂 277

■ Domenico Curtoni
布拉广场 145

■ Domenico I Contarini
圣马可老教堂 126

■ Domenico Piola
热那亚足球俱乐部博物馆 71

■ Domenico Ponzello
多利亚宫 65

■ Domenico Tibaldi
麦格纳尼宫 99

■ Dragonetto Bonifacio
唐安娜宫 284

■ Donato Bramante / 多纳托・伯拉孟特
圣玛丽亚感恩堂 ◐ 36
圣沙第乐圣母玛利亚礼拜堂 38
坦比哀多 261

E

■ Emil Artmann
政府大厦 167

■ Emmanuele Rocco
翁贝托长廊 279

■ Ernesto Basile
希梅内斯小别墅 227
Favaloro 别墅......317
弗洛里奥独立屋 318
兰扎二斯卡利亚礼拜堂 322
圣奥索拉公共陵园及圣灵巴西利卡 322

■ Errico Alvino
托斯卡诺宫 326

■ Eugenio Miozzi
赤足桥 127

F

■ Fabio Mangone
参议院宫 31

■ Fagiuoli
卡瑞拉桥 183

■ Fagnoni
都灵奥林匹克球场 89

■ Fausto
巴加蒂・瓦尔塞基博物馆 31

■ Federico Frigerio
伏特纪念堂 48

■ Federico Zuccari
祖卡里宫 229

■ Felice Soave
Greppi 宫 38

■ Feng Felsted
的里雅斯特劳埃德宫 167

■ Ferdinando Fuga
圣阿波利亚纳教堂 233
卡索托宫 237
马焦雷圣母巴西利卡 248
圣骸玛利亚教堂 256
圣赛西拉教堂 262
费乌瑞别墅 289

■ Ferdinando Manlio
普雷比席特广场 281

■ Ferdinando Sanfelice
圣母玛利亚圣米歇尔教堂 272
西班牙宫 272

报喜礼拜堂 282
塞拉迪卡萨诺宫 282

■ Filippo Brunelleschi / 菲利波 · 伯鲁乃涅斯基
巴齐礼拜堂 185
圣十字主教堂 185
佛罗伦萨圣灵巴西利卡 188
皮蒂宫 190

■ Filippo Juvarra
卡梅尔圣母教堂 78
城堡广场 82
圣菲利波教堂 83

■ Filippo Raguzzini
老西斯托教堂 265

■ Fioravante Fioravanti
阿克卡西斯宫 103

■ Flaminio Del Turco
普罗文扎诺圣玛利亚礼拜堂 197

■ Flaminio Ponzio
博尔盖赛宫 228

■ Fra Sisto Fiorentino & Fra Ristoro da Campii
圣母玛利亚教堂 178

■ Francesco Albertoni
佩波利宫、佩波利新宫 105

■ Francesco Bianchi
安蒂诺里宫 201

■ Francesco De Sanctis
朝圣者的三一教堂 255

■ Francesco de Vico
圣埃莫堡 278

■ Francesco di Giorgio Martini
乌尔比诺大教堂 213

■ Francesco Lardoni
佩鲁贾纪念公墓 204

■ Francesco Maria Richini
圣 • 朱塞佩巴西利卡 30
Litta 宫 34

■ Francesco Terribilia
卡普拉拉宫 102

■ Francesco Borromini / 弗朗切斯科 · 博罗米尼
传信部宫 229
圣安德烈教堂 230
巴贝里尼宫 231
四喷泉圣卡罗教堂 237
朱斯蒂尼亚尼宫 240
圣埃格尼斯教堂 242
圣 Ivo 教堂 243
菲利皮尼教堂 245
塞尔西的桑塔露西亚教堂 250
斯帕达宫 255

圣约翰 · 拉特兰主教堂 263

■ Francesco
卡塔尼亚大学 328

■ Franco Albini
珍宝博物馆 68

■ Franco Domestico
卡坦扎罗主教堂 313

■ Frans Geffels
瓦伦蒂贡扎加博物馆 59

■ Frederick II of Swabia
卡斯泰拉戈波斯城堡 294

■ 菲利波 • 伯鲁乃涅斯基
佛罗伦萨圣灵巴西利卡 188
育婴堂 177

G

■ Galeazzo Alessi
马里诺宫 32
圣洛伦佐主教堂 68

■ Gennaro Campanile
圣徒约翰和特雷莎教堂 283

■ Genoa C.F.C.
费拉里足球场 72

■ Giacomo Amato
布泰拉宫 323

■ Giacomo Barozzi da Vignola
朱莉亚别墅 223

■ Giacomo Barozzi
班奇宫外廊 100

■ Giacomo da Viterbo
那不勒斯大教堂 274

■ Giacomo della
木匠圣约瑟教堂 251

■ Gian Antonio Selva
凤凰剧院 131

■ Gian Giacomo Dolcebuono
圣马纳斯塔罗 • 马焦雷教堂 35

■ Gian Lorenzo Bernini
锡耶纳主教堂 194
人民圣母教堂 224
传信部宫 229
巴贝里尼宫 231
圣彼得大教堂 234
蒙地宫 235
圣安德烈教堂 237
奥代斯卡尔基宫 239
圣毕比亚那教堂 249

■ Giorgio Massari
圣母玛丽亚教堂 129
葛拉西宫 131
悲悯圣母院教堂 134
圣茂古拉堂 135
圣玛丽亚罗萨里奥教堂 137

■ Giorgio Vasari / 乔尔乔·瓦萨里
瓦萨利走廊 187
乌菲兹美术馆 187

■ Giotto di Bondone
斯克罗威尼礼拜堂 147
乔托钟塔 180

■ Giovan Battista Aleotti
军营圣母礼拜堂 120

■ Giovan Battista
马西莫剧院 319
加里波第花园 321

■ Giovanni Antonio Dosio
基洛拉米库修道院 275
圣玛蒂诺修道院 278

■ Giovanni Antonio Medrano
圣卡尔洛剧院 279

■ Giovanni Battista Aleotti
法尔内塞剧院 120

■ Giovanni Battista Martinetti
斯帕达别墅 106

■ Giovanni Battista Soria
圣卡罗教堂 254

■ Giovanni Battista Vaccarini
圣尼古拉·安德烈本笃会修道院图书馆 326
巴迪亚的圣阿加塔教堂 328
大象宫（市政厅） 328
圣阿加塔主教堂 329
山谷宫 330
Cutelli 寄宿学校 330

■ Giovanni Capula
圣潘克拉齐塔 306
大象之塔 307

■ Giovanni De Franciscis
波坦察省考古博物馆 295

■ Giovanni di Balduccio
布雷拉美术学院 26

■ Giovanni Francesco di Palma,
Filomarino 宫......277

■ Giovanni Giacomo Dotti
恩佐王宫 99

■ Giovanni Gloria
威尔第剧院 147

■ Giovanni Maria Falconetto
科纳洛长廊 151

■ Giovanni Pisano
锡耶纳主教堂 194

■ Giovanni Ponti
上帝之母教堂 301

■ Giovanni Vasanzio (Jan van Santen)
博尔盖赛别墅 223

■ Giovanni
朱斯蒂尼亚尼宫 240

■ Giovanni Tristano
圣依纳爵殉道士教堂 239

■ Girolamo Rainaldi
潘菲利宫 243

■ Giulio Romano
德宫 59

■ Giulio Romano
兰特别墅 257

■ Giuseppe Barbieri
海关大楼博物馆 136
巴尔比埃里宫 145

■ Giuseppe Bernasconi
圣维托雷大教堂 45

■ Giuseppe Jappelli
佩德罗基咖啡馆 149

■ Giuseppe Mengoli
萨拉戈萨门 105

■ Giuseppe Mengoni
伊曼纽尔二世拱廊 33
博洛尼亚储蓄银行 105

■ Giuseppe Nadi
阿尔迪尼别墅 107

■ Giuseppe Piermarini
Reale 宫 37
比利奥里宫 31
斯卡拉大剧院 32
里瑞克剧院 38

■ Giuseppe Rito
凯维托雕像 311

■ Giuseppe Sacconi
伊曼纽尔二世纪念碑 252

■ Giuseppe Sardi
百合圣母教堂 131

■ Giuseppe Terragni / 朱塞佩·特拉尼
Novecomum 住宅 48
科莫警察局 49
圣·艾丽幼儿园 51

■ Giuseppe Valadier
卡西纳酒店 225
托洛尼亚别墅 227

■ Giuseppe Valeriano
圣安布罗和圣安德烈耶稣会礼拜堂 69

■ Gottardo Gussoni
欧歌利欧拉 - 弗勒之家 78

■ Guarino Guarini
圣裹尸布礼拜堂 80
圣洛伦佐教堂 81
卡里尼亚诺宫 83
圣康赛诺礼拜堂 86

H

■ Herzog &de Meuron / 赫尔佐格与德梅隆
费尔特里内利基金会 24

J

■ Jacopo Barozzi da Vignola e Giacomo Della Porta
耶稣会教堂 247

Jacopo della Quercia
盖亚喷泉 196

■ Jan Kaplický
恩佐 • 法拉利博物馆 117

■ Jean-Nicolas Jadot
佛罗伦萨凯旋门 175

■ 吉列尔莫 • 巴斯克斯 • 孔苏埃格
加拉塔海洋博物馆 64

■ 加埃 • 奥伦蒂
卡多纳地铁站 29

L

■ L. Vitruvius Cerdo
盖威亚凯旋门 144

■ Lelio Buzzi
安布罗西亚图书馆 35

■ Leon Battista Alberti / 莱昂 · 巴蒂斯塔 · 阿尔伯蒂
圣安德列巴西利卡 57
佛罗伦萨圣母领报巴西利卡 176
鲁切拉府邸 184

■ Léon Dufourny
巴勒莫植物园 321

■ Lippo Memmi
共和宫 196

■ Lorenzo Bartolini
哥伦布纪念雕塑广场 71

■ Lorenzo Binago
泽波第的圣亚历山大礼拜堂 38

■ Lorenzo Cybo de Mari
人民圣母教堂 224

■ Lorenzo Ghiberti / 洛伦佐 • 吉尔伯蒂
佛罗伦萨大教堂洗礼堂东门（天堂之门） 179

■ Lorenzo Maitani
圣天使门 202

■ Luca Beltrami
斯福尔扎城堡 29
朱塞佩 • 帕里尼纪念碑 33

■ Luca Fancelli
圣保拉礼拜堂 59

■ Luca Grimaldi
白宫 64

■ Luciano Laurana
公爵宫 213

■ Luciano Pia
25 号绿宅 93

■ Lucius Cocceius Auctus
那不勒斯 Neapolitana 古罗马隧道 285

■ Luigi Cagnola
和平之门 24

■ Luigi Canonica
潘沙别墅 44

■ Luigi Vanvitelli
安科纳的拉扎雷托 218
圣奥古斯丁巴西利卡 241
坎波列托别墅 288

■ 莱昂 • 巴蒂斯塔 • 阿尔伯蒂
鲁切拉府邸 184

M

■ M• 富克萨斯
米兰贸易博览中心 ✪ 23

■ Madonna Del Porto
仓库港圣玛丽亚教堂 314

■ Marcello Piacentini
西斯蒂娜剧院 230

■ Marchesi Andrea Di Pietro
麦沃兹宫 99

■ Margaritone d'Arezzo
安科纳主教堂 217

■ Mariano Smiriglio
卡梅尔马焦雷教堂 320

■ Mario Bellini
米兰会议中心 29

■ Mario Botla / 马里奥・博塔
都灵圣容教堂 92

■ Mario Labò
爱德华・基奥索东方艺术博物馆 65

■ Martino Longhi il Vecchio
圣亚大教堂 225

■ Martino Longhi
圣安东尼教堂 233

■ Martino•Bassi
圣洛伦佐巴西利卡 41

■ Matteo Pertsch
Carciotti 宫 166

■ Mattia de Rossi Onorio Longh
河畔圣方济各教堂 264

■ Mattia de Rossi
圣安德烈教堂 230

■ Mauro Manieri
塔兰托主教堂 301

■ Mercedarian Order
博纳里亚圣母教堂 307

■ Michelangelo Buonarroti
天使与殉道者圣母大教堂 232

■ Michelangelo di Lodovico Buonarroti Simoni / 米开朗琪罗
老圣洛伦佐教堂 178
圣彼得大教堂 234
卡比托市政厅广场建筑群 252
法尔内塞宫 256

■ Michele di Giovanni Alvise
市政厅 217

■ Michelozzo di Bartolomeo Michelozzi
圣马可主教礼拜堂 176
圣费利切教堂 190

■ Michelozzo di Bartolomeo
美第奇–里卡迪宫 178

■ Michelozzo
卡雷吉美第奇府邸 174

N

■ Neri d i Fioravante
圣弥额尔教堂 181

■ Nanni di Baccio Bigio
美第奇别墅 226

■ Nicola Pisano, Giocanni Pisano
马焦雷喷泉 206

■ Norman King Roger II
斯韦沃城堡 299

■ Novello da San Lucano
新耶稣教堂 277

■ 尼科洛・特里沃洛
卡斯特洛庄园 174

■ 诺曼・福斯特事务所
都灵大学法学院教学楼 91

O

■ Onorio Longhi
尤西比奥教堂 249

■ Ordo Dominicanorum
圣亚纳大教堂 141

■ Ottaviano Mascherino
圣萨尔瓦多教堂 233

■ Ottaviano Nonni
圣卡塔林纳礼拜堂 256

P

■ Paolo Mezzanotte
梅扎诺特宫 34

■ Paolo Portoghesi
波利缇玛剧院 313

■ Pedro Fernandez de Castro
那不勒斯国家考古博物馆 273

■ Pellegrino Tibaldi
米兰主教座堂 33

■ Pier Luigi Nervi
皮瑞利大厦 23

■ Piero Gazzola
维罗纳老桥 141

■ Piero Portaluppi
公民天文馆 29

■ Pierre de Chaulnes
新堡城堡 280

■ Pietro Angelini
普拉托的圣弗朗西斯科礼拜堂 203

■ Pietro Antonio Corradi
红宫 65

■ Pietro Camporese
魏德金宫 235

■ Pietro Carattoli
德尔帕文剧院 207

■ Pietro da Cortona
圣安博与圣卡罗教堂 228

拉塔路圣母堂 239
和平圣玛利亚教堂 242
圣卢卡与玛蒂娜教堂 251

■ Pietro di Muro Lucano
阿切伦萨主教座堂 294

■ Pietro Lombardo
达里奥宫 135

■ Pietro Nobile
新圣安多尼堂 166

■ Pompeo Lauria
阿尔巴门 276

■ Porta Garibaldi
卡塔尼亚古罗马剧场 329

R

■ Riccardo Romolo Riccardi
里卡迪图书馆 177

■ Richard Meier / 理查德 • 迈耶
和平祭坛博物馆 228
千禧教堂 262

■ Renzo Piano / 伦佐 • 皮亚诺
IL SOLE 24 总部 23
哥伦布国际展览馆 67
生物圈 67
热那亚地铁 72
Grattacielo Intesa Sanpaolo......85
乔瓦尼与马拉 • 安吉妮画廊 90
帕格尼尼礼堂 ⊙ 121
罗马音乐厅 222

■ Roberto il Guiscardo
圣乔瓦尼 • 巴蒂斯塔教堂 311

■ Rolandino de Pacis
波纳科尔斯宫 56

■ Ruggero Berlam
的里雅斯特犹太会堂 165

■ Ruggero Boscovich
布雷拉画廊 26
布雷拉天文台 26

S

■ Salvatore Caronia Roberti
西西里储蓄银行 318

■ Sanfelice
圣洛伦佐马焦雷巴西利卡 275

■ Sano di Matteo
圣保罗凉亭 197

■ Santiago Calatrava
宪法桥 127

■ Sebastiano from Lugano
圣奎斯蒂娜巴西利卡 153

■ Silvio d'Ascia Architecture, AREP
都灵 Porta Susa 火车站 91

■ Simone Cantoni
波迪 • 佩泽利博物馆 31
奥尔莫别墅 47
科莫高中图书馆 52

■ St. Ambrose Bramantino
圣纳扎罗巴西利卡 40

T

■ Taddeo Gaddi
韦奇奥桥 187

■ Theoderic the Great
狄奥多里克陵墓 113

■ Thutmose III
拉特兰方尖碑 263

■ Tomasso Napoli
帕拉戈尼亚别墅 323

■ Tommaso Laureti
海神喷泉雕塑 100

■ Trajan, Hadrian
万神庙 241

U

■ Ulisse Stacchini
米兰中央车站 23

V

■ Vincenzo Foppa
圣欧斯托焦巴西利卡 42

■ Vincenzo Scamozzi
Altinate 文化中心 148
圣嘉耶当礼拜堂 148

■ Vincenzo Seregni
帕拉佐德拉久内宫 33

■ Vincenzo Sinatra
杜泽尔宫 333
蒙太维晋礼拜堂 333

Z

■ Zaha Hadid / 扎哈 • 哈迪德
21 世纪艺术博物馆 222
那不勒斯阿夫拉戈拉火车站 285

按建筑功能索引 Index by Function

注：根据建筑的不同性质，本书收录的建筑被分成文化建筑（博物馆、美术馆、天文馆、图书馆、文化馆）、观演建筑、博览建筑、办公建筑、居住建筑、商业建筑、科教建筑、体育建筑、医疗建筑、交通建筑（桥梁、地铁站、火车站、隧道）、市政建筑、景观建筑（广场、喷泉、雕塑、小品、公园）、宗教建筑（教堂、巴西利卡、礼拜堂、洗礼堂、神庙、修道院）及其他（城门、城堡、瞭望塔、钟楼、纪念碑、陵园、墓地等）等 14 个类型。

■ 文化建筑

▸ 博物馆

巴加蒂·瓦尔塞基博物馆 31
波迪·佩泽利博物馆 31
伏特纪念堂 48
普林西比宫 63
王宫博物馆 63
加拉塔海洋博物馆 64
爱德华·基奥索东方艺术博物馆 65
生物圈 67
珍宝博物馆 68
热那亚总督府 69
热那亚足球俱乐部博物馆 71
复兴运动博物馆 83
都灵埃及博物馆 83
安托内利塔 84
都灵汽车博物馆 90
Ettore Fico 博物馆 93
卡尔杜齐博物馆 106
恩佐·法拉利博物馆 117
海关大楼博物馆 136
卡斯特维奇博物馆 145
自然史博物馆 176
主教座堂博物馆 179
21 世纪艺术博物馆 222
和平祭坛博物馆 228
博尔盖赛宫 228
布拉斯奇宫 243
卡比托市政厅广场建筑群 252
多利亚潘菲利别墅 261
卡波迪蒙特国家博物馆 271
教区博物馆 273
那不勒斯国家考古博物馆 273
波坦察省考古博物馆 295

▸ 美术馆

白宫 64
斯皮诺拉宫国家美术馆 66
乔瓦尼与马拉·安吉妮画廊 90
巴杰罗美术馆 181
乌菲兹美术馆 187

▸ 天文馆

布雷拉天文台 26
公民天文馆 29

▸ 图书馆

安布罗西亚图书馆 35
科莫高中图书馆 52
里卡迪图书馆 177
乔洛拉米尼图书馆 275
圣尼古拉·安德烈本笃会修道院图书馆 326

▸ 文化馆

Altinate 文化中心 148
奥代斯卡尔基宫 239

■ 观演建筑

古罗马剧场 16
斯卡拉大剧院 32
里瑞克剧院 38
比别纳剧院 57
卡洛·菲利斯剧院 69
都灵剧院 82
卡里尼亚诺剧院 83
伊拉礼堂 84
法尔内塞剧院 120
帕格尼尼礼堂 121
凤凰剧院 131
维罗纳罗马剧场 141
威尔第剧院 147
科纳洛长廊 151
的里雅斯特古罗马剧场 166
莫拉基剧院 205
Turreno 剧院 206
德尔帕文剧院 207
罗马音乐厅 222
西斯蒂娜剧院 230

那不勒斯古罗马剧场 275
圣卡尔洛剧院 279
卡利亚里的罗马露天剧场 305
波利缇玛剧院 313
马西莫剧院 319
卡塔尼亚古罗马剧场 329

■ 博览建筑

米兰贸易博览中心 23
埃尔巴会展中心 47
哥伦布国际展览馆 67
罗马会展中心 267

■ 办公建筑

皮瑞利大厦 23
IL SOLE 24 总部 23
费尔特里内利基金会 24
米兰会议中心 29
参议院宫 31
布罗莱托古市政厅 49
科莫警察局 49
贝拉斯加塔楼 78
丽托亚塔 82
Torre Intesa Sanpaolo...... 85
Camera di Commercio di Torino...... 87
Lavazza 中心 92
公证人宫 103
博洛尼亚储蓄银行 105
威尼斯总督府 134
巴尔比埃里宫 145
理性宫 149
政府大厦 167
的里雅斯特劳埃德宫 167
共和宫 196
市政厅 217
蒙地宫 235
基吉宫 235
魏德金宫 235
波利宫 236
奎里纳雷宫 237
卡索托宫 237
卡罗利斯宫 238
朱斯蒂尼亚尼宫 240
法尔内塞宫 256
法尔内西纳别墅 257
西西里储蓄银行 318
大象宫（市政厅）...... 328
杜泽尔宫 333

■ 居住建筑

比利奥里宫 31
马里诺宫 32
帕拉佐德拉久内宫 33
梅扎诺特宫 34
Litta 宫 34
Reale 宫 37
Greppi 宫 38
潘沙别墅 44
奥尔莫别墅 47
Novecomum 住宅 48
达尔科宫 55
波纳科尔斯宫 56
德宫 59
瓦伦蒂贡扎加博物馆 59
红宫 65
多利亚宫 65
哥伦布故居 70
欧歌利欧拉－弗勒之家 78
都灵皇宫 79
城堡广场 82
卡里尼亚诺宫 83
雷吉纳别墅 87
瓦伦蒂诺城堡 88
25 号绿宅 93
本蒂沃利奥宫 97
马尔西格利宫 97
法瓦宫 98

麦格纳尼宫 99
麦沃兹宫 99
恩佐王宫 99
波德斯塔宫 100
卡普拉拉宫 102
阿克卡西斯宫 103
佩波利宫、佩波利新宫 105
斯帕达别墅 106
阿尔迪尼别墅 107
佩萨罗宫 128
黄金宫 129
巴尔比宫 130
葛拉西宫 131
雷佐尼科宫 131
达里奥宫 135
马费宫 142
Zabarella 宫 151
天使宫 152
康塔利尼别墅 153
戈迪别墅 155
皮奥韦内别墅 155
福尼赛拉图别墅 156
卡尔多尼奥别墅 156
蒂内别墅 157
瓦尔马拉纳布雷桑别墅 157
加佐蒂格里马尼别墅 158
特西里诺别墅 158
奇耶里卡提宫 159
瓦尔马拉纳艾纳尼别墅 161
圆厅别墅 161
基埃里卡提别墅 161
Carciotti 宫 166
卡雷吉美第奇府邸 174
卡斯特洛庄园 174
佩特亚别墅 174
美第奇-里卡迪宫 178
斯特罗齐宫 184
鲁切拉府邸 184
韦奇奥宫 187
皮蒂宫 190
伯吉奥的美第奇家族别墅 191
皮克罗米尼宫 196
安蒂诺里宫 201
Antognolla 城堡 201
Oddi 家族的宫殿 206
普里奥里宫 207
公爵宫 213
希梅内斯小别墅 227
祖卡里宫 229
巴贝里尼宫 231
潘菲利宫 243
马泰宫 253
斯帕达宫 255
西班牙宫 272
Filomarino 宫 277
塞拉迪卡萨诺宫 282
唐安娜宫 284
坎波列托别墅 288
费乌瑞别墅 289
Favaloro 别墅 317
中国宫 317
弗洛里奥独立屋 318
布泰拉宫 323
帕拉戈尼亚别墅 323
托斯卡诺宫 326
山谷宫 330

■ **商业建筑**

佩德罗基咖啡馆 149
卡西纳酒店 225
翁贝托长廊 279

■ **科教建筑**

圣贝宁学院 16
布雷拉美术学院 26
布雷拉画廊 26
圣·艾丽幼儿园 51
都灵大学法学院教学楼 91

阿奇吉纳索厅 105
威尼斯文学与哲学学院大门 138
德尔博宫 150
佛罗伦萨美术学院美术馆 177
拉斐尔学院 213
安东杜尔恩生物研究所 283
卡塔尼亚大学 328
Cutelli 寄宿学校 330

■ 体育建筑

费拉里足球场 72
都灵奥林匹克球场 89
维罗纳圆形竞技场 145
小体育宫 232

■ 医疗建筑

安科纳的拉扎雷托 218

■ 交通建筑

▸ 桥梁

赤足桥 127
宪法桥 127
里阿尔托桥 129
叹息桥 134
维罗纳老桥 141
卡瑞拉桥 183
恩宠桥 185
瓦萨利走廊 187
韦奇奥桥 187

▸ 地铁站

卡多纳地铁站 29
热那亚 Dinegro 地铁站 72

▸ 火车站

奥斯塔火车站 17
米兰中央车站 23
都灵 Porta Susa 火车站 91
那不勒斯 Neapolitana 古罗马隧道 285

▸ 隧道

那不勒斯 Neapo litana 古罗马隧道 285

■ 市政建筑

Forense 地下基础设施 15
罗马邮政局 267

■ 景观建筑

▸ 广场、喷泉、雕塑、小品

电之生命雕塑 48
费拉里广场 69
哥伦布纪念雕塑广场 71
伊曼纽尔 • 菲利普骑马像 86
海神喷泉雕塑 100
马焦雷广场 100
班奇宫外廊 100
百草广场 142
布拉广场 145
意大利统一广场 167
坎波广场 194
盖亚喷泉 196
圣保罗凉亭 197
十一月四日广场 206
马焦雷喷泉 206
西班牙广场 226
蒂沃利喷泉 236
新耶稣教堂广场 247
普雷比席特广场 281
凯维托雕像 311

▸ 园林

帕多瓦植物园 152
伊西丝植物园 189
波波里花园 191
弗龙托内花园 208
佩鲁贾植物园 209

博尔盖赛别墅 223
朱莉亚别墅 223
美第奇别墅 226
托洛尼亚别墅 227
兰特别墅 257
加里波第花园 321
巴勒莫植物园 321

■ **宗教建筑**

▸ **教堂**

奥斯塔大教堂 15
米兰主教座堂 33
圣马纳斯塔罗・马焦雷教堂 35
圣安布罗巴西利卡 36
圣维托雷大教堂 45
科莫大教堂 49
圣劳伦斯圆形教堂 57
圣洛伦佐主教堂 68
卡梅尔圣母教堂 78
都灵主教堂 79
圣洛伦佐教堂 81
圣菲利波教堂 83
圣特雷莎教堂 86
都灵圣容教堂 92
圣路加的圣母朝圣教堂 107
圣维塔莱教堂 111
圣阿波利纳雷教堂 113
克拉赛圣阿波利纳雷教堂 114
圣约伯教堂 126
圣马可老教堂 126
拿撒勒圣母玛利亚教堂 127
伯德雷奥斯佩达雷托教堂 129
圣母玛利亚教堂 129
百合圣母教堂 131
悲恸圣母院教堂 134
圣茂古拉堂 135
安康圣母大教堂 136
圣玛丽亚罗萨里奥教堂 137
圣乔治马焦雷教堂 137
圣亚纳大教堂 141
圣芝诺大教堂 144
圣索菲亚教堂 150
圣斯皮里第奥尼堂 165
新圣安多尼堂 166
圣玛利亚教堂 168
圣母玛利亚教堂 178
老圣洛伦佐教堂 178
圣母百花大教堂 179
圣弥额尔教堂 181
圣迈克尔与盖塔诺教堂 182
佛罗伦萨诸圣教堂 182
三位一体教堂 184
圣十字主教堂 185
圣费利切教堂 190
锡耶纳主教堂 194
乌尔比诺大教堂 213
安科纳主教堂 217
奇迹圣母堂 224
人民圣母教堂 224
玛利亚耶稣会教堂 225
圣贾科莫教堂 225
圣亚大教堂 225
圣安博与圣卡罗教堂 228
传信部宫 229
圣安德烈教堂 230
天使与殉道者圣母大教堂 232
圣萨尔瓦多教堂 233
圣安东尼教堂 233
圣阿波利亚纳教堂 233
圣彼得大教堂 234
四喷泉圣卡罗教堂 237
圣安德烈教堂 237
圣使徒教堂 238
圣马切罗教堂 238
拉塔路圣母堂 239
圣马德莱德教堂 239
圣依纳爵殉道士教堂 239
和平圣玛利亚教堂 242
Anima 圣母教堂 242

圣埃格尼斯教堂 242
圣 Ivo 教堂 243
圣母圣心堂 243
马西姆宫 243
菲利皮尼教堂 245
圣比亚吉奥教堂 245
苏菲娅圣母教堂 245
桑塔卡特里娜教堂 246
耶稣会教堂 247
尤西比奥教堂 249
圣毕比亚那教堂 249
塞尔西的桑塔露西亚教堂 250
圣奎卢卡斯与茱莉亚教堂 251
圣卢卡与玛蒂娜教堂 251
木匠圣约瑟教堂 251
坎比提的圣母教堂 253
圣卡罗教堂 254
朝圣者的三一教堂 255
圣骸玛利亚教堂 256
拉特朗圣格肋孟教堂 258
忧苦之慰圣母堂 259
维拉布洛圣乔治圣殿 259
圣克里索贡教堂 260
坦比哀多 261
圣赛西拉教堂 262
千禧教堂 262
圣约翰 • 拉特兰主教堂 263
圣格里高利马格诺教堂 264
河畔圣方济各教堂 264
老西斯托教堂 265
城外圣保罗主教堂 267
圣母玛利亚圣米歇尔教堂 272
那不勒斯大教堂 274
圣塞维诺小堂 277
新耶稣教堂 277
圣玛丽亚大教堂 282
圣徒约翰和特雷莎教堂 283
阿切伦萨主教座堂 294
圣杰拉德大教堂 295
圣撒比诺主教座堂 299
上帝之母教堂 301
塔兰托主教堂 301
圣萨图里诺教堂 306
博纳里亚圣母教堂 307
圣乔瓦尼 • 巴蒂斯塔教堂 311
圣骸与慈悲教堂 313
卡坦扎罗主教堂 313
卡梅尔圣母玛丽亚教堂 313
仓库港圣玛丽亚教堂 314
巴勒莫主教堂 320
圣弗朗西斯科塞韦里奥教堂 320
卡梅尔马焦雷教堂 320
阿西西的圣弗朗西斯大教堂 323
巴迪亚的圣阿加塔教堂 328
圣阿加塔主教堂 329
诺托大教堂 333

▸ 洗礼堂

阿利亚诺洗礼堂 113
尼奥尼安洗礼堂 113
佛罗伦萨大教堂洗礼堂东门（天堂之门） 179

▸ 巴西利卡

米兰圣马可巴西利卡 25
圣 • 朱塞佩巴西利卡 30
圣纳扎罗巴西利卡 40
圣洛伦佐巴西利卡 41
圣欧斯托焦巴西利卡 42
圣斐德理的巴西利卡 50
圣卡波福罗巴西利卡 51
圣安德列巴西利卡 57
多米尼圣骸巴西利卡 81
圣佩特罗尼奥巴西利卡 103
弗拉里的圣母荣耀巴西利卡 130
圣安东尼巴西利卡 152
圣奎斯蒂娜巴西利卡 153
维琴察的巴西利卡 159
佛罗伦萨圣母领报巴西利卡 176
佛罗伦萨圣灵巴西利卡 188
神庙遗址圣母玛利亚巴西利卡 241

圣奥古斯丁巴西利卡 241
拉特诺的圣乔瓦尼巴西利卡 244
马焦雷圣母巴西利卡 248
圣洛伦佐马焦雷巴西利卡 275
圣尼古拉巴西利卡 299
玛利亚巴西利卡 312
Collegiata 的巴西利卡 327

▸ 礼拜室
圣玛丽亚感恩堂 36
圣沙第乐圣母玛利亚礼拜堂 38
泽波第的圣亚历山大礼拜堂 38
圣保拉礼拜堂 59
圣玛利亚格拉达罗礼拜堂 59
圣安布罗和圣安德烈耶稣会礼拜堂 69
圣裹尸布礼拜堂 80
圣玛利礼拜堂 81
圣康赛诺礼拜堂 86
圣克里斯蒂娜礼拜堂 86
主教礼拜堂 113
军营圣母礼拜堂 120
威尼斯救主礼拜堂 138
佛罗伦萨卡梅尔圣母礼拜堂 188
斯克罗威尼礼拜堂 147
圣嘉耶当礼拜堂 148
圣克莱门特礼拜堂 149
圣居斯托礼拜堂 168
圣马可主教礼拜堂 176
巴齐礼拜堂 185
普罗文扎诺圣玛利亚礼拜堂 197
圣母玛利亚礼拜堂 202
迪圣贝纳迪诺小礼拜室 203
普拉托的圣弗朗西斯科礼拜堂 203
圣 Becignate 礼拜堂 204
维克多利亚的圣母礼拜堂 231
萨西亚圣灵礼拜堂 234
圣卡塔林纳礼拜堂 256
圣卡瑟琳礼拜堂 258
圣乔瓦尼礼拜堂 260
修道院圣玛丽亚礼拜堂 265
圣米歇尔礼拜堂 277
报喜礼拜堂 282
兰扎二斯卡利亚礼拜堂 322
蒙太维晋礼拜堂 333

▸ 神庙
万神庙 241
安东尼与弗斯缇娜神庙 / 米兰达的圣罗洛伦佐礼拜堂 251

▸ 修道院
圣奥索社区修道院 16
圣米尼亚托修道院 189
基洛拉米库修道院 275
圣玛蒂诺修道院 278

▸ 犹太教堂
犹太教堂 103
的里雅斯特犹太会堂 165

▸ 宗教综合体
圣斯特凡诺巴西利卡 105

■ 其他建筑

▸ 城门
古罗马 Pretoria 城门 17
奥古斯都拱门 17
和平之门 24
索普拉纳城门 70
帕拉丁门 79
萨拉戈萨门 105
波萨利门 143
狮子门 143
盖威亚凯旋门 144
圣迦尔门 175
十字架门 186
奥利维城门 193

图费门 193
圣天使门 202
孔卡门 203
伊特鲁利亚拱门 207
圣彼得门 208
阿尔巴门 276

▸ **城堡**

斯福尔扎城堡 29
保维迪尔城堡 190
罗卡堡垒 207
圣埃莫堡 278
新堡城堡 280
梅尔菲城堡 293
卡斯泰拉戈波斯城堡 294
斯韦沃城堡 299

▸ **塔楼**

维拉特塔 44
笼子塔 56
灯笼塔 73
博洛尼亚塔 101
朗贝尔蒂塔 142
胜利灯塔 169
乔托钟塔 180
卡斯塔尼亚塔楼 180
切尔基塔楼 180
阿米德伊塔楼 187
Sciri 塔 205
圣潘克拉齐塔 306
大象之塔 307
金枪鱼塔 314

▸ **纪念碑**

朱塞佩 • 帕里尼纪念碑 33
斯卡拉 DEI Giganti 166
佛罗伦萨凯旋门 175
伊曼纽尔二世纪念碑 252
拉特兰方尖碑 263
圣真纳罗的方尖碑 274

▸ **陵园、墓地**

米兰纪念公墓 23
斯塔列诺公墓 73
普拉西狄亚陵墓 111
狄奥多里克陵墓 113
圣加泰罗德公墓 117
佩鲁贾纪念公墓 204
古迦太基人墓地 305
圣奥索拉公共陵园及圣灵巴西利卡 322

▸ **其他**

伊曼纽尔二世拱廊 33
育婴堂 177
古罗马大斗兽场 244
庞贝遗址 284
赫库兰尼姆古城 289

图片出处 Picture Resources

注：未注明出处的图片均为作者本人及友人拍摄。

■ 奥斯塔

01 https://it.wikipedia.org/wiki/Criptoportico_forense#/media/File:Criptoportico_Forense_di_Aosta.jpg
02 https://en.wikipedia.org/wiki/Aosta_Cathedral#/media/File:Aosta_Cattedrale.JPG
03 https://it.wikipedia.org/wiki/Teatro_romano_di_Aosta#/media/File:Th%C3%A9%C3%A2tre_romain_Aoste_2009_front.JPG
04 https://it.wikipedia.org/wiki/Collegiata_di_Sant%27Orso#/media/File:Aosta_Sant_Orso_chiostro.jpg
https://it.wikipedia.org/wiki/Collegiata_di_Sant%27Orso#/media/File:Aosta_Collegiata_Sant_Orso_Navata_02.jpg
05 https://it.wikipedia.org/wiki/Collegio_Saint-B%C3%A9nin#/media/File:Coll%C3%A8ge_Saint-B%C3%A9nin_-_rue_JB_Festaz,_Aoste.JPG
06 https://it.wikipedia.org/wiki/Stazione_di_Aosta#/media/File:Gare_d'Aoste.JPG
07 https://it.wikipedia.org/wiki/Porta_Pretoria_(Aosta)#/media/File:Porta_Praetoria_(2archi)-_Aosta.jpg
08 https://it.wikipedia.org/wiki/Arco_di_Augusto_(Aosta)#/media/File:Arco_Augusto_Aosta.jpg

■ 米兰

01 https://en.wikipedia.org/wiki/Cimitero_Monumentale_di_Milano#/media/File:Cimitero_Monumentale_di_Milano_nella_sua_vista_esterna_frontale.jpg
04 https:////live.staticflickr.com/7138/7528473472_1c829861de_m.jpg
05 https://wikimapia.org/84266/Il-Sole-24-ore-Headquarter#/photo/4473909
06 https://www.ilgiorno.it/milano/cronaca/feltrinelli-sede-1.2750124
07 https://it.wikipedia.org/wiki/Arco_della_Pace#/media/File:Veduta_dell'Arco_della_Pace_d_Milano_dal_Parco_Sempione._Architetto_Cagnola.jpg
08 https://it.wikipedia.org/wiki/Chiesa_di_San_Marco_(Milano)#/media/File:Chiesa_di_San_Marco_-_Milano.JPG
09 https://zh.wikipedia.org/wiki/%E5%B8%83%E9%9B%B7%E6%8B%89%E7%BE%8E%E6%9C%AF%E5%AD%A6%E9%99%A2#/media/File:Brera-MainCourtYard.jpg
10 https://en.wikipedia.org/wiki/File:Milano_brera_cortile.jpg
11 https://it.wikipedia.org/wiki/Osservatorio_astronomico_di_Brera#/media/File:L'antico_osservatorio_astronomico_di_Brera_a_Milano.jpg
12 https://it.wikipedia.org/wiki/Civico_Planetario_Ulrico_Hoepli#/media/File:Civico_Planetario_Ulrico_Hoepli.jpg
14 https://en.wikipedia.org/wiki/Milano_Cadorna_railway_station#/media/File:MilanoStazioneCadornaMalpensaExpressNotte.jpg
15 https://en.wikipedia.org/wiki/CityLife_(Milan)#/media/File:CityLife_(Milan)_-_artist's_impression_2.jpg
16 https://it.wikipedia.org/wiki/Chiesa_di_San_Giuseppe_(Milano)#/media/File:San_Giuseppe,_Milano_2367.jpg
17 https://en.wikipedia.org/wiki/Palazzo_Belgioioso#/media/File:8859_-_Milano_-_P.za_Belgiojoso_-_Palazzo_Belgiojoso_-_Foto_Giovanni_Dall'Orto_-_14-Apr-2007.jpg
18 https://en.wikipedia.org/wiki/Museo_Poldi_Pezzoli#/media/File:DSC02794_-_Milano_-_Via_Manzoni_-_Foto_Giovanni_Dall'Orto_-_20-Jan-2007.jpg
19 Palazzo_del_Senato_(Milan)#/media/File:Palazzo_del_Senato_-_1608_-_facciata_di_F.M.Ricchino_-_Milano.JPG
20 https://www.wikidata.org/wiki/Q838986#/media/File:20161101_Palazzo_Bagatti_Valsecchi,_Facciata_via_Santo_Spirito.jpg
21 https://en.wikipedia.org/wiki/La_Scala#/media/File:Milan_-_Scala_-_Facade.jpg
22 https://en.wikipedia.org/wiki/Palazzo_Marino#/media/File:Milano_pal_Marino_piazza_Scala.jpg
24 https://it.wikipedia.org/wiki/Monumento_a_Giuseppe_Parini_(1899)#/media/File:Estatua_de_Giuseppe_Parini,_Mil%C3%A1n.JPG
25 https://en.wikipedia.org/wiki/Palazzo_della_Ragione,_Milan#/media/File:Milano_-_Palazzo_della_Ragione.jpg
27 https://commons.wikimedia.org/wiki/File:Palazzo_Mezzanotte_-_Piazza_Affari_-_Milano_-_Italy.JPG
28 https://en.wikipedia.org/wiki/Palazzo_Litta,_Milan#/media/File:20171119_Palazzo_Litta,_fronte.jpg
29 https://en.wikipedia.org/wiki/San_Maurizio_al_Monastero_Maggiore#/media/File:095MilanoSMaurizio.JPG
30 https://en.wikipedia.org/wiki/Biblioteca_Ambrosiana#/media/File:Biblioteca_Ambrosiana_2010.jpg

31 https://it.wikipedia.org/wiki/Chiesa_di_Santa_Maria_delle_Grazie_(Milano)#/media/File:Grazie,_Milano_10.jpg
32 https://it.wikipedia.org/wiki/Basilica_di_Sant%27Ambrogio#/media/File:0042_-_Milano_-_Sant'Ambrogio_-_Esterno_-_Foto_Giovanni_Dall'Orto_25-Apr-2007.jpg
33 https://it.wikipedia.org/wiki/Palazzo_Reale_(Milano)#/media/File:Palazzo_Reale_di_Milano.jpg
https://it.wikipedia.org/wiki/Palazzo_Reale_(Milano)#/media/File:Palazzo_Reale_-_Milano_-_interno_-_03.JPG
34 https://en.wikipedia.org/wiki/Santa_Maria_presso_San_Satiro#/media/File:Milano_San_Satiro_1.jpg
35 https://it.wikipedia.org/wiki/Chiesa_di_Sant%27Alessandro_in_Zebedia#/media/File:Milano_Sant'Alessandro_09.jpg
36 https://en.wikipedia.org/wiki/Teatro_Lirico_(Milan)#/media/File:Milano,_Teatro_Lirico,_interno_01.jpg
https://it.wikipedia.org/wiki/Teatro_Lirico_di_Milano#/media/File:Teatro_Lirico_di_Milano_a_inizio_Novecento.jpg
37 https://it.wikipedia.org/wiki/Palazzo_Greppi#/media/File:02487_-_Milano_-_Palazzo_Greppi_(1776)_-_Foto_Giovanni_Dall'Orto,_22-Feb-2008.jpg
38 https://it.wikipedia.org/wiki/Basilica_di_San_Nazaro_in_Brolo#/media/File:Milano,_san_nazzario_maggiore_01.JPG
39 https://it.wikipedia.org/wiki/Basilica_di_San_Lorenzo_(Milano)#/media/File:Basilica_di_San_Lorenzo_Maggiore.jpg
https://it.wikipedia.org/wiki/Basilica_di_San_Lorenzo_(Milano)#/media/File:San_Lorenzo,_Milano,_veduta_prospettica_dell'interno.jpg
40 https://it.wikipedia.org/wiki/Basilica_di_Sant%27Eustorgio#/media/File:899MilanoSEustorgio.JPG

■ 瓦雷泽

01 https://it.wikipedia.org/wiki/Torre_di_Velate#/media/File:Torre_di_Velate.JPG
02 https://it.wikipedia.org/wiki/Villa_Menafoglio_Litta_Panza#/media/File:Vialla_Panza2_BMK.jpg
03 https://it.wikipedia.org/wiki/Basilica_di_San_Vittore_(Varese)#/media/File:527VareseSVittore.jpg
https://it.wikipedia.org/wiki/Basilica_di_San_Vittore_(Varese)#/media/File:384VareseSVittoreInside.jpg

■ 科莫

01 https://it.wikipedia.org/wiki/Villa_Erba#/media/File:Villa_Erba_004.JPG
02 https://en.wikipedia.org/wiki/Villa_Olmo#/media/File:Wikimania_by_Rehman_-_Wikimania_Takes_Lake_Como_(30).jpg
https://commons.wikimedia.org/wiki/Category:Villa_Olmo_(Como)#/media/File:219ComoVillaOlmo.jpg
03 https://en.wikipedia.org/wiki/Como#/media/File:LIFE_ELECTRIC_-_CREDITS_VISITCOMO.jpg
04 https://en.wikipedia.org/wiki/Tempio_Voltiano#/media/File:Tempo_Voltiano_from_southwest.jpg
06 https://commons.wikimedia.org/wiki/Category:Broletto_(Como)#/media/File:088ComoBroletto.jpg
08 http://wikimapia.org/30018/Cathedral-of-Como-Duomo#/photo/1260359
09 https://en.wikipedia.org/wiki/Basilica_di_San_Fedele_(Como)#/media/File:Front_view_of_the_Basilica_di_San_Fedele.jpg
10 https://it.wikipedia.org/wiki/Asilo_Sant%27Elia#/media/File:Asilosantelia.jpg
11 https://it.wikipedia.org/wiki/Basilica_di_San_Carpoforo#/media/File:CampanileSanCarpoforo.JPG
12 https://it.wikipedia.org/wiki/Liceo_classico_e_scientifico_Alessandro_Volta#/media/File:Liceovoltacomo.jpg

■ 曼托瓦

01 https://en.wikipedia.org/wiki/Palazzo_D%27Arco,_Mantua#/media/File:I-MN-Mantova17.JPG
https://en.wikipedia.org/wiki/Palazzo_D%27Arco,_Mantua#/media/File:Palazzo_D'Arco_Sala_dello_Zodiaco.jpg
02 https://commons.wikimedia.org/wiki/Category:Palazzo_Bonacolsi_(Mantua)#/media/File:Mantova_Palazzo_Bonacolsi_2.jpg
03 https://it.wikipedia.org/wiki/Torre_della_Gabbia#/media/File:Mantova-Torre_della_gabbia.jpg
04 https://en.wikipedia.org/wiki/Basilica_of_Sant%27Andrea,_Mantua#/media/File:MantovaBasilicaSantAndrea_cutnpaste_over_intrusions.jpg
05 https://en.wikipedia.org/wiki/Rotonda_di_San_Lorenzo#/media/File:Mantua3_BMK.jpg

06 https://en.wikipedia.org/wiki/Teatro_Bibiena#/media/File:Teatro_bibbiena.jpg
07 https://it.wikipedia.org/wiki/Palazzo_Valenti_Gonzaga#/media/File:Paolo_Monti_-_Serie_fotografica_(Mantova,_1972)_-_BEIC_6347245.jpg
08 https://it.wikipedia.org/wiki/Chiesa_di_Santa_Paola#/media/File:Chiesa_di_Santa_Paola_a_mantova.JPG
09 https://it.wikipedia.org/wiki/Chiesa_di_Santa_Maria_del_Gradaro#/media/File:Mantova-Chiesa_di_Santa_Maria_del_Gradaro.jpg
10 https://en.wikipedia.org/wiki/Palazzo_del_Te#/media/File:39PalazzoTe.jpg

■ 热那亚

01 https://it.wikipedia.org/wiki/File:Palazzo_del_Principe_(gardens).jpg
02 https://en.wikipedia.org/wiki/Palazzo_Reale_(Genoa)#/media/File:Genova,_palazzo_reale,_controfacciata_03.JPG
03 https://it.wikipedia.org/wiki/Galata_%E2%88%92_Museo_del_mare#/media/File:Galata_Museo_del_Mare_Genoa.jpg
04 https://commons.wikimedia.org/wiki/File:Facciata_e_giardino_di_Palazzo_Bianco.jpg
05 https://en.wikipedia.org/wiki/Palazzo_Rosso_(Genoa)#/media/File:Palazzo_rosso_00.JPG
06 https://it.wikipedia.org/wiki/Palazzo_Doria-Tursi#/media/File:Il_Palazzo_Doria-_Tursi_splendente.JPG
https://it.wikipedia.org/wiki/Palazzo_Doria-Tursi#/media/File:Veduta_dal_Basso_di_Palazzo_Tursi.jpg
07 https://it.wikipedia.org/wiki/Museo_d%27arte_orientale_Edoardo_Chiossone#/media/File:19092015-DSC_2916-2.JPG
08 https://en.wikipedia.org/wiki/Palazzo_Spinola_di_Pellicceria#/media/File:Genova-Palazzo_Spinola-DSCF7485.JPG
09 https://it.wikipedia.org/wiki/Biosfera_(Genova)#/media/File:Genoa_-_Renzo_Piano's_Biosphere_-_panoramio.jpg
10 https://commons.wikimedia.org/wiki/File:Genova_Porto_Antico_molo_Embriaci.JPG
12 https://en.wikipedia.org/wiki/Genoa_Cathedral#/media/File:St.LawrenceCathedral.jpg
12 https://it.wikipedia.org/wiki/Museo_del_tesoro_della_cattedrale_di_San_Lorenzo#/media/File:Paolo_Monti_-_Servizio_fotografico_-_BEIC_6338558.jpg
13 https://en.wikipedia.org/wiki/Doge%27s_Palace,_Genoa#/media/File:Palazzo_Ducale_Genoa.jpg
14 https://en.wikipedia.org/wiki/Teatro_Carlo_Felice#/media/File:Teatro_Carlo_Felice_veduta_aerea.jpg
15 https://zh.wikipedia.org/wiki/费拉里广场#/media/File:Genova-IMG_2285.JPG
16 https://it.wikipedia.org/wiki/Chiesa_del_Ges%C3%B9_e_dei_Santi_Ambrogio_e_Andrea#/media/File:Chiesa_del_Ges%C3%B9_e_dei_Santi_Ambrogio_e_Andrea_-_Genoa_2014.jpg
17 https://en.wikipedia.org/wiki/File:Le_torri_di_Porta_Soprana,_Genova.jpg
18 https://it.wikipedia.org/wiki/Casa_di_Cristoforo_Colombo_(Genova)#/media/File:13062015-DSC_7365.JPG
19 https://it.wikipedia.org/wiki/Genoa_Museum_and_Store#/media/File:Museo_del_Genoa.jpg
20 https://en.wikipedia.org/wiki/Genova_Piazza_Principe_railway_station#/media/File:DSCF8124.JPG
21 https://it.wikipedia.org/wiki/Dinegro_(metropolitana_di_Genova)#/media/File:Ingresso_metro_genova_dinegro_1.jpg
22 https://en.wikipedia.org/wiki/Stadio_Luigi_Ferraris#/media/File:Stadio_Luigi_Ferraris_di_Genova.jpg
23 https://en.wikipedia.org/wiki/Lighthouse_of_Genoa#/media/File:CroppedLanterna.JPG
24 https://en.wikipedia.org/wiki/Monumental_Cemetery_of_Staglieno#/media/File:Genova_-_Cimitero_di_Staglieno_-_Statua_della_Fede_e_Pantheon.jpg

■ 都灵

01 https://commons.wikimedia.org/wiki/Category:Casa_della_Vittoria_(Turin)#/media/File:Palazzo_della_Vittoria_-_panoramio_(3).jpg
02 https://en.wikipedia.org/wiki/Torre_Velasca#/media/File:Milano_Italy_Torre-Velasca-from-Duomo-01.jpg
03 https://it.wikipedia.org/wiki/File:Chiesa_d._Carmine_-_TO.JPG
04 https://en.wikipedia.org/wiki/Porta_Palatina#/media/File:Torino_-_Porta_Palatina.jpg
05 https://en.wikipedia.org/wiki/Turin_Cathedral#/media/File:Duomo_Torino.jpg
06 https://it.wikipedia.org/wiki/Palazzo_

Reale_(Torino)#/media/File:Palazzo_Reale_-_Torino48052.jpg

07 https://en.wikipedia.org/wiki/Chapel_of_the_Holy_Shroud#/media/File:Cappella_della_Sindone_(dicembre_2018).jpg
https://en.wikipedia.org/wikl/Chapel_of_the_Holy_Shroud#/media/File:Chapel_of_Holy_Shroud_Cupola.jpg
https://en.wikipedia.org/wiki/Chapel_of_the_Holy_Shroud#/media/File:Guarini_sindone.jpg

08 https://en.wikipedia.org/wiki/Basilica_of_Corpus_Domini#/media/File:Chiesa_Corpus_Domini_Torino.JPG

09 https://es.wikipedia.org/wiki/Iglesia_de_San_Lorenzo_(Tur%C3%ADn)#/media/Archivo:Chiesa_di_San_Lorenzo_Torino.jpg

10 https://it.wikipedia.org/wiki/Chiesa_di_Santa_Maria_di_Piazza#/media/File:Chiesa SantaMariaDiPiazzaTorino.jpg

11 https://en.wikipedia.org/wiki/Palazzo_Madama,_Turin#/media/File:Torino_-_Palazzo_Madama.jpg

12 https://selectitaly.com/blog/wp-content/uploads/2016/02/Teatro_Regio_-_foto_aerea.jpg

13 https://en.wikipedia.org/wiki/Torre_Littoria#/media/File:Torre_littoria_Torino.jpg

14 https://en.wikipedia.org/wiki/Palazzo_Carignano#/media/File:Torino-PalazzoCarignanoFronte.jpg

15 https://fr.wikipedia.org/wiki/Mus%C3%A9e_du_Risorgimento_(Turin)#/media/Fichier:Torino-Palazzo_Carignano-jpg.jpg

16 https://commons.wikimedia.org/wiki/File:Torino,_teatro_Carignano_(02).jpg

17 https://en.wikipedia.org/wiki/Museo_Egizio#/media/File:Museo_Egizio_e_Galleria_sabauda,_Torino.jpg

18 https://en.wikipedia.org/wiki/San_Filippo_Neri,_Turin#/media/File:Chiesa_di_san_Filippo_Neri_Torino.JPG

19 https://en.wikipedia.org/wiki/Mole_Antonelliana#/media/File:Mole_Antonelliana_Torino.JPG

20 http://www.orchestrasinfonica.rai.it/images/auditorium-sede.jpg

21 https://commons.wikimedia.org/wiki/File:Grattacielo_Intesa_San_Paolo_-_panoramio.jpg

22 https://en.wikipedia.org/wiki/Santa_Teresa,_Turin#/media/File:Chiesa_Santa_Teresa_Torino.jpg

23 https://it.wikipedia.org/wiki/File:Torino_-_Caval_%C3%ABd_Brons_latoA.jpg

24 https://it.wikipedia.org/wiki/Chiesa_dell%27Immacolata_Concezione_(Torino)#/media/File:ChiesImmac.Conc.TO.jpg

25 https://commons.wikimedia.org/wiki/File:Torino,_chiesa_di_Santa_Cristina_(01).jpg

26 https://it.wikipedia.org/wiki/Palazzo_degli_Affari_(Torino)#/media/File:Sede_camera_commercio_torino_progetto_mollino_graffi_galardi_migliasso_01_facciata_valdo_fusi.png

27 https://commons.wikimedia.org/wiki/Category:Villa_della_Regina_(Turin)#/media/File:Villa_della_Regina,_Torino,_Dall%E2%80%99alto.jpeg

28 https://commons.wikimedia.org/wiki/File:Valentino_castle.jpg
https://en.wikipedia.org/wiki/Castello_del_Valentino#/media/File:Castello_del_valentino_-_spaccato.jpg

29 https://it.wikipedia.org/wiki/File:Stadio_Comunale_di_Torino_fine_anni_%2760.jpg
https://en.wikipedia.org/wiki/Stadio_Olimpico_Grande_Torino#/media/File:Curva_del_Toro(Primavera).JPG

30 https://it.wikipedia.org/wiki/Pinacoteca_Giovanni_e_Marella_Agnelli#/media/File:Pinacotecaagnelli.JPG

31 https://www.airvo.it/wp-content/uploads/2019/07/FOTO-EXT-MAUTO.jpg

32 https://en.wikipedia.org/wiki/Torino_Porta_Susa_railway_station#/media/File:Nouvelle_gare_TGV_de_Turin_Porta_Susa.jpg

33 https://commons.wikimedia.org/wiki/File:Campus_Luigi_Einaudi_Torino_-_panoramio.jpg

34 https://en.wikipedia.org/wiki/Lavazza#/media/File:Lavazza_Centro_Direzionale.jpg

35 https://commons.wikimedia.org/wiki/File:Santo_Volto_la_facciata_della_chiesa.JPG

36 https://www.archute.com/wp-content/uploads/2016/05/25-green-by-luciano-pia-torino-italy-10.jpg

37 http://www.museofico.it/wp-content/uploads/2015/11/a3-1280x691.jpg

■ 博洛尼亚

01 https://www.facarospauls.com/apps/bologna-modena-art-and-culture/1330/palazzobentivoglionuovo.jpg

02 https://it.wikipedia.org/wiki/Palazzo_Marsigli#/media/File:Palazzo_marsigli_bologna.JPG

03 https://en.wikipedia.org/wiki/Palazzo_

Ghisilardi_Fava#/media/File:Museo_civico_medievale_(Bologna),_cortile_01.JPG
04 https://commons.wikimedia.org/wiki/File:Palazzo_Magnani_a_Bologna.jpg
05 https://it.wikipedia.org/wiki/Palazzo_Malvezzi_De%27_Medici#/media/File:P._Malvezzi_de'_Medici.jpg
06 https://commons.wikimedia.org/wiki/File:Bologna_Palazzo_Re_Enzo_26-04-2012_11-34-33.JPG
07 https://en.wikipedia.org/wiki/Fountain_of_Neptune,_Bologna#/media/File:Bologna_%E2%80%94_Fontana_del_Nettuno.jpg
08 https://it.wikipedia.org/wiki/Palazzo_del_Podest%C3%A0_(Bologna)#/media/File:Palazzo_del_Podesta.01.jpg
09 https://commons.wikimedia.org/wiki/File:Bologna-vista02.jpg
10 https://en.wikipedia.org/wiki/Palazzo_dei_Banchi#/media/File:1201_-_Bologna_-_Piazza_Maggiore_-_Foto_Giovanni_Dall'Orto,_9-Feb-2008.jpg
11 https://it.wikipedia.org/wiki/Torri_di_Bologna#/media/File:2tours_bologne_082005.jpg
12 https://upload.wikimedia.org/wikipedia/commons/2/26/Paolo_Monti_-_Servizio_fotografico_%28Bologna%2C_1971%29_-_BEIC_6357856.jpg
13 https://en.wikipedia.org/wiki/Palazzo_d%27Accursio#/media/File:Palazzo_Comunale01.jpg
14 https://en.wikipedia.org/wiki/Palazzo_dei_Notai#/media/File:Bologna_Piazza_Maggiore_Palazzo_dei_Notai_25-04-2012_14-17-50.JPG
15 https://it.wikipedia.org/wiki/File:Bologna_Italy_San_Petronio_from_Asinelli.jpg
16 https://www.bolognawelcome.com/imageserver/gallery_big/files/turisti/scopri/luoghi/architettura-e-monumenti/edifici-religiosi/sinagoga/photogallery/sinagoga5.jpg
17 https://en.wikipedia.org/wiki/Bologna#/media/File:Archiginnasio_ora_blu_Bologna.jpg
18 https://en.wikipedia.org/wiki/Palazzo_Pepoli_Vecchio#/media/File:Bologna_Museo_della_storia_di_Bologna_-_Palazzo_Pepoli_Vecchio_29-04-2012_15-17-28.JPG
19 https://de.wikipedia.org/wiki/Datei:Bologna_2014_17.JPG
20 https://it.wikipedia.org/wiki/Basilica_di_Santo_Stefano_(Bologna)#/media/File:Santo_Stefano_Bologna-01.JPG
21 https://en.wikipedia.org/wiki/Porta_Saragozza,_Bologna#/media/File:Bologna,_porta_saragozza_02.JPG
22 https://it.wikipedia.org/wiki/Casa_Carducci#/media/File:Casacarducci.jpg
23 https://it.wikipedia.org/wiki/Villa_Spada#/media/File:Villa_Spada_-_Bologna_-_17-9-17_(51).jpg
24 https://en.wikipedia.org/wiki/Sanctuary_of_the_Madonna_di_San_Luca#/media/File:Madonna_di_San_Luca_Panorama.jpg
25 https://it.wikipedia.org/wiki/Villa_Aldini#/media/File:VillaAldini.JPG

■ 拉文纳

03 https://en.wikipedia.org/wiki/Mausoleum_of_Theodoric#/media/File:Front_view_-_Mausoleum_of_Theodoric_-_Ravenna_2016_(2).jpg
04 https://en.wikipedia.org/wiki/Ravenna_Baptistery_of_Neon#/media/File:Baptistry_of_Neon_ceiling_mosaic_(Ravenna).jpg
05 http://www.heritage-route.eu/locations/ravenna/fig46.SS-stAndeaChurch-byMunicipality.jpg
06 https://en.wikipedia.org/wiki/Arian_Baptistery#/media/File:Baptistery.Arians02.jpg
07 https://en.wikipedia.org/wiki/File:Ravenna,_sant%27apollinare_nuovo,_ext._01.JPG
08 https://en.wikipedia.org/wiki/Basilica_of_Sant%27Apollinare_in_Classe#/media/File:Ravenna_BW_1.JPG

■ 摩德纳

01 https://upload.wikimedia.org/wikipedia/commons/thumb/6/6f/San_Cataldo_Cemetery%2C_Modena_%2839491410142%29.jpg/2560px-San_Cataldo_Cemetery%2C_Modena_%2839491410142%29.jpg
02 https://commons.wikimedia.org/wiki/File:Museo_Enzo_Ferrari_02.jpg

■ 帕尔马

01 https://en.wikipedia.org/wiki/Santa_Maria_del_Quartiere,_Parma#/media/File:Parma_chiesa_di_santa_maria_del_quartiere_01.JPG
02 https://en.wikipedia.org/wiki/Teatro_Farnese#/media/File:Parma-teatro-farnese-in-national-gallery.jpg
03 https://media-cdn.tripadvisor.com/media/photo-s/13/67/7e/81/entrata-

principale-dal.jpg
http://www.parmaitaly.com/foto/auditorium60-g.jpg

■ 威尼斯

01 https://en.wikipedia.org/wiki/San_Giobbe#/media/File:Chiesa_di_San_Giobbe_-_Venezia_il_chiostro.jpg
02 https://en.wikipedia.org/wiki/St_Mark%27s_Basilica#/media/File:Venezia_Basilica_di_San_Marco_Fassade_2.jpg
03 https://en.wikipedia.org/wiki/Scalzi,_Venice#/media/File:Santa_Maria_degli_Scalzi_(Venice).jpg
04 https://en.wikipedia.org/wiki/Ponte_degli_Scalzi#/media/File:Ponte_degli_Scalzi_-_Venice_-_2016_(2).jpg
05 https://en.wikipedia.org/wiki/Ponte_della_Costituzione#/media/File:Ponte_della_Costituzione.JPG
06 http://www.venipedia.org/wiki/index.php?title=File:Ca_Pesaro.jpg
07 https://en.wikipedia.org/wiki/File:Ca%27_d%27Oro_facciata.jpg
08 https://www.gioiellinascostidivenezia.it/wp-content/uploads/2018/04/facciata-chiesa-ospedaletto.jpg
09 https://en.wikipedia.org/wiki/File:Rialto_Gondoliers.jpg
10 http://www.in-venice.com/wp-content/uploads/2012/04/chiesa-s-maria-della-consolazione-2.jpg
11 https://en.wikipedia.org/wiki/File:Facade_of_Santa_Maria_Gloriosa_dei_Frari_(Venice).jpg
12 https://en.wikipedia.org/wiki/Palazzo_Balbi,_Venice#/media/File:Palazzo_Balbi_(Venice).jpg
13 https://en.wikipedia.org/wiki/File:Palais_Grassi.jpg
14 https://en.wikipedia.org/wiki/Ca%27_Rezzonico#/media/File:Ca'_Rezzonico_(Venice).jpg
15 https://en.wikipedia.org/wiki/La_Fenice#/media/File:Teatro_La_Fenice_(Venice)_-_Facade.jpg
16 https://en.wikipedia.org/wiki/Santa_Maria_Zobenigo#/media/File:Chiesa_di_Santa_Maria_del_Giglio_Venezia.jpg
17 https://en.wikipedia.org/wiki/Bridge_of_Sighs#/media/File:Antonio_Contin_-_Ponte_dei_sospiri_(Venice).jpg
18 https://en.wikipedia.org/wiki/Doge%27s_Palace#/media/File:Photograph_of_of_the_Doges_Palace_in_Venice.jpg
19 https://en.wikipedia.org/wiki/Santa_Maria_della_Piet%C3%A0,_Venice#/media/File:Chiesa_della_Piet%C3%A0_Venezia.jpg
20 https://en.wikipedia.org/wiki/San_Marcuola#/media/File:Chiesa_San_Marcuola.jpg
21 https://en.wikipedia.org/wiki/Palazzo_Dario#/media/File:Palazzo_Dario.jpg
24 https://en.wikipedia.org/wiki/Gesuati#/media/File:Gesuati_facade_Venice.jpg
25 https://en.wikipedia.org/wiki/San_Giorgio_Maggiore_(church),_Venice#/media/File:Basilica_di_San_Giorgio_Maggiore_(Venice).jpg
26 https://en.wikipedia.org/wiki/Il_Redentore#/media/File:Chiesa_del_Redentore_(Venice).jpg
27 https://encrypted-tbn0.gstatic.com/images?q=tbn:ANd9GcQPXC0RI0PqucWFlPCTkdYJf1LKjZw0yEKakTTdMELOYopneEz2&s

■ 维罗纳

02 https://zh.wikipedia.org/wiki/%E7%BB%B4%E7%BD%97%E7%BA%B3%E7%BD%97%E9%A9%AC%E5%89%A7%E5%9C%BA#/media/File:VeronaTeatroRomanoDalMuseo.jpg
03 https://en.wikipedia.org/wiki/Sant%27Anastasia_(Verona)#/media/File:Saint_Anastasia_Verona_-_View_from_Torre_dei_Lamberti_DSC08109.jpg
04 https://en.wikipedia.org/wiki/Palazzo_Maffei,_Verona#/media/File:Piazza_delle_Erbe_-_Palazzo_Maffei_(Verona).jpg
05 https://en.wikipedia.org/wiki/Piazza_delle_Erbe,_Verona#/media/File:Piazza_delle_Erbe.JPG
06 https://en.wikipedia.org/wiki/Torre_dei_Lamberti#/media/File:Torre_Lamberti_VR.jpg
07 https://en.wikipedia.org/wiki/Porta_Borsari,_Verona#/media/File:Porta_Borsari_(Verona).jpg
08 https://en.wikipedia.org/wiki/Porta_Leoni#/media/File:Porta_Leoni.jpg
09 https://en.wikipedia.org/wiki/Basilica_of_San_Zeno,_Verona#/media/File:Basilicasanzenoverona.jpg
10 https://en.wikipedia.org/wiki/Arco_dei_Gavi,_Verona#/media/File:Arco_Gavi.jpg
11 https://es.wikipedia.org/wiki/Museo_de_Castelvecchio#/media/Archivo:Verona,_castelvecchio,_museo_01.jpg
13 https://en.wikipedia.org/wiki/Piazza_Bra#/media/File:Verona_-_Piazza_Bra.jpg
14 https://en.wikipedia.org/wiki/Palazzo_Barbieri#/media/File:Municipio_Verona.JPG

■ 帕多瓦

01 https://en.wikipedia.org/wiki/Scrovegni_Chapel#/media/File:La_Cappella_degli_Scrovegni.JPG
02 https://it.wikipedia.org/wiki/Teatro_Verdi_(Padova)#/media/File:PadovaTeatroVerdi2012.jpg
03 https://it.wikipedia.org/wiki/Centro_culturale_Altinate/San_Gaetano#/media/File:San-gaetano-fronte.jpg
04 https://media-cdn.tripadvisor.com/media/photo-s/05/31/71/37/esterno-2.jpg
05 https://commons.wikimedia.org/wiki/File:Caff%C3%A8_Pedrocchi_PD.jpg
06 https://it.wikipedia.org/wiki/Chiesa_di_San_Clemente_(Padova)#/media/File:Chiesa_di_San_Clemente_-_Padova.jpg
07 https://en.wikipedia.org/wiki/File:Exterior_of_Palazzo_della_Ragione_(Padua).jpg
08 https://en.wikipedia.org/wiki/Santa_Sofia_Church_(Padua)#/media/File:PadovaSSofiaFacciata2.jpg
09 https://it.wikipedia.org/wiki/Palazzo_del_Bo#/media/File:Universit%C3%A0_degli_Studi_di_Padova_-_panoramio.jpg
10 https://en.wikipedia.org/wiki/Palazzo_Zabarella#/media/File:Palazzozabarellav.jpg
11 http://3.citynews-padovaoggi.stgy.ovh/~media/horizontal-hi/33606115478532/loggia-2-2.jpg
12 https://en.wikipedia.org/wiki/Basilica_of_Saint_Anthony_of_Padua#/media/File:Padua9.jpg
https://en.wikipedia.org/wiki/Basilica_of_Saint_Anthony_of_Padua#/media/File:Veneto_Padova1_tango7174.jpg
13 https://it.wikipedia.org/wiki/Palazzo_Angeli_(Padova)#/media/File:Il_Palazzo_Angeli,_Padova.jpg
14 https://en.wikipedia.org/wiki/Orto_botanico_di_Padova#/media/File:OrtoBotPadova_Incrocio_viali.jpg
https://www.infobuild.it/wp-content/uploads/01_planimetria1.jpg
15 https://en.wikipedia.org/wiki/Abbey_of_Santa_Giustina#/media/File:Abbazia_di_Santa_Giustina.jpg
16 https://en.wikipedia.org/wiki/Villa_Contarini#/media/File:Villa_Contarini_2.jpg
https://en.wikipedia.org/wiki/Villa_Contarini#/media/File:Villa_Contarini_pianta_Muttoni_1760.jpg

■ 维琴察

01 https://i.pinimg.com/originals/c6/49/21/c64921142931d54941462ad429ab515a.jpg
https://en.wikipedia.org/wiki/Villa_Godi#/media/File:Palladio_Villa_Godi_photo.jpg
02 https://en.wikipedia.org/wiki/Villa_Piovene#/media/File:VillaPiovene20070707-1_rect.jpg
03 https://it.wikipedia.org/wiki/Villa_Forni_Cerato#/media/File:VillaForniCerato_2007_07_16_01.jpg
04 https://en.wikipedia.org/wiki/Villa_Caldogno#/media/File:VillaCaldognoNordera_2007_07_17_04.jpg
05 https://en.wikipedia.org/wiki/Villa_Valmarana_(Vigardolo)#/media/File:VillaValmaranaBresson20070717-1.jpg
06 https://commons.wikimedia.org/wiki/Category:Villa_Thiene_(Quinto_Vicentino)#/media/File:VillaThieneQuintoVicentino_2007_07_16_01.jpg
07 https://en.wikipedia.org/wiki/Villa_Trissino_(Cricoli)#/media/File:VillaTrissinoTrettenero_2007_07_08_02.jpg
08 https://en.wikipedia.org/wiki/Villa_Gazzotti_Grimani#/media/File:VillaGazzotti_2007_07_18_3.jpg
09 https://en.wikipedia.org/wiki/Palazzo_Chiericati#/media/File:Palazzo_Chiericati_(Vicenza).jpg
11 https://it.wikipedia.org/wiki/Villa_Valmarana_%22Ai_Nani%22#/media/File:Villa_Valmarana_ai_Nani_tiepolo_palazzina.JPG
12 https://en.wikipedia.org/wiki/Villa_Capra_%22La_Rotonda%22#/media/File:Larotonda2009.JPG
13 https://en.wikipedia.org/wiki/Villa_Chiericati#/media/File:VillaChiericati_2007_07_18_2.jpg

■ 的里雅斯特

01 https://it.wikipedia.org/wiki/Sinagoga_di_Trieste#/media/File:Sinagoga-Trieste.jpg
02 https://en.wikipedia.org/wiki/Saint_Spyridon_Church,_Trieste#/media/File:Trieste_Serb-orthodox_church_of_San-Spiridione3.jpg
03 https://it.wikipedia.org/wiki/Palazzo_Carciotti#/media/File:Trieste_-_Palazzo_Carciotti.jpg
04 https://it.wikipedia.org/wiki/Chiesa_di_Sant%27Antonio_Nuovo#/media/File:Trieste_-_Chiesa_di_Sant'Antonio_Taumaturgo.jpg

05 https://it.wikipedia.org/wiki/Teatro_romano_di_Trieste#/media/File:Trieste_-_Teatro_Romano_01.jpg
06 https://commons.wikimedia.org/wiki/File:Trieste_-_Scala_dei_Giganti_1.jpg
07 https://it.wikipedia.org/wiki/Piazza_Unit%C3%A0_d%27Italia#/media/File:PiazzaUnit%C3%A0_1.jpg
https://www.discover-trieste.it/ProxyVFS.axd/image_big/r15038/file-jpg?v=7934&ext=.jpg
08 https://it.wikipedia.org/wiki/File:Trieste_-_Palazzo_della_Prefettura.jpg
09 https://en.wikipedia.org/wiki/File:LLoyd_Triestino_2007-12.jpg
https://commons.wikimedia.org/wiki/File:Lloyd_Triestino_(2).JPG
10 https://it.wikipedia.org/wiki/Chiesa_di_Santa_Maria_Maggiore_(Trieste)#/media/File:Triest_S.Maria_Maggiore.jpg
11 https://it.wikipedia.org/wiki/Cattedrale_di_San_Giusto_(Trieste)#/media/File:Trieste_-_Cattedrale_di_San_Giusto_01.jpg
12 https://commons.wikimedia.org/wiki/File:Vittoria_Lighthouse_from_Trieste.jpg

■ 佛罗伦萨

01 https://commons.wikimedia.org/wiki/File:Villa_La_Petraia_1.JPG
02 https://en.wikipedia.org/wiki/Villa_di_Castello#/media/File:Parco_di_Castello_5.JPG
03 https://en.wikipedia.org/wiki/Villa_Medici_at_Careggi#/media/File:Villa_di_careggi_11.JPG
04 https://zh.wikipedia.org/wiki/%E4%BD%9B%E7%BD%97%E4%BC%A6%E8%90%A8%E5%87%AF%E6%97%8B%E9%97%A8#/media/File:Arco_piazza_libert%C3%A0_5.JPG
05 https://it.wikipedia.org/wiki/Porta_San_Gallo#/media/File:Porta_San_Gallo_6.JPG
06 https://static.smarttravelapp.com/data/pois/6044_BasilicadiSanMarco4_1484356326.JPG
07 https://es.wikipedia.org/wiki/Archivo:Museo_della_Specola.JPG
08 https://en.wikipedia.org/wiki/Santissima_Annunziata,_Florence#/media/File:Santissima_Annunziata_2013-09-17.jpg
09 https://es.wikipedia.org/wiki/Galer%C3%ADa_de_la_Academia_de_Florencia#/media/Archivo:Galleria_dell'accademia,_firenze.JPG
11 https://en.wikipedia.org/wiki/Biblioteca_Riccardiana#/media/File:Biblioteca_riccardiana_01.JPG
12 https://en.wikipedia.org/wiki/Palazzo_Medici_Riccardi#/media/File:Palazzo_Medici_Riccardi_by_night_01.JPG
13 https://en.wikipedia.org/wiki/File:Basilica_di_san_lorenzo_33.JPG
15 https://zh.wikipedia.org/wiki/%E4%B8%BB%E6%95%99%E5%BA%A7%E5%A0%82%E5%8D%9A%E7%89%A9%E9%A6%86_(%E4%BD%9B%E7%BD%97%E4%BC%A6%E8%90%A8)#/media/File:Nuovo_museo_dell'opera_del_duomo,_facciatone_arnolfiano_di_santa_maria_del_fiore,_000.jpg
18 https://en.wikipedia.org/wiki/Giotto%27s_Campanile#/media/File:Giotto's_campanile-263.jpg
19 https://it.wikipedia.org/wiki/Torre_dei_Cerchi#/media/File:Torre_dei_cerchi_24.JPG
20 https://commons.wikimedia.org/wiki/File:Torre_della_castagna_22.JPG
21 https://it.wikipedia.org/wiki/File:Palazzo_del_bargello_visto_da_piazza_san_firenze.JPG
22 http://www.museumsinflorence.com/foto/orsanmichele/image/3.jpg
http://www.museumsinflorence.com/foto/orsanmichele/image/3.jpg
23 https://zh.wikipedia.org/wiki/%E5%9C%A3%E5%98%89%E8%80%B6%E5%BD%93%E5%A0%82_(%E4%BD%9B%E7%BD%97%E4%BC%A6%E8%90%A8)#/media/File:San_Gaetano.JPG
24 https://9968c6ef49dc043599a5-e151928c3d69a5a4a2d07a8bf3efa90a.ssl.cf2.rackcdn.com/50662-6.jpg
25 https://upload.wikimedia.org/wikipedia/commons/0/01/Ponte_alla_Carraia_Florenz-2.jpg
26 https://www.florencemuseumguide.com/wp-content/uploads/Palazzo-Strozzi-624x412.jpg
27 https://commons.wikimedia.org/wiki/File:Palazzo_Rucellai_2018.jpg
28 https://upload.wikimedia.org/wikipedia/commons/2/2d/Basilica_di_Santa_Trinita%2C_Florence.jpg
29 https://commons.wikimedia.org/wiki/File:Firenze,_Ponte_alle_Grazie_-_panoramio.jpg
30 https://commons.wikimedia.org/wiki/File:Santa_Croce,_Florence.jpg
32 https://it.wikipedia.org/wiki/Porta_alla_Croce#/media/File:Piazza_beccaria,_porta_alla_croce_01.JPG
33 https://commons.wikimedia.org/wiki/Palazzo_Vecchio_(Florence)#/media/

File:Firenze_Palazzo_della_Signoria,_better_known_as_the_Palazzo_Vecchio.jpg
35 https://en.wikipedia.org/wiki/Torre_degli_Amidei#/media/File:Torre_degli_Amidei_21.JPG
38 https://en.wikipedia.org/wiki/Santo_Spirito,_Florence#/media/File:Chiesa_Santo_Spirito,_Firenze.jpg
39 https://it.wikipedia.org/wiki/Cappella_Corsini#/media/File:Toscana_Firenze3_tango7174.jpg
40 https://commons.wikimedia.org/wiki/File:Giardino_dell%27iris_3.JPG
41 https://en.wikipedia.org/wiki/San_Miniato_al_Monte#/media/File:San_Miniato_al_Monte_Fassade_Florenz-10.jpg
42 https://en.wikipedia.org/wiki/Belvedere_(fort)#/media/File:Forte_belvedere,_edificio_principale_07.JPG
43 https://commons.wikimedia.org/wiki/Palazzo_Pitti#/media/File:FirenzePalazzoPitti Piazzale.JPG
44 https://en.wikipedia.org/wiki/San_Felice,_Florence#/media/File:San_felice_in_piazza,_facciata.JPG
45 https://commons.wikimedia.org/wiki/File:Bobolipond.jpg
46 https://en.wikipedia.org/wiki/Villa_del_Poggio_Imperiale#/media/File:Villa_del_poggio_imperiale,_esterno_02.jpg

■ 锡耶纳

01 https://de.wikipedia.org/wiki/Porta_Ovile#/media/Datei:PortaOvileOutside2.JPG
02 https://en.wikipedia.org/wiki/Porta_Tufi,_Siena#/media/File:Porta_Tufi_01.JPG
05 https://en.wikipedia.org/wiki/Palazzo_Pubblico#/media/File:552SienaPalPubblico.JPG
06 https://en.wikipedia.org/wiki/Palazzo_Piccolomini,_Siena#/media/File:824SienaPalPiccolomini.JPG
07 https://en.wikipedia.org/wiki/Fonte_Gaia#/media/File:Fonte_gaia,_rilievi_01.JPG
08 https://it.wikipedia.org/wiki/Loggia_della_Mercanzia#/media/File:820SienaLoggiaMercanzia.JPG
09 https://commons.wikimedia.org/wiki/File:Esgl%C3%A9sia_de_Santa_Maria_di_Provenzano_a_Siena.JPG

■ 佩鲁贾

01 https://commons.wikimedia.org/wiki/Category:Palazzo_Gallenga_Stuart_(Perugia)#/media/File:Palazzo_Gallenga_Stuart.jpg
02 https://it.wikipedia.org/wiki/Castello_di_Antognolla#/media/File:AntognollaC.jpg
03 https://it.wikipedia.org/wiki/Cassero_di_Porta_di_Sant%27Angelo#/media/File:Il_cassero_con_in_lontananza_Corso_Garibaldi.jpg
04 https://it.wikipedia.org/wiki/Chiesa_di_Santa_Maria_di_Monteluce#/media/File:Chiesa_di_Santa_Maria_di_Monteluce_(Perugia).JPG
05 http://artbonus.comune.perugia.it/images/foto/2016/schede/portapalombetta_fig2.jpg
06 https://it.wikipedia.org/wiki/File:Oratorio_San_Bernardino.jpg
07 https://it.wikipedia.org/wiki/Chiesa_di_San_Francesco_al_Prato#/media/File:09a.sfrancesco.JPG
08 https://it.wikipedia.org/wiki/Cimitero_monumentale_di_Perugia#/media/File:Ingresso_al_Cimitero_Monumentale_di_Perugia,_architetto_Alessandro_Arienti.jpg
09 https://it.wikipedia.org/wiki/Chiesa_di_San_Bevignate#/media/File:Chiesa_di_San_Bevignate_2.JPG
10 https://zh.wikipedia.org/wiki/File:Teatro_Morlacchi.jpg
https://i.pinimg.com/474x/cc/10/fa/cc10fa1fe6a9a31bf6216e6a6312c1a2--la-dolce-dolce-vita.jpg
11 https://it.wikipedia.org/wiki/Torre_degli_Sciri#/media/File:Torre_degli_Sciri_2.JPG
12 https://it.wikipedia.org/wiki/Palazzo_degli_Oddi_Marini_Clarelli#/media/File:Facciata_Palazzo_degli_Oddi_Marini_Clarelli.jpg
13 https://commons.wikimedia.org/wiki/File:Cinema_Teatro_Turreno.jpg
14 https://commons.wikimedia.org/wiki/File:Fontana_Maggiore,_Perugia.jpg
15 https://zh.wikipedia.org/wiki/File:IMG_0835_-_Perugia_-_Piazza_IV_novembre_-_Foto_G._Dall%27Orto_-_6_ago_2006_-_01.jpg
16 https://en.wikipedia.org/wiki/Palazzo_dei_Priori#/media/File:Pal%C3%A1cio_dos_Priores,_Per%C3%BAgia.jpg
17 https://it.wikipedia.org/wiki/Teatro_del_Pavone#/media/File:Interno_del_teatro.jpg
18 https://it.wikipedia.org/wiki/Arco_Etrusco#/media/File:ARCO_ETRUSCO.jpg
19 https://en.wikipedia.org/wiki/Rocca_Paolina#/media/File:Rocca_Paolina_a_

Perugia.jpg
20 https://it.wikipedia.org/wiki/Porta_di_San_Pietro_(Perugia)#/media/File:IMG_1029_-_Perugia_-_Porta_san_Pietro_-1475-_-_Foto_G._Dall'Orto_-_7_ago_2006_-_01.jpg
21 https://it.wikipedia.org/wiki/Giardini_del_Frontone#/media/File:Giardini_del_Frontone_Perugia.jpg
22 https://www.trfihi-parks.com/images/parks/GrkwUl_1565062093_ssss.jpg
https://www.trfihi-parks.com/images/parks/SiZqb7_1565062093_ss.jpg

■ 乌尔比诺

01 https://it.wikipedia.org/wiki/Palazzo_del_Collegio_Raffaello#/media/File:Urbino_-_Collegio_Raffaello.jpg
02 https://en.wikipedia.org/wiki/Urbino_Cathedral#/media/File:Urbino,_duomo_02.JPG
03 https://en.wikipedia.org/wiki/Ducal_Palace,_Urbino#/media/File:Cortile_d'onore_-_Palazzo_ducale_Urbino.jpg

■ 安科纳

01 https://en.wikipedia.org/wiki/Ancona_Cathedral#/media/File:Ancona_S.Ciriaco_(43).JPG
02 https://it.wikipedia.org/wiki/Piazza_del_Plebiscito_(Ancona)#/media/File:Ancona,_Piazza_del_Papa,_Palazzo_del_Governo,_F._di_Giorgio_Martini,_1484_(1).JPG
03 https://www.italianways.com/wp-content/uploads/2015/06/ancona-mole-vanvitelliana-001.jpg

■ 罗马

01 https://commons.wikimedia.org/wiki/Category:Auditorium_Parco_della_Musica_(Rome)#/media/File:Auditorium_Parco_della_Musica_-_Villa_Romana.jpg
02 https://www.enjoyroma.eu/wp-content/uploads/2016/02/maxxi.jpg
03 https://commons.wikimedia.org/wiki/Category:Villa_Giulia_(Rome)#/media/File:Villa_Giulia_modified.jpg
04 https://en.wikipedia.org/wiki/File:Galleria_borghese_facade.jpg
05 https://en.wikipedia.org/wiki/Santa_Maria_del_Popolo#/media/File:SMP_Piazza_del_Popolo.jpg
07 https://it.wikipedia.org/wiki/Casina_Valadier#/media/File:Casina_Valadier_lato_SO_Roma.jpg
08 https://en.wikipedia.org/wiki/Ges%C3%B9_e_Maria,_Rome#/media/File:Campo_Marzio_-_Gesu_e_Maria_1.JPG
09 https://en.wikipedia.org/wiki/Sant%27Atanasio#/media/File:Chiesa_di_Sant'Atanasio.jpg
10 https://commons.wikimedia.org/wiki/Category:San_Giacomo_in_Augusta_(Rome)#/media/File:Benfoto-Roma2013-353.jpg
11 https://en.wikipedia.org/wiki/Villa_Medici#/media/File:Villa_Medici_Roma_01.jpg
13 https://en.wikipedia.org/wiki/Villa_Torlonia_(Rome)#/media/File:Villa_Torlonia_01304.JPG
14 https://it.wikipedia.org/wiki/Villino_Ximenes#/media/File:Roma_-_Villino_Ximenes.jpg
16 https://en.wikipedia.org/wiki/San_Carlo_al_Corso#/media/File:Campo_Marzio_-_san_Carlo_al_Corso_01665-6.JPG
17 https://en.wikipedia.org/wiki/Palazzo_Borghese#/media/File:Campo_Marzio_-_palazzo_Borghese_sulla_piazza_1110995.JPG
18 https://en.wikipedia.org/wiki/Palazzo_di_Propaganda_Fide#/media/File:Opus_Dei_HQ.jpg
19 https://commons.wikimedia.org/wiki/Category:Palazzo_Zuccari,_Rome#/media/File:Palazzo_Zuccari_Roma_119-1983_IMG_GS.JPG
https://commons.wikimedia.org/wiki/File:Palazzetto_zuccari_09_portale_a_forma_di_mascherone.JPG
20 https://en.wikipedia.org/wiki/Teatro_Sistina#/media/File:Roma,_teatro_sistina.JPG
21 https://en.wikipedia.org/wiki/Sant%27Andrea_delle_Fratte#/media/File:San'Andrea_delle_Fratte_-_facade_-_Panairjdde.jpg
22 https://en.wikipedia.org/wiki/Santa_Maria_della_Vittoria,_Rome#/media/File:Santa_Maria_della_Vittoria_in_Rome_-_Front.jpg
23 https://en.wikipedia.org/wiki/Palazzo_Barberini#/media/File:PalaisBarberini-Facade_avant_du_palais.JPG
24 https://en.wikipedia.org/wiki/Santa_Maria_degli_Angeli_e_dei_Martiri#/media/File:Roma09_flickr.jpg
25 https://en.wikipedia.org/wiki/Palazzetto_dello_Sport#/media/File:Palazzetto_Dello_Sport_-_panoramio.jpg

26 https://en.wikipedia.org/wiki/Sant%27Antonio_dei_Portoghesi#/media/File:S_antonio_dei_portoghesi_1000034.JPG
27 https://it.wikipedia.org/wiki/Basilica_di_Sant%27Apollinare_(Roma)#/media/File:Ponte_-_s_Apollinare_restaurato_1060037.JPG
28 https://commons.wikimedia.org/wiki/Category:San_Salvatore_in_Lauro_(Rome)#/media/File:San_Salvatore_in_Lauro_Rome.jpg
29 https://en.wikipedia.org/wiki/Santo_Spirito_in_Sassia#/media/File:Church_of_Santo_Spirito_in_Sassia_in_Rome.jpg
31 https://en.wikipedia.org/wiki/Palazzo_Montecitorio#/media/File:Palazzo_Montecitorio,_Rome.jpg
32 https://en.wikipedia.org/wiki/Palazzo_Chigi#/media/File:Palais_Chigi.JPG
33 https://en.wikipedia.org/wiki/Palazzo_Wedekind#/media/File:Roma-palazzo_wedekind.jpg
34 https://en.wikipedia.org/wiki/Palazzo_Poli#/media/File:Panorama_of_Trevi_fountain_2015.jpg
38 https://commons.wikimedia.org/wiki/Category:Quirinal_Palace#/media/File:012Quirinale.jpg
39 https://en.wikipedia.org/wiki/Palazzo_della_Consulta#/media/File:Palazzo_della_Consulta_Roma_2006.jpg
40 https://commons.wikimedia.org/wiki/Category:Basilica_dei_Santi_Apostoli_(Rome)#/media/File:Trevi_-_palazzo_colonna_e_basilica_santi_apostoli_01.JPG
41 https://en.wikipedia.org/wiki/San_Marcello_al_Corso#/media/File:San_Marcello_al_Corso.jpg
42 https://it.wikipedia.org/wiki/Palazzo_De_Carolis#/media/File:Pigna_-_Corso,_pal_de_Carolis_restaurato_1260297.jpg
43 https://en.wikipedia.org/wiki/Santa_Maria_in_Via_Lata#/media/File:Santa_Maria_in_Via_Lata01.jpg
44 https://en.wikipedia.org/wiki/Palazzo_Barberini#/media/File:PalaisBarberini-Facade_avant_du_palais.JPG
https://www.romeartlover.it/Vasi64ws.jpg
45 https://en.wikipedia.org/wiki/Sant%27Ignazio,_Rome#/media/File:Sant'Ignazio_Church,_Rome.jpg
47 https://it.wikipedia.org/wiki/Palazzo_Giustiniani_(Roma)#/media/File:S_Eustachio_-_palazzo_Giustiniani_1150644.JPG
48 https://it.wikipedia.org/wiki/Basilica_di_Sant%27Agostino_in_Campo_Marzio#/media/File:Sant_agostino.JPG
50 https://it.wikipedia.org/wiki/Basilica_di_Santa_Maria_sopra_Minerva#/media/File:Santa_Maria_Sopra_Minerva_Rome.jpg
51 https://commons.wikimedia.org/wiki/Category:Santa_Maria_della_Pace_(Rome)#/media/File:Ponte-_Chiesa_di_S.Maria_della_Pace.jpg
52 https://en.wikipedia.org/wiki/Santa_Maria_dell%27Anima#/media/File:Santa_Maria_del_Anima_l.jpg
54 https://commons.wikimedia.org/wiki/Category:Sant%27Ivo_alla_Sapienza_(Rome)#/media/File:Courtyard_of_Sant'Ivo_alla_Sapienza_Church,_Piazza_Navona,_Rome,_Italy.jpg
55 https://it.wikipedia.org/wiki/Chiesa_di_Nostra_Signora_del_Sacro_Cuore_(Roma)#/media/File:Nostra_Signora_del_Sacro_Cuore.png
56 https://en.wikipedia.org/wiki/Palazzo_Pamphilj#/media/File:Parione_-_piazza_Navona_-_s_Agnese_in_Agone_e_palazzo_Pamphilij_1020584.JPG
57 https://en.wikipedia.org/wiki/Palazzo_Braschi#/media/File:Palazzo_Braschi_(Roma).jpg
58 https://en.wikipedia.org/wiki/Palazzo_Massimo_alle_Colonne#/media/File:Palazzo_Massimo_alle_Colonne.jpg
60 https://commons.wikimedia.org/wiki/Category:Oratorio_dei_Filippini_(Rome)#/media/File:Oratorio_dei_Filippini_Rome.jpg
61 https://commons.wikimedia.org/wiki/Category:San_Biagio_degli_Armeni_(Rome)#/media/File:Ponte_-_via_Giulia_s_Biagio_della_pagnotta_o_degli_Armeni_1000209.JPG
62 https://en.wikipedia.org/wiki/Santa_Maria_del_Suffragio,_Rome#/media/File:Ponte_-_S._Maria_del_Suffragio.JPG
63 https://commons.wikimedia.org/wiki/File:Rome,_Chiesa_di_Santa_Caterina_a_Magnanapoli_001.JPG
https://commons.wikimedia.org/wiki/File:Roma,_chiesa_di_santa_caterina_a_magnanapoli,_interno_03_stucchi_02.JPG
64 https://en.wikipedia.org/wiki/Church_of_the_Ges%C3%B9#/media/File:Church_of_the_Ges%C3%B9,_Rome.jpg
65 https://www.bookingromaresort.com/wp-content/uploads/2018/06/7.jpg
66 https://zh.wikipedia.org/wiki/%E5%9C%A3%E6%AF%8D%E5%A4%A7%E6%AE%BF#/media/File:Piazza_Esquilino,_Santa_Maria_Maggiore.JPG
67 https://en.wikipedia.org/wiki/

Sant%27Eusebio#/media/File:Chiesa_di_Sant'Eusebio.JPG
https://en.wikipedia.org/wiki/Sant%27Eusebio#/media/File:Sant'Eusebio_interno_01_(Claudius_Ziehr).jpg
68 https://commons.wikimedia.org/wiki/Category:Santa_Bibiana_(Rome)#/media/File:Esquilino_-_santa_Bibiana_2061.JPG
https://en.wikipedia.org/wiki/Santa_Bibiana#/media/File:Esquilino_-_s_Bibiana_interno_1190004.JPG
69 https://en.wikipedia.org/wiki/Santa_Lucia_in_Selci#/media/File:081117_S_Lucia_dei_Selci_011.jpg
70 https://en.wikipedia.org/wiki/Santi_Quirico_e_Giulitta#/media/File:Monti_-_ss_Quirico_e_Giulitta_1010082.JPG
71 https://en.wikipedia.org/wiki/Santi_Luca_e_Martina#/media/File:Santi_Luca_e_Martina_al_Foro_Romano_-_02_-_Panairjdde.jpg
72 https://en.wikipedia.org/wiki/San_Giuseppe_dei_Falegnami#/media/File:Facade_-_San_Giuseppe_dei_Falegnani_-_Rome_2016.jpg
73 https://en.wikipedia.org/wiki/Temple_of_Antoninus_and_Faustina#/media/File:RomaForoRomanoTempioAntoninoFaustina.JPG
75 https://www.museumsrome.com/images/Musei-Capitolini-Roma-Biglietti-salta-coda.jpg
76 https://en.wikipedia.org/wiki/Palazzo_Mattei#/media/File:RomaPalMatteiDiGiove Cortile.jpg
77 https://en.wikipedia.org/wiki/Santa_Maria_in_Campitelli#/media/File:Campitelli_-_santa_maria_in_Portico_1918st.JPG
78 https://en.wikipedia.org/wiki/San_Carlo_ai_Catinari#/media/File:San_Carlo_ai_Catinari_-_Facade.JPG
https://de.wikipedia.org/wiki/San_Carlo_ai_Catinari#/media/Datei:San_Carlo_ai_Catinari_-_Interior.JPG
79 https://commons.wikimedia.org/wiki/Category:Palazzo_Spada#/media/File:Palazzo_Spada.PNG
80 https://en.wikipedia.org/wiki/File:Regola_-_SS._Trinita_dei_Pellegrini.JPG
81 https://commons.wikimedia.org/wiki/Category:Santa_Caterina_della_Rota#/media/File:Regola_-_S._Caterina_della_Rota.JPG
82 https://en.wikipedia.org/wiki/Palazzo_Farnese#/media/File:Palais_Farnese.jpg
83 https://en.wikipedia.org/wiki/Santa_Maria_dell%27Orazione_e_Morte#/media/File:Regola_-_S._Maria_dell'Orazione_e_Morte.JPG
84 https://commons.wikimedia.org/wiki/Category:Villa_Farnesina_(Rome)#/media/File:Villa_farnesina_01.JPG
85 https://en.wikipedia.org/wiki/Villa_Lante_al_Gianicolo#/media/File:Villa_Lante_al_Gianicolo_3.jpg
86 https://it.wikipedia.org/wiki/Chiesa_di_Santa_Caterina_martire_(Roma)#/media/File:Santa_Caterina_Martire_-_chiesa_ortodossa.jpg
87 https://commons.wikimedia.org/wiki/Category:San_Clemente_(Rome)#/media/File:Basilica_San_Clemente_in_Rome.JPG
88 https://it.wikipedia.org/wiki/Chiesa_di_Santa_Maria_della_Consolazione_(Roma)#/media/File:Campitelli_-_S._Maria_della_Consolazione.JPG
89 https://it.wikipedia.org/wiki/Chiesa_di_San_Giorgio_in_Velabro#/media/File:San_Giorgio_in_Velabro.JPG
90 https://en.wikipedia.org/wiki/San_Giovanni_Calibita,_Rome#/media/File:Ripa_-_S._Giovanni_Calibita.JPG
91 https://en.wikipedia.org/wiki/San_Crisogono,_Rome#/media/File:Trastevere_-_san_Crisogono_01424.JPG
92 https://en.wikipedia.org/wiki/San_Pietro_in_Montorio#/media/File:Roma-tempiettobramante01R.jpg
93 https://en.wikipedia.org/wiki/Villa_Doria_Pamphili#/media/File:Villa_Doria_Pamphili.JPG
94 https://it.wikipedia.org/wiki/Basilica_di_Santa_Cecilia_in_Trastevere#/media/File:Santa_cecilia_in_trastevere,_esterno_02.jpg
95 https://commons.wikimedia.org/wiki/File:Il_quartiere_si_riflette_in_una_vetrata_05.JPG
96 https://commons.wikimedia.org/wiki/Category:Lateran_obelisk#/media/File:Roma,_Piazza_San_Giovanni_in_Laterano_(2).jpg
97 https://en.wikipedia.org/wiki/Archbasilica_of_Saint_John_Lateran#/media/File:San_Giovanni_in_Laterano_-_Rome.jpg
98 https://en.wikipedia.org/wiki/San_Gregorio_Magno_al_Celio#/media/File:San_Gregorio_al_Celio_(Rome).jpg
99 https://commons.wikimedia.org/wiki/Category:San_Francesco_a_Ripa_(Rome)#/media/File:San_Francesco_a_Ripa.jpg
100 https://en.wikipedia.org/wiki/Santa_

Maria_del_Priorato_Church#/media/File:Aventino_s_Maria_del_Priorato_facciata_1050375.JPG
101 https://commons.wikimedia.org/wiki/Category:San_Sisto_Vecchio_(Rome)#/media/File:Zichtbaar_4.jpg
102 https://en.wikipedia.org/wiki/Palazzo_dei_Congressi#/media/File:Palazzo_dei_Congressi_a_EUR_Roma.jpg
103 https://www.thesocialpost.it/wp-content/uploads/2017/05/poste.jpg
104 https://en.wikipedia.org/wiki/San_Sebastiano_fuori_le_mura#/media/File:RomaSanSebastiano.jpg

■ 那不勒斯

01 https://en.wikipedia.org/wiki/Museo_di_Capodimonte#/media/File:ReggiaCapodimonte.JPG
https://it.wikipedia.org/wiki/File:Sala_12_(Museo_nazionale_di_Capodimonte)_002.JPG
02 https://en.wikipedia.org/wiki/Palazzo_dello_Spagnolo,_Naples#/media/File:Palazzo_dello_Spagnolo_-_Naples_(2).jpg
03 https://it.wikipedia.org/wiki/Chiesa_di_Santa_Maria_Succurre_Miseris_ai_Vergini#/media/File:Vergini8.jpg
04 https://en.wikipedia.org/wiki/Museo_d%27Arte_Contemporanea_Donnaregina#/media/File:Naples_Madre_cour_int.JPG
05 https://www.campaniartecard.it/wp-content/uploads/2018/11/Museo-Archeologico-Nazionale-Napoli.jpg
06 https://en.wikipedia.org/wiki/Naples_Cathedral#/media/File:Facciata_Duomo_di_Napoli_-_BW_2013-05-16.jpg
07 https://en.wikipedia.org/wiki/Spires_of_Naples#/media/File:Guglia_di_San_Gennaro_-_Napoli_-_2013-05-16_10-29-52.jpg
08 https://it.wikipedia.org/wiki/Biblioteca_dei_Girolamini#/media/File:ChiostriGirolamini4.jpg
09 https://en.wikipedia.org/wiki/File:San_Filippo_Neri_dei_Girolamini_(Naples)_BW_2013-05-16_11-42-11.jpg
10 https://www.vesuviolive.it/wp-content/uploads/2014/07/teatro-romano.jpg
11 https://en.wikipedia.org/wiki/San_Lorenzo_Maggiore,_Naples#/media/File:Napoli_San_Lorenzo_Maggiore_BW_2013-05-16_11-47-11.jpg
12 https://en.wikipedia.org/wiki/Port%27Alba,_Naples#/media/File:Napoli_-_Port'Alba.jpg
13 https://en.wikipedia.org/wiki/Cappella_Sansevero#/media/File:Cappellaentrance.jpg
14 https://commons.wikimedia.org/wiki/Category:San_Michele_Arcangelo_(Napoli)#/media/File:San_Michele_Arcangelo_(Napoli)_(18810454684).jpg
15 https://en.wikipedia.org/wiki/Ges%C3%B9_Nuovo#/media/File:Facciata_della_chiesa_del_Ges%C3%B9_Nuovo_(Napoli)_-_BW_2013-05-16.jpg
16 https://commons.wikimedia.org/wiki/File:Palazzo_Filomarino_(portale).jpg
17 https://img.yumpu.com/58042858/1/500x640/certosa-di-san-martino.jpg
18 https://commons.wikimedia.org/wiki/Category:Castel_Sant%27Elmo_(Naples)#/media/File:Castel_Sant_Elmo_Napoli_lato_nord_ingresso.jpg
19 https://en.wikipedia.org/wiki/Galleria_Umberto_I#/media/File:Galleria_Umberto_I_%E2%80%93_esterno_%E2%80%93_Napoli_2013-05-16_BW.jpg
20 https://en.wikipedia.org/wiki/Teatro_di_San_Carlo#/media/File:Teatr_San_Carlo_Neapol.jpg
21 https://en.wikipedia.org/wiki/Castel_Nuovo#/media/File:Municip.jpg
https://it.wikipedia.org/wiki/Arco_trionfale_del_Castel_Nuovo#/media/File:NapoliMaschioAngioinoArcoLaurana1.jpg
22 https://commons.wikimedia.org/wiki/Category:Piazza_del_Plebiscito_(Naples)#/media/File:Piazza_del_Plebiscito_-_Naples,_Italy_-_panoramio.jpg
https://commons.wikimedia.org/wiki/File:Basilica_reale_pontificia_di_San_Francesco_di_Paola_Piazza_del_Plebiscito_Napoli_Neapel_Italy_Foto_Wolfgang_Pehlemann_P1070687.jpg
23 https://en.wikipedia.org/wiki/Santa_Maria_Egiziaca_a_Pizzofalcone#/media/File:EgiziacaPizzo2.jpg
24 https://it.wikipedia.org/wiki/Palazzo_Serra_di_Cassano#/media/File:Napoli_-_Palazzo_Serra_di_Cassano.jpg
25 https://it.wikipedia.org/wiki/Chiesa_della_Nunziatella#/media/File:Nunziatella_chiesa.jpg
26 https://it.wikipedia.org/wiki/Chiesa_dei_Santi_Giovanni_e_Teresa#/media/File:FacciataGioTeresa.JPG
27 http://www.szn.it/images/Summer_Schools/ISSNP/foto2.jpg

28 https://en.wikipedia.org/wiki/Villa_Donn%27Anna#/media/File:Napoli_-_Palazzo_Donnanna.jpg
29 https://en.wikipedia.org/wiki/Theatre_Area_of_Pompeii#/media/File:Pompeii_Odeon.png
30 https://en.wikipedia.org/wiki/Napoli_Afragola_railway_station#/media/File:Stazione_alta_velocita,_Zaha_Hadid,_Napoli_Afragola.jpg
31 https://en.wikipedia.org/wiki/Crypta_Neapolitana#/media/File:Parco_della_Grotta_di_Posillipo10.jpg

■ 埃尔科拉诺

01 https://it.wikipedia.org/wiki/Villa_Campolieto#/media/File:Villa_Campol.jpg
https://commons.wikimedia.org/wiki/Category:Villa_Campolieto_(Ercolano)#/media/File:VillaCamp.jpg
02 https://en.wikipedia.org/wiki/Villa_Favorita,_Ercolano#/media/File:Ercolano_il_Miglio_d'Oro_Villa_Reale_della_Favorita.JPG
03 https://en.wikipedia.org/wiki/Herculaneum#/media/File:Ercolano_2012_(8019396514).jpg

■ 波坦察

01 https://en.wikipedia.org/wiki/Castle_of_Melfi#/media/File:Castello_di_Melfi3.jpg
https://en.wikipedia.org/wiki/Castle_of_Melfi#/media/File:Castello_di_melfi1.JPG
02 https://i.ytimg.com/vi/NjPsRdNUoOk/maxresdefault.jpg
03 https://commons.wikimedia.org/wiki/Category:Cathedral_(Acerenza)#/media/File:Acerenza_cattedrale_01.JPG
04 https://it.wikipedia.org/wiki/Museo_archeologico_provinciale_di_Potenza#/media/File:Museo_archeologico_provinciale_di_Potenza.jpg
05 https://it.wikipedia.org/wiki/Cattedrale_di_San_Gerardo#/media/File:CATTEDRALE_DI_SAN_GERARDO.JPG 德大教堂

■ 巴里

01 https://en.wikipedia.org/wiki/Basilica_di_San_Nicola#/media/File:Bari_Basilica_San_Nicola.jpg
02 https://it.wikipedia.org/wiki/Cattedrale_di_San_Sabino#/media/File:Bari_BW_2016-10-19_13-57-32.jpg
03 https://en.wikipedia.org/wiki/Castello_Normanno-Svevo_(Bari)#/media/File:Bari_BW_2016-10-19_12-32-30.jpg

■ 塔兰托

01 https://it.wikipedia.org/wiki/Concattedrale_Gran_Madre_di_Dio#/media/File:GranMadreDiDio-TA.jpg
02 https://it.wikipedia.org/wiki/Cattedrale_di_San_Cataldo#/media/File:Cappellone_di_S._Cataldo.jpg

■ 卡利亚里

01 https://en.wikipedia.org/wiki/Tuvixeddu_necropolis#/media/File:Necropoli_di_Tuvixeddu.jpg
02 https://commons.wikimedia.org/wiki/Category:Amphitheatre_(Cagliari)#/media/File:Cagliari_Anfiteatro_Romano.jpg
03 https://en.wikipedia.org/wiki/Basilica_of_San_Saturnino#/media/File:Basilica_di_San_Saturnino-Cagliari2.JPG
04 https://it.wikipedia.org/wiki/Torre_di_San_Pancrazio_(Cagliari)#/media/File:Cagliari_Castello_Torre_Pancrazio,_Cagliari,_Sardinia,_Italy_-_panoramio.jpg
05 http://www.areasardinia.com/sardegna/castello/files/IMG_9737-150x150.jpg
06 https://en.wikipedia.org/wiki/File:Scalinata_N.S._di_Bonaria_-_Cagliari.jpg

■ 卡坦扎罗

01 https://it.wikipedia.org/wiki/File:IlCavatore.jpg
02 https://commons.wikimedia.org/wiki/Category:Chiesa_di_S._Giovanni_Battista_(Catanzaro)#/media/File:Chiesa_di_S._Giovanni_Battista_(Catanzaro)2.JPG
03 https://it.wikipedia.org/wiki/Basilica_dell%27Immacolata_Concezione_(Catanzaro)#/media/File:Catanzaro_-_Basilica_dell'Immacolata_esterno02.jpg
04 https://commons.wikimedia.org/wiki/File:Chiesa_del_Monte_dei_Morti_e_della_Misericordia_02.jpg
05 https://it.wikipedia.org/wiki/Cattedrale_di_Catanzaro#/media/File:Cathedral_(Catanzaro).JPG
06 https://it.wikipedia.org/wiki/File:Catanzaro_-_Teatro_Politeama05.jpg
07 https://it.wikipedia.org/wiki/Chiesa_di_Santa_Maria_del_Carmine_(Catanzaro)#/media/File:Chiesa_di_Santa_Maria_del_Carmine.jpeg

08 https://it.wikipedia.org/wiki/Chiesa_di_Santa_Maria_di_Porto_Salvo_(Catanzaro)#/media/File:ChiesaCz.JPG
09 https://upload.wikimedia.org/wikipedia/commons/9/97/Torre_Tonnina_02.JPG

■ 巴勒莫

01 https://commons.wikimedia.org/wiki/Category:Palazzina_cinese_(Palermo)#/media/File:Palazzina_cinese_4.jpg
02 https://it.wikipedia.org/wiki/Villino_Favaloro#/media/File:Villino_favaloro_6.jpg
03 https://it.wikipedia.org/wiki/Salvatore_Caronia_Roberti#/media/File:Banco_di_sicilia_palermo.JPG
04 https://it.wikipedia.org/wiki/Villino_Florio#/media/File:Villino_Florio.jpg
05 https://commons.wikimedia.org/wiki/File:Sicily_2008_144_Palermo_Opera_house.jpg
06 https://commons.wikimedia.org/wiki/Category:Cathedral_(Palermo)#/media/File:Palermo_BW_2012-10-09_12-04-52.jpg
07 https://en.wikipedia.org/wiki/San_Francesco_Saverio,_Palermo#/media/File:St._Francis_Xavier_church.JPG
08 https://it.wikipedia.org/wiki/File:Carmine_Maggiore_facciata.jpg
09 https://it.wikipedia.org/wiki/File:Ficus_pzza_marina-65_2_4-Edit.jpg
10 https://commons.wikimedia.org/wiki/Orto_botanico_di_Palermo#/media/File:Orto_botanico_palermo2.jpg
11 https://commons.wikimedia.org/wiki/File:Vespro-19.jpg
12 https://commons.wikimedia.org/wiki/File:Cappella_Lanza_di_Scalea.jpg
13 https://en.wikipedia.org/wiki/San_Francesco_d%27Assisi,_Palermo#/media/File:Basilica_San_Francesco_d'Assisi,_Palermo.jpg
14 https://it.wikipedia.org/wiki/File:Palazzo_Butera_facciata.jpg
15 https://en.wikipedia.org/wiki/Villa_Palagonia#/media/File:Villa_Palagonia_(3).jpg

■ 卡塔尼亚

01 https://it.wikipedia.org/wiki/Palazzo_del_Toscano#/media/File:Palazzo-del-Toscano.jpg
02 https://it.wikipedia.org/wiki/Biblioteche_riunite_Civica_e_A._Ursino_Recupero#/media/File:Sala_Vaccarini_2013.jpg
03 https://en.wikipedia.org/wiki/Basilica_della_Collegiata#/media/File:Catania_BW_2012-10-06_11-23-47.JPG
04 https://it.wikipedia.org/wiki/Palazzo_dell%27Universit%C3%A0_(Catania)#/media/File:Catania_BW_2012-10-06_11-26-20.JPG
05 https://it.wikipedia.org/wiki/Palazzo_degli_Elefanti#/media/File:Palazzo-degli-Elefanti.jpg
06 https://it.wikipedia.org/wiki/Chiesa_della_Badia_di_Sant%27Agata#/media/File:2895_-_Catania_-_Giov._Batt._Vaccarini_-_Chiesa_della_Badia_di_S._Agata_(1767)_-_Foto_Giovanni_Dall'Orto,_4-July-2008.jpg
04 https://it.wikipedia.org/wiki/Cattedrale_di_Sant%27Agata#/media/File:Catania_-_Cattedrale_di_Sant'Agata_02.jpg
08 https://upload.wikimedia.org/wikipedia/commons/0/0f/Catania_Greek-Roman_theater.JPG
09 https://www.citymapsicilia.it/wp-content/uploads/2015/07/facciata_palazzo_valle_esterno_870x410.jpg
10 https://media-cdn.tripadvisor.com/media/photo-w/13/cd/6b/a0/20180712-114842-2-largejpg.jpg
https://pkimgcdn.peekyou.com/787f998f401b0818e8681ae90fc9f3be.jpeg

■ 诺托

01 https://upload.wikimedia.org/wikipedia/commons/a/a2/Chiesa_di_Montevergine.JPG
02 https://it.wikipedia.org/wiki/Cattedrale_di_Noto#/media/File:CattedraleNoto-1.jpg
03 https://it.wikipedia.org/wiki/Palazzo_Ducezio#/media/File:Noto,_palazzo_ducezio_00.JPG

后记 Postscript

本书的出版得到了许多人的帮助，首先要感谢的是在本书前期资料统筹工作中付出辛勤劳动的王聪、邓鹏、陈磊、石强，以及在资料整理及绘图中给予热情帮助的汪龙、成田、刘力、赵旺、王雨晴、张帅、张文卉、樊雨朦、徐淑敏、郑娇艳、何梦瑶、刘舒雯、汪梦玲、梁晓敏、黄诗轶、褚胜胜、梁晓敏，你们所做的大量工作是本书得以面世的重要保证。

同时感谢那些在不同城市热情接待过我的意大利友人，科莫、恩波利、佛罗伦萨等许多城市我都得到了你们的热情款待和不吝分享。

另外，我要特别感谢中国建筑工业出版社刘丹编辑的非凡耐心与支持，没有你的坚持，本书是难以付梓的，同时也非常感谢中国建筑工业出版社各位领导的支持，还有在版式编排上付出劳动的各位朋友们。

最后要感谢一直鼓励支持我的家人，谢谢大家。

范向光

2020 年 10 月

范向光
Fan xiangguang

1975年生于陕西咸阳
武汉城市建设学院本科
华中科技大学硕士
1996年本科毕业后留校任教至今
研究方向：建筑设计 · 中外建筑史